SHIQUAN HUAFEN, CAILI PIPEI
YU WUMAI XIETONG ZHILI

# 事权划分、财力匹配与雾霾协同治理

魏　涛◎著

中国财经出版传媒集团

经济科学出版社
Economic Science Press

图书在版编目（CIP）数据

事权划分、财力匹配与雾霾协同治理／魏涛著．—
北京：经济科学出版社，2021.10
ISBN 978-7-5218-3010-1

Ⅰ.①事… Ⅱ.①魏… Ⅲ.①空气污染-污染防治-
研究-中国 Ⅳ.①X51

中国版本图书馆CIP数据核字（2021）第219881号

责任编辑：顾瑞兰
责任校对：隗立娜
责任印制：邱 天

事权划分、财力匹配与雾霾协同治理
魏涛 著
经济科学出版社出版、发行 新华书店经销
社址：北京市海淀区阜成路甲28号 邮编：100142
总编部电话：010-88191217 发行部电话：010-88191522
网址：www.esp.com.cn
电子邮箱：esp@esp.com.cn
天猫网店：经济科学出版社旗舰店
网址：http：//jjkxcbs.tmall.com
固安华明印业有限公司印装
710×1000 16开 16.25印张 260000字
2021年10月第1版 2021年10月第1次印刷
ISBN 978-7-5218-3010-1 定价：85.00元

# 前　言

雾霾污染已成为我国大气污染危害升级的突出标志。大范围、持续性的雾霾污染引起了党和国家的高度重视，推动大气污染跨区域协同治理是我国治理雾霾污染的重要举措，我国已经出台多部法律法规推动雾霾污染跨区域协同治理，地方政府也开展了一系列跨区域协同治理的实践，但受制于环境管理体制和财政体制，跨区域协同治理推进过程比较缓慢，协同治理的广度和深度都有待进一步提升。本书剖析影响雾霾污染跨区域协同治理的体制性因素，并实证检验这些体制性因素对雾霾污染及其治理的影响，提出推进我国雾霾污染跨区域协同治理的财政体制改革建议。本书的研究对于合理划分中央和地方雾霾治理财政事权和支出责任，理顺我国政府间财政关系，以及后续修订相关法律法规，推动雾霾污染跨区域协同治理，具有重要的意义。

本书按以下五个部分依次展开。第一部分考察区域协同与雾霾治理之间的关系。通过分析大气污染的属性特征阐释了雾霾区域协同治理的必要性，采用倾向匹配得分双重差分法（PSM-DID），实证检验区域协同治理对雾霾污染的影响，分析了我国雾霾污染治理模式的演进路径，比较了典型国家雾霾区域协同治理的经验。第二部分考察财政事权划分与雾霾污染协同治理之间的关系。本部分从直接效应和间接效应两个维度分析了政府间财政事权划分对雾霾污染的影响，采用空间计量方法，利用省级面板数据，检验了不同类型财政事权划分对雾霾污染以及雾霾污染区域协同治理的影响。本部分还分析了我国雾霾污染治理财政事权划分情况及其演进过程，比较了典型国家雾霾污染治理财政事权划分的经验，提出了促进我国雾霾污染协同治理的财政事权划分政策建议。第三部分考察支出责任划分与雾霾污染协同治理之间的关系。本部分从支出规模与结构、支出责任与事权匹配度以及政府之间支出竞争三个方面阐释了支出责任划分对雾霾污染的影响，实证检验了支出责任划分、支出责任与财政事权匹配对雾霾污染及雾霾污染区域协同治理的影响，分析了我国与雾霾污染治理相关的财政支出及其划分情况，比较了典型国家的相关支出及其划分情况，提出了促进我国雾霾协同治理的支出责任划分政策建议。第四部分考察财政收入划分与雾霾污染协同治理之间的关系。本部分分析了面临财政压力的地方政府在雾霾治理上的“减支”“增收”策略行为对雾霾治理的影响。实证检验财政收入划分、财政自主度和财力与财政事权匹配度对雾霾污染及其协同治理的影响。本部分同样分析了我国财政收入的划分情况及其演进路径，比较了典型国家的财政收入划分情况，提出了促进我国雾霾污染协同治理的财政收入划分政策建议。第五部分考察政府间财政转移支付与雾霾污染协同治理之间的关系。重点分析了一般性转移支付和专项转移支付的雾霾污染治理效应，实证检验了财政转移支付对雾霾污染及其协同治理的影响，分析了我国财政转移支付制度以及与雾霾污染治理相关的财政转移支付情况，比较了典型国家财政转移支付制度，提出了促进我国雾霾协同治理的财政转移支付政策建议。

本书的主要结论如下：（1）雾霾污染区域协同治理可以显著减少地区PM2.5浓度水平和工业二氧化硫的排放，但对工业烟（粉）尘排放的影响不显著。一个可能的解释是，地方政府在参与区域协同治理时，会优先选择减排难度低、见效快的污染物进行减排。（2）政府间环境财政事权划分会影响政府管制行为和环境公共品的提供。环境财政事权下划会显著降低地区PM2.5的浓度水平，但是不会显著降低地区二氧化硫和烟（粉）尘排放。不同类型的环境财政事权划分产生了不同的影响。环境行政管理事权下划显著降低了PM2.5浓度水平，但对二氧化硫和烟（粉）尘排放水平的影响不显著。环境监察和监测事权下划可以显著降低PM2.5浓度水平，但会显著增加二氧化硫和烟（粉）尘排放。（3）环境财政事权下划对工业和生活二氧化硫或烟（粉）尘有不同的影响。环境财政事权下划会显著增加工业二氧化硫或烟（粉）尘的排放，但会显著减少生活二氧化硫或烟（粉）尘的排放。产生这一差异的可能解释是，由于地方政府对其辖区的污染行为具有信息优势，在中央强力环境问责和追责压力下，环境分权下的地方政府倾向于在工业和生活二氧化硫或烟（粉）尘排放之间开展策略性减排。（4）环境财政事权下划、环境行政事权、监察事权下划对环境规制协同度的影响显著为负，说明上述事权下划程度越高，越不利于促进雾霾污染区域协同治理。而环境监察事权下划对环境规制协同度的影响显著为正。(5) 环境支出责任下移会显著增加二氧化硫和烟(粉)尘排放。环境支出责任与环境财政事权不匹配会显著增加二氧化硫和烟(粉)尘的排放水平。环境支出责任下移对环境规制协同度的影响显著为负，而环境支出责任与环境财政事权的匹配度对环境规制协同度的影响显著为正。(6) 财政收入分权会显著减少 PM2.5 浓度水平以及二氧化硫和烟(粉)尘排放。提高一个地区的财政自主度，可以显著减少 PM2.5 浓度水平和二氧化硫与烟(粉)尘排放。提高一个地区的财政收入与环境财政事权匹配度，可以显著减少 PM2.5 浓度水平和二氧化硫与烟(粉)尘排放。财政收入下划程度越高，越不利于促进雾霾污染区域协同治理。(7) 政府间转移支付会显著减少 PM2.5 浓度水平和烟(粉)尘排放，但会显著增加二氧化硫的排放。中央对地方财政转移支付越大，越不利于促进雾霾污染区域协同治理。

本书从理顺政府间财政关系、促进雾霾区域协同治理的角度提出以下对策建议。(1) 在促进雾霾区域协同治理方面，建议加强协同治理法制建设，强化制度约束；推动跨区域污染治理机构建设，强化主体责任；完善雾霾污染治理体制机制，充分调动地方政府积极性；完善多元协同治理，引导社会主体参与雾霾污染治理。(2) 在政府间财政事权划分方面，建议明确雾霾污染治理政府和市场的界限；推动雾霾污染整体性治理；构建以省一级政府为主体的雾霾污染治理事权划分模式；构建有利于区域协同的雾霾污染治理事权划分模式。(3) 在政府间支出责任划分方面，建议进一步加大环境保护支出，提升环保资金使用效率；加大中央政府雾霾污染治理支出责任；强化省一级政府的雾霾污染治理支出责任；实现雾霾污染治理支出责任与事权相匹配。(4) 在政府间收入划分方面，建议适度调整政府间收入划分；构建以房地产税为主体税种的地方税体系；进一步优化地方财政收入结构；赋予地方政府一定的财政收入自主权。(5) 在政府间财政转移支付方面，建议取消税收返还；完善一般性转移支付制度，扩大均衡性转移支付规模，在均衡性转移支付中适度增加环境保护的权重系数；完善专项转移支付制度，清理整合专项转移支付项目，对环境保护专项转移支付实行大类整合；增加中央对地方环境保护投资专项转移支付；建立中央和省级环境保护基金。

本书的创新主要体现在以下三个方面：一是从理论和实证分析上阐释了财政事权与支出责任匹配和财力与支出责任匹配对雾霾污染的影响；二是实证检验了事权、支出责任和财力划分以及政府间财政转移支付对不同污染源的影响；三是实证检验了事权、支出责任和财力划分以及政府间财政转移支付对环境规制协同度的影响。

雾霾协同治理需要政府、企业、社会团体、公众的共同参与，涉及极为复杂的利益纠纷和协调，是一项综合的社会系统工程，需要开展多学科交叉研究。本书只是从政府财政事权划分与财力匹配的角度研究财政体制对雾霾协同治理的影响，由于学识和能力有限，研究可能存在不足与谬误，敬请各位读者批评指正。

魏涛

2021 年 9 月

# 目　录


第一章　导论 …………………………………………………………… 1

第一节　研究背景 ……………………………………………………… 1

第二节　国内外研究现状 ……………………………………………… 3

第三节　研究意义及价值 ……………………………………………… 8

第四节　研究思路与研究方法 ………………………………………… 9

第五节　研究内容 …………………………………………………… 10

第二章　区域协同与雾霾治理 ……………………………………… 12

第一节　引言 ………………………………………………………… 12

第二节　雾霾污染协同治理的理论机制分析 ……………………… 14

第三节　我国雾霾污染治理模式的演进路径：

从属地治理到联防联控 ……………………………………… 17

第四节　雾霾治理区域协同效应实证检验 ………………………… 21

第五节　政府间雾霾协同治理的国际经验 ………………………… 31

第六节　促进雾霾协同治理的政策建议 …………………………… 37

第三章　财政事权划分与雾霾污染协同治理 ……………………… 42

第一节　引言 ………………………………………………………… 42

第二节　财政事权划分影响雾霾污染治理的理论机制分析 ……… 45

第三节　我国雾霾污染治理财政事权划分及其演进路径 ………… 47

第四节　财政事权划分影响雾霾污染的实证检验 ………………… 59

第五节　环境财政事权划分影响雾霾污染协同治理的实证检验 …… 86

第六节　雾霾污染治理财政事权划分的国际经验 ………………… 95

第七节　促进雾霾污染协同治理的财政事权划分建议 …………… 99

**第四章　支出责任划分与雾霾污染协同治理** …… 103
第一节　引言 …… 103
第二节　环境支出责任划分影响雾霾污染治理的理论机制分析 …… 104
第三节　我国雾霾污染治理支出责任划分的演进路径 …… 106
第四节　环境支出责任划分影响雾霾污染的实证检验 …… 112
第五节　环境支出责任划分影响雾霾污染协同治理的实证检验 …… 129
第六节　雾霾污染治理支出责任划分的国际经验 …… 133
第七节　促进雾霾污染协同治理的支出责任划分建议 …… 138

**第五章　政府间财政收入划分与雾霾污染协同治理** …… 141
第一节　引言 …… 141
第二节　政府间财政收入划分影响雾霾污染治理的理论机制分析 …… 143
第三节　我国政府间财政收入划分的演进路径 …… 144
第四节　政府间财政收入划分影响雾霾污染的实证检验 …… 150
第五节　政府间财政收入划分影响雾霾污染协同治理的实证检验 …… 172
第六节　政府间财政收入划分的国际经验 …… 176
第七节　促进雾霾协同治理的政府间财政收入划分建议 …… 180

**第六章　政府间财政转移支付与雾霾污染协同治理** …… 185
第一节　引言 …… 185
第二节　政府间财政转移影响雾霾治理的理论机制分析 …… 187
第三节　我国政府间财政转移支付的演进路径 …… 189
第四节　政府间财政转移支付影响雾霾污染的实证检验 …… 195
第五节　政府间财政转移支付影响雾霾污染协同治理的实证检验 …… 205
第六节　雾霾治理财政转移支付的国际经验 …… 208
第七节　促进雾霾协同治理的财政转移支付政策建议 …… 215

第七章　结论与展望 …………………………………………………… 222
第一节　基本结论 …………………………………………………… 222
第二节　研究的局限性 ……………………………………………… 224
第三节　需要进一步研究的问题 …………………………………… 225

参考文献 ……………………………………………………………… 227

# 第一章 导论

## 第一节 研究背景

随着持续性、大范围的雾霾污染天气越来越频繁，雾霾污染逐渐成为全社会关注的热点问题。2013 年，雾霾波及我国 25 个省份、100 多个大中型城市，全国平均雾霾天数达 29.9 天，创 52 年来之最。[①] 2015 年我国共出现了 11 次大范围、持续性霾过程，11～12 月我国中东部地区雾霾持续时间长、范围广、污染程度重。[②] 根据世界卫生组织（WHO）2016 年发布的全球空气污染数据库，对全世界 2973 座城市的 PM2.5 平均浓度由高到低排列，前 100 名城市中有 30 个中国城市。[③] 2020 年 1～2 月，京津冀及其周边区域几度出现重度雾霾污染，且重污染范围持续扩大。

雾霾污染是工业化和城镇化进程快速推进的必然结果。我国的雾霾污染呈现明显的“多污染物复合型”和“跨区域关联性”特征。首先，从雾霾污染来源看，我国正由传统的“煤烟型污染”向“复合型污染”转变。过去，我国污染的主要来源是二氧化硫、粉尘等“煤烟型”污染物。随着机动车保有量的持续增加，由尾气排放产生的氮氧化物、挥发性有机物不断增加。氮氧化物、挥发性有机物与二氧化硫等传统气体污染物相互作用后发生了一系列复杂的化学反应，并通过“气粒转化”形成可吸入颗粒

---

① 资料来源：央视网 2013 年 12 月 30 日新闻报道《全国今年平均雾霾天数达 29.9 天　创 52 年来之最》，http：news. cntv. cn/2013/12/30/ARTI1388345585931883. shtml。

② 资料来源：中国气象局《2015 年中国气候公报》。

③ 资料来源：https：//www. who. int/phe/health_ topics/outdoorair/databases/cities/en/。

物。一旦污染物排放超过大气循环能力和承载度，颗粒物浓度将持续积聚，加上天气的影响，极易出现大范围的雾霾。因此，不同于国外相对单一的污染[①]，我国属于多种污染物叠加且相互作用的复合型污染。从污染源解析来看，燃煤、工业污染排放、机动车排放、扬尘是雾霾四个重要产生源（庄贵阳等，2018）。其次，从雾霾污染影响范围来看，我国雾霾污染的形成具有较强的空间异质性。尤其在京津冀、长三角、珠三角等重点区域。各地排放源产生的污染物通过大气污染传送通道相互作用并融为一体，形成了“你中有我、我中有你”的态势。2014 年，北京市环保局首次发布了 PM2.5 源解析，本地污染占 64% ~72%，区域传输占 28% ~36%。北京地区 PM2.5 本地排放源以机动车、燃煤、工业生产、扬尘为主，分别占比 31.1%、22.4%、18.1% 和 14.3%，餐饮、汽车修理、畜禽养殖、建筑涂装等其他排放占比 14.1%。2018 年，北京市环保局公布了新一轮污染源解析，结果表明，本地排放依然是北京市 PM2.5 主要来源（约占 2/3）。天津市环保局公布的 2014 年颗粒物来源解析结果显示，PM10 来源中本地排放占 85% ~90%，区域传输占 10% ~15%，PM2.5 来源中本地排放占 66% ~78%，区域传输占 22% ~34%。

雾霾污染对公众健康产生较大的负面影响，给经济带来巨大的损失。国内外学者对雾霾污染的健康危害进行了大量的定量评估。国外研究表明，长期生活在雾霾环境的人群患肺癌的风险更高（Ostro et al.，2006），同时，PM2.5 浓度升高会显著增加死亡风险（Dockery et al.，1993；Pope et al.，2002）。对中国城市数据的分析也表明，雾霾污染与心脑血管、呼吸系统等疾病显著相关，会导致死亡率上升（高军等，1993；徐肇翊等，1996；陈秉衡等，2002；刘美娟等，2006；孟紫强等，2007；郭群等，2016）。雾霾污染对人体健康造成的危害会增加医疗支出，造成相应的经济损失。对美国大气污染的定量研究表明，1958 年美国大气污染造成患病或死亡的经济损失约为 802 亿美元（Ridker，1967）；欧洲的数据表明，与空气污染相关的慢性疾病造成的经济损失为 3.7 亿欧元（Chanel et al.，2016）。国内学者也对空气污染导致的健康经济损失进行了研究，发现 2001 年上海市颗粒物污染造成的损失为 51.5 亿元（阚海东等，2004）；

---

① 20 世纪伦敦的污染以煤烟型为主，洛杉矶的污染源主要为机动车尾气排放。

2004 年，由于大气污染所导致的呼吸和循环系统疾病住院和过早死亡等造成的经济损失高达 1.703 亿元（於方等，2007）；2013 年 1 月，北京市重度雾霾污染事件造成健康经济损失达 4.89 亿元（谢元博等，2014）。雾霾污染还会影响农业和工业生产，并通过影响交通运输业影响贸易，增加物流成本。经合组织（OECD）研究发现，2005～2010 年，中国因空气污染死亡人数增加了约 5%，仅 2010 年，空气污染给中国造成的经济损失就高达 1.4 万亿美元①。穆泉和张世秋（2013）采用直接损失评估法、疾病成本法和人力资本法，对 2013 年 1 月严重雾霾造成的交通和健康直接经济损失进行评估，评估结果显示，雾霾污染造成的全国交通和健康的直接经济损失保守估计约 230 亿元。

雾霾污染的破坏性影响引起了政府和公众高度关注。为了解决日益严重的雾霾污染问题，中央和地方政府出台了一系列法律、法规和规章制度。2010 年出台《关于推进大气污染联防联控工作改善区域空气质量的指导意见》，2013 年出台了史上最为严格的《大气污染防治行动计划》，2014 年修订了《中华人民共和国环境保护法》，并于 2015 年和 2018 年两次修订了《中华人民共和国大气污染防治法》。此外，针对重点区域和城市还出台了《重点区域大气污染防治“十二五”规划》等多项专项政策。党的十九大报告提出，绿水青山就是金山银山，建设生态文明是中华民族永续发展的千年大计，将雾霾污染治理上升到国家战略高度。

## 第二节　国内外研究现状

### 一、环境联邦主义的相关研究

有关大气污染协同治理中政府事权和财力分配的相关研究，总体上是在环境联邦主义理论的框架内进行的，环境联邦主义作为财政联邦主义理论的一个分支，主要研究环境管理领域的集权和分权问题。有关环境联邦

① 详见人民网的相关报道，http：//world.people.com.cn/n/2014/0523/c1002－25057849.html。

主义理论的文献相当丰富。但对一国环境管制应该采用集权方式还是分权方式，已有的研究在理论和实证方面都存在较大分歧。

支持环境分权文献最早可以追溯到蒂布特（Tiebout，1956）的经典文章，蒂布特模型强调财政分权的积极作用，在7个严格假设下，他推导出分权下的地方竞争可以实现地方公共产品供给的帕累托最优。基于蒂布特的财政分权理论模型，奥茨和施瓦布（Oates & Schwab，1988）发展了一个地方竞争的框架，认为分权式的环境管制也可能是有效率的，以居民福利最大化为目标的地方政府会提供社会最优水平的环境质量。后续的研究也从地区竞争的角度证明了分权的合理性，地区竞争也有可能是环境逐顶竞争，有利于环境保护（Wellisch，1995）。有的学者从地方的异质性出发支持环境分权，认为由于各地区对环境质量的偏好不同，中央政府制定统一的环境管制标准会导致福利损失，而由于地方政府拥有信息优势，由地方政府设定各自适合的污染排放标准和管制力度是更有效率的制度安排（Oates，1972；Peltzman & Tideman，1972；Oates & Schwab，1996；Saveyn，2006）。还有学者从政治经济学的角度论证了环境分权的有效性。拉伊（Lai，2013）在奥茨和施瓦布模型中加入特殊利益集团，其研究表明，虽然环境分权会导致地方因为竞争而放松环境管制，但环境分权也有利于缓解允许扩大排放的政治压力，如果后者作用大于前者，则环境分权会比环境集权产生更少的污染。

支持环境集权的文献也从地区竞争的角度证明了集权的必要性。奥茨和施瓦布（Oates & Schwab，1988）模型的结果依赖于一系列严格的假设，该模型假设：（1）所有辖区居民是同质的，且不能迁徙；（2）资本在辖区间可以自由流动；（3）资本拥有所有关于辖区的相关信息；（4）存在大量的地方政府；（5）不存在地区外部性；（6）地方政府最大化社会福利。支持环境集权的理论模型通过放松奥茨和施瓦布模型的相关假设，得出了不同的结论，认为在环境管制分权框架下，地方政府竞争会导致无效率的环境管制标准。最初的研究主要集中在环境污染的外部性上，对于跨界污染，研究表明，地方政府会忽视本地区环境政策对邻近地区居民效用的影响，从而导致无效率行为。相较于中央政府的决策而言，地方政府的选择可能导致更高的跨界污染量（Gordon，1983；Silva & Caplan，1997；Helland & Whitford，2003；Sigman，2005；Gray & Shadbegian，2004；Lipscomb & Mobarak，2007）。另外，也有大量的文献从博弈论的角度研究地方竞争行为。由于资本的流动性，地方政府为了获得竞争优势，会利用过度宽松的环境政策作为竞争工具来发展本地的经济，从而导致逐底竞争，损失社会整体福利。因此，环境管理应该由中央政府来实行（Cumberland，1981；Wilson，1999；Ulph，2000；List & Mason，2001；Rauscher，2005；Kunce & Shogren，2007；Ogawa & Wildasin，2009）。

从实证文献来看，大多国外的文献发现财政分权和地方竞争提高了环境质量，即存在逐顶竞争效应（Goklany，1999；Fredriksson，2000；List & Gerking，2000；Millimet，2003；Chang et al.，2014）。但萝丝—阿克曼（Rose-Ackerman，1995）对比了美国（相对集权）和德国（相对分权）的环境质量标准，认为政府层级安排对污染水平没有影响。国内的实证文献更多地验证了逐底竞争效应。杨瑞龙等（2007）使用中国1996～2004省级面板数据检验了财政分权和环境质量之间的关系，发现财政分权水平的提高对环境质量具有明显的负面影响。杨俊等（2010）提出了一个包含污染排放量的环境数据包络分析（DEA）模型，通过测算中国的环境效率，发现财政分权对其有显著负面影响。张克中等（2011）从碳排放的视角分析了财政分权和环境污染的关系，发现财政分权降低了地方政府对碳排放的管制力度。刘琦（2013）、郭志仪和郑周胜（2013）也得出了类似的结论。崔亚飞和刘小川（2010）利用1998～2006年的省级面板数据分析了中国省级税收竞争与环境污染之间的关系，实证结果表明，地方政府在税收竞争中对污染治理采取了“骑跷跷板”策略，省级政府对工业固体废弃物和废水采取了较好的治理，而对工业二氧化硫排放则采取了放松监管与治理的策略。

## 二、大气污染事权划分相关研究

涉及环境污染治理的事权包括标准设定、环境污染测度、环境执法和科学研究等。与大气污染治理事权划分相关的研究，大多是从空气质量标准应由哪级政府设定的角度来展开的。大气污染是一种典型的跨界污染，一般认为，由地方政府设定监管标准是缺乏效率的（Oates，1972；Silva & Caplan，1997），因为地方政府无法完全内部化跨界污染所带来的外部性，因而需要中央政府进行干预（Engel，1997；Sigman，2003；Adler，2005；

Hall，2008；Dijkstra & Fredriksson，2010）。班茨哈夫和丘普（Banzhaf & Chupp，2012）分析了美国电力行业的氮氧化物和二氧化硫的排放量，实证结果表明，统一的排放标准相对于分散的排放标准会导致更少的社会福利损失（0.2%相对于31.5%），之所以会这样，是因为跨界污染的外部性相对于地区异质性来讲更为重要。奥奇等（Auci et al.，2011）采用随机边界方法，验证了意大利从集权转向分权并不能改变环境绩效。但也有学者认为，分权式的空气质量监管能提高空气质量（Shobe & Burtraw，2012）。米利米特（Millimet，2013）认为，如果污染制造者位于辖区之外或污染制造者能将一部分成本转嫁给辖区外的居民，跨界污染的外部性也会促使地方政府强化环境监管。艾略特等（Elliott et al.，1985）和拉贝等（Rabe et al.，2011）的实证研究表明，在美国，不是汽车主要产地的地方政府倾向于制定更加严格的汽车排放标准。麦克奥斯兰和米利米特（McAusland & Millimet，2013）利用美国和加拿大的州（省）级面板数据的实证分析也表明，随着州（省）际贸易的增加，地方的环境管制也会更加严格。另一个支持中央政府制定统一的空气质量标准的理论依据是，分权会导致地方大气污染的逐底竞争。但在实证研究方面并没有取得一致的支持。李斯特和格金（List & Gerking，2000）利用美国的州级数据实证检验了美国20世纪80年代中期环境分权的影响，实证结果显示，没有证据显示美国80年代以后的环境恶化，相反，有证据显示美国二氧化硫排放量出现了下降。米利米特和李斯特（Millimet & List，2003）使用不同的计量方法检验了上述数据，得出了与李斯特和格金不同的结论，认为美国的环境分权显著地减少了污染排放。

对于大气污染的监管权是否应该赋予中央政府还是地方政府，在理论和实证分析上，尚未有统一的结论。从各国的实践来看，美国更侧重于集权，而欧盟更侧重于分权，但不论是美国还是欧盟，在大气污染方面，都强调中央政府和地方政府的协同治理。奥茨（Oates，2002）以及费奥里罗和萨基（Fiorillo & Sacchi，2012）的分析表明，对于跨界污染，中央和地方协同治理是有效率的。

## 三、大气污染财力激励机制研究

由于大气污染是一种跨界污染，其治理不可避免地会产生成本收益不对称的问题，这种不对称体现在两个方面：一是收益外溢，即治理污染的地方承担全部的成本，但无法获取全部收益，因而会出现“搭便车”的行为（List et al.，2002；Sigman，2005）；二是成本外溢，即产生污染的地方不承担全部的治理成本。这两种不对称都会产生事权和财力的不匹配（Kumar & Managi，2009）。解决跨界污染成本—收益不对称问题，不能单纯地依靠事权划分，因为合理的事权划分并不能内部化所有成本和收益，还应该依靠财力激励机制补偿地方政府的环境保护努力（Perrings & Gadgil，2003；Ring，2008a）。对于大气污染财力激励机制的研究，主要集中在纵向财政转移支付和税收分配方面，研究财政转移支付的文献相对较多，研究税收分配方面的文献较少。一般认为，财政转移支付可以有效地解决地方环境保护支出的外溢效应，促进环境公共产品的有效供给（Oates，1972；Gordon，1983；Alm，1993；Perrings & Gadgil，2003；Dur & Staal，2008）。伯德和斯马特（Bird & Smart，2002）回答了如何设计财政转移支付这一问题，指出促进环境公共产品最优供给的转移支付设计取决于相关污染的外部性水平。沙（Shah，2006）认为，一个开放性的、基于环保支出溢出效应的财政转移支付制度将激励地方政府增加环保支出。在环保领域，与税收相关的研究大多是从“庇古税”的角度研究税收对环境污染的矫正作用（Baumol，1972；Barthold，1994；Bovernberg & de Mooij，1994；Bovenberg & Goulder，1996，2002）。研究如何在中央和地方之间划分环保税收收入及其激励效应的文献较少。阿尔姆和班茨哈夫（Alm & Banzhaf，2011）从财政分权和地方税收竞争的角度阐述了中央和地方税收划分问题，但并没有针对性地研究中央和地方环保税收的划分问题。

## 四、相关研究述评

国外关于环境联邦主义的研究已经较为深入，相关的研究成果为本书的研究提供了理论和方法上的支持。中国专门研究大气污染治理事权和财力匹配机制的文献较少，仅有崔晶和孙伟（2014）一篇文献专门从公共产品属性的角度研究了我国中央和地方之间大气污染治理事权划分问题。因此，该领域的研究亟须结合中国式财政分权的特点和我国环境事务相关制度安排继续丰富和完善。（1）进一步丰富大气污染治理的事权划分内涵。目前在大气污染监管集权和分权的研究方面已取得较为丰硕的成果，但在事权划分的其他方面较少涉及，对于我国党的十八届三中全会提出的事权和支出责任划分方面更是没有涉及。(2) 大气污染治理财政转移支付的绩效评估和制度设计。国外有部分实证文献检验了环境财政转移支付的绩效，我国在这一方面的研究还较为缺乏，需要加强大气污染治理财政转移支付制度的理论和实证研究。(3) 中央和地方税收划分对大气污染治理作用的实证检验和相关的制度安排。除了环保税，其他税收（如消费税、资源税）也会影响大气治理的绩效，这些税种政府间分配也会产生不同的大气污染治理效果。与之相关的研究较少，有待进一步丰富和完善。

## 第三节　研究意义及价值

在学术价值层面，运用财政分权理论、环境联邦主义理论、外部性理论和地方竞争理论等分析财政事权、支出责任和财力划分及其匹配对雾霾污染协同治理的影响，有助于进一步拓展上述理论的应用范围，深入揭示政府间财政关系影响雾霾污染及其治理的机制。在此基础上，采用双重差分和空间计量模型，利用城市和省级面板数据，实证检验政府间财政关系对雾霾污染和协同治理的影响。上述理论和实证分析对于解构雾霾污染及其协同治理的财政体制因素、阐释不同层级政府参与雾霾污染协同治理的激励结构具有重要的意义。

在国际比较层面，雾霾污染需要多级政府协同治理，需要环境、财税政策的相互配合。国外在长期的雾霾污染治理过程中积累了大量的经验，总结其经验对我国雾霾污染治理具有重要的借鉴意义。本书比较和总结了典型发达国家雾霾协同治理及财政体制方面的经验，分析其成功经验给我国雾霾污染治理带来的政策启示。

在实践应用层面，本书从雾霾污染协同治理视角出发，在理论分析和实证检验的基础上，结合我国现行的制度安排和典型发达国家的成功经验，提出促进我国雾霾污染协同治理以及与之对应的政府间财政事权、支出责任、财权划分和进一步完善政府间财政转移支付的政策建议。这些政策建议对于我国合理划分中央和地方在雾霾污染治理方面的财政事权和支出责任、理顺中央和地方环境管理体制具有重要的政策应用价值。

# 第四节　研究思路与研究方法

## 一、研究思路

本书的研究从现实考察和文献研究出发，针对雾霾协同治理这一现实问题，运用环境联邦主义的理论框架，通过实证分析和国际比较，提出促进我国雾霾污染协同治理的财政体制优化方案。具体如图 1－1 所示。

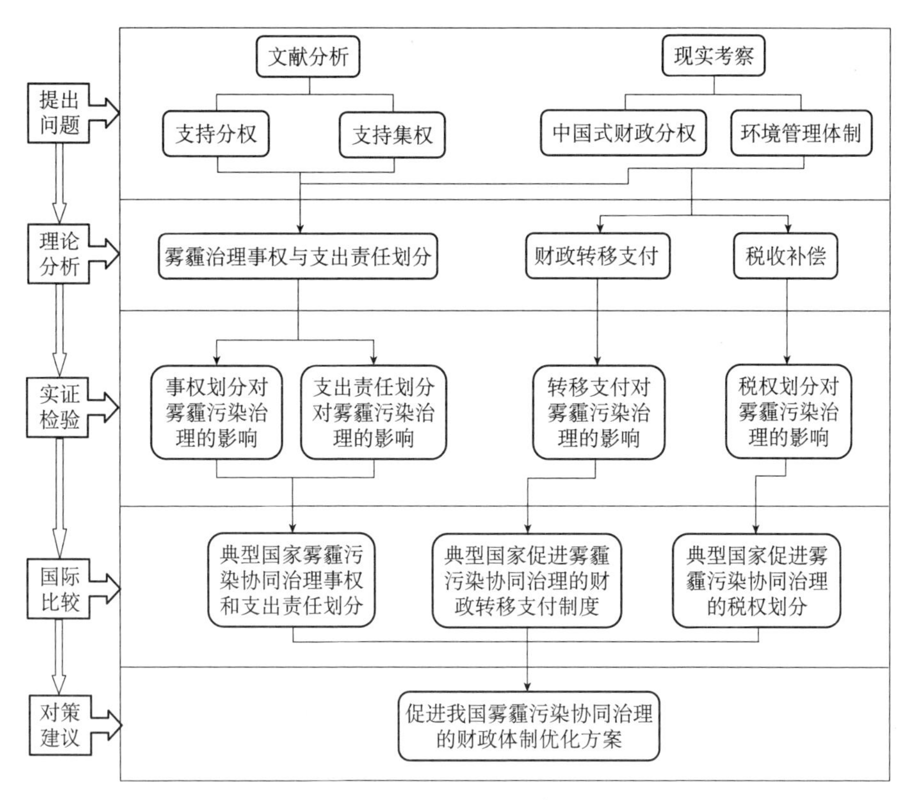


图 1－1　研究思路

## 二、研究方法

（1）计量分析。本书将主要使用城市和省级面板数据，运用空间计量、双重差分和倾向匹配得分等计量方法实证检验我国财政事权与支出责任划分、财力分配以及财政转移支付对雾霾治理的影响。

（2）比较分析。考察典型国家雾霾污染治理财政事权与支出责任的划分、财政转移支付制度和财政收入分配制度。通过横向比较不同国家改革经验，为我国雾霾污染治理财政事权划分和财力分配改革提供借鉴。

（3）实地调研。通过走访相关部门，了解相关法规、政策及政府治理情况，并对雾霾协同治理和生产与生活不同类型雾霾污染进行分析，为理论研究和计量分析提供经验支持。

## 第五节　研究内容

本书主要研究内容安排如下。

第二章考察区域协同与雾霾治理之间的关系。在理论部分，阐释了雾霾区域协同治理的必要性；在实证部分，采用倾向匹配得分双重差分法（PSM-DID），利用地级市的面板数据，检验区域协同治理对雾霾污染的影响。同时，第二章还分析了我国雾霾污染治理模式的演进路径，比较了典型国家雾霾区域协同治理的经验，在此基础上，提出了我国促进雾霾污染区域协同治理的政策建议。

第三章考察财政事权划分与雾霾污染协同治理之间的关系。在理论部分，分析了政府间财政事权划分对雾霾污染的直接和间接影响；在实证部分，采用空间计量方法，利用省级面板数据，检验了不同类型财政事权划分对雾霾污染以及雾霾污染区域协同治理的影响。同时，第三章还分析了我国雾霾污染治理财政事权划分情况及其演进过程，比较了典型国家雾霾污染治理财政事权划分的经验，在此基础上，提出了促进我国雾霾污染协同治理的财政事权划分政策建议。

第四章考察支出责任划分与雾霾污染协同治理之间的关系。在理论部分，从支出规模与结构、支出责任与事权匹配度以及政府之间支出竞争三个方面阐释了支出责任划分对雾霾污染的影响；在实证部分，采用空间计量方法，利用省级面板数据，检验了支出责任划分、支出责任与财政事权匹配对雾霾污染及雾霾污染区域协同治理的影响。同时，第四章还分析了我国与雾霾污染治理相关的财政支出及其划分情况，比较了典型国家的相关支出及其划分情况，在此基础上，提出了促进我国雾霾协同治理的支出责任划分政策建议。

第五章考察了政府间财政收入划分与雾霾污染协同治理之间的关系。在理论部分，首先分析了财政收入划分如何影响地方财政，其次分析了财政收入划分形成的地方财政压力如何影响地方雾霾污染治理行为；在实证部分，采用空间计量方法，利用省级面板数据，检验财政收入划分、财政自主度和财力与财政事权匹配度对雾霾污染及其协同治理的影响。同时，第五章分析了我国财政收入的划分情况及其演进路径，比较了典型国家的财政收入划分情况，在此基础上，提出了促进我国雾霾污染协同治理的财政收入划分政策建议。

第六章考察了政府间财政转移支付与雾霾污染协同治理之间的关系。在理论部分，重点分析了一般性转移支付和专项转移支付的雾霾污染治理效应；在实证部分，分析了财政转移支付对雾霾污染及其协同治理的影响。同时，第六章分析了我国财政转移支付制度以及与雾霾污染治理相关的财政转移支付情况，比较了典型国家财政转移支付制度，在此基础上，提出了促进我国雾霾协同治理的财政转移支付政策建议。

# 第二章
# 区域协同与雾霾治理

## 第一节　引言

雾霾污染具有典型的流动性、复合型特征，大气污染物排放在一定时间内会形成污染物空气流域，而这一空气流域往往会超出地方行政边界。不同污染源排放的污染物相互叠加、相互作用，进一步加剧了大气污染，形成复合型雾霾污染。大气污染物的空间流动性和来源的多样性导致大气污染治理的高度复杂性。对于雾霾污染治理，我国长期实行中央政府主导、省级政府统筹、基层政府实施的属地治理模式。由于地方政府在资源禀赋、产业结构、能源消费结构、经济发展和政治地位等方面存在广泛的异质性，地方政府在经济发展和环境保护的两难选择下，在雾霾治理的过程中往往偏好于不同的行动策略。雾霾污染治理的公共品属性和外部性特征为"搭便车"提供了可能，导致雾霾治理极容易陷入"集体行动的困境"，地方政府在雾霾治理上"各自为政"，并导致雾霾治理的"逐底竞争"。[①] 因此，单一主体的属地治理模式无法达成大气污染治理目标，政府间协作的共同治理更能减少污染（皮建才和赵润之，2017）。打破区域治理界限、强化区域协同治理是大气污染有效治理的必由之路。

政府间区域协同治理既包括纵向协同也包括横向协同，纵向协同是不

---

① 国内外的学者围绕环境规制是否存在"逐底竞争"进行了大量的实证检验，但没有获得统一的结论。部分学者的实证研究表明"逐底竞争"确实存在，但也有一部分学者对"逐底竞争"提出疑问。刘华军、彭莹（2019）利用省级面板数据检验了雾霾协同治理中的地方政府"逐底竞争"行为，发现我国地方政府在参与雾霾协同治理过程中确实表现出"逐底竞争"特征。

同层级政府的“上下协作”，横向协同是指同级政府之间的“水平协作”。在我国现行的行政管理体制下，条块关系是我国行政组织体系中基本的结构性关系，要处理好“块块”的关系，也要考虑“条条”关系对“块块”关系的影响，部门“各管一摊”是导致环境保护“九龙治水”的重要原因。因此，打破部门藩篱、强化部门合作，也是政府间区域协同治理的重要内容。

为了推动大气污染区域协同治理，从2010年开始，中央和地方政府出台了一系列大气污染协同治理政策。2010年出台的《关于推进大气污染联防联控工作改善区域空气质量的指导意见》正式提出大气污染区域联防联控，2015年出台的《大气污染防治法》的第五章专门规定了联防联控制度，首次从法律上确立了大气污染联防联控机制。从实践层面来看，京津冀、长三角等大气污染重点区域很早就开展了大气污染协同治理实践。从协同效果来看，我国雾霾治理取得初步成效，空气质量总体向好，但全国范围内重污染天气频发现象尚未得到有效遏制，京津冀、长三角等重点区域以及河南、山东、山西、陕西等重点区域的空气污染程度依然较重。已有的研究也支持这一结论，部分研究表明，特殊时期协同治理有效降低了雾霾污染浓度（Schleicher et al.，2012；Wang et al.，2016）①。赵志华和吴建南（2020）基于275个城市面板数据的三重差分研究表明，大气污染协同治理显著降低了工业二氧化硫的排放量，但对工业烟（粉）尘的排放量没有显著性影响。孟庆国和魏娜（2018）研究了京津冀大气污染府际横向协同，认为京津冀协同是一种被动式的“压力型协同”。一旦来自中央层面的压力减弱，协同机制就难以持续，协同效果也难以维持。杜雯翠和夏永妹（2018）利用双重差分模型实证检验京津冀雾霾协同治理效果，发现协同治理措施还没有从本质上改善京津冀的空气质量。

通过以上的分析可以看出，我国目前还没有形成有效且长效的协同治理模式，当前的联防联控治理是一种“压力型协同”，主要依靠“任务”驱动，其实质是部门主导的联防联控。这样一种协同治理模式没有建立正式规范和激励相容的协同结构，不是投入—收益均衡的利益协同，使得跨

---

① 施莱谢尔等（Schleicher et al.，2012）考察了2008年北京奥运会期间京津冀联合治理措施对细颗粒物污染的影响，发现联合措施在很大程度上降低了细颗粒物的污染浓度。王等（Wang et al.，2016）发现在APEC期间采取的一系列协同措施极大地提升了空气质量。

行政区域的环境规划、生态保护政策难以落地，联合执法也难以有效实施，因而难以持续，其效果也难以持久。因此，要实现我国大气污染治理目标，迫切需要进一步评估雾霾联防联控治理效应，根据雾霾污染特性构建激励相容的政府间协同治理模式。

## 第二节　雾霾污染协同治理的理论机制分析

大气污染自身的属性特征引发的“搭便车”和地方异质性所导致的“逐底竞争”问题是导致属地治理背景下大气污染治理政策难以实施的主要原因。构建污染治理投入—收益对称的区域协同治理机制，能够有效规避“搭便车”行为和“逐底竞争”。

### 一、协同治理有助于解决雾霾污染治理中的“搭便车”问题

大气污染治理具有典型的公共品属性和外部性特征。清洁的空气是工业生产的重要投入要素，由于产权的缺失，清洁空气的使用很难实现排他，这种非排他性决定了工业企业可以免费使用，因而无法通过价格信号和市场竞争机制实现这种要素最优配置，没有干预的市场配置结果必然是清洁空气的过度使用和大气污染物的过度排放。虽然大气环境具有一定的自净能力，但当大气污染物排放超过环境自净能力时，便会引发大范围和持续性的雾霾污染，因此，一定时期的大气环境具有竞争性的特性。公共品理论表明，非排他性和竞争性的产品特征会导致普遍的“搭便车”行为，并最终导致“公地悲剧”。

对于地方政府而言，大气污染的空间外溢性意味地方政府在发展经济的过程中只需承担辖区内的大气污染成本，而不用承担溢出到辖区外的大气污染成本。反之，如果地方政府为了改善空气质量开展大气污染治理，一方面，地方政府并不能获得大气污染治理的全部收益，一部分收益会外溢到辖区外；另一方面，如果邻近地区不同时开展大气污染治理，本地区的治污努力会被邻近辖区的污染转移所抵消。因此，对于地方政府而言，不治理大气污染，选择“搭便车”是一种最优选择。但如果所有的地区都选择“搭便车”，“公地悲剧”的结果就会显现。

属地治理的环境管理体制赋予地方政府较多的环境治理“自由裁量权”，同时，在属地治理的背景下，大气污染的外溢性和来源的多样性往往导致大气污染在空间上很难溯源，因而造成区域环境治理责任界定模糊，在此背景下，中央政府强力约束和问责，也很难从根本上激发地方政府环境治理的积极性。在属地治理模式下，无论中央政府是否实行约束，地方政府都倾向于选择“搭便车”策略，这将可能导致“诸侯治理”与“约束失灵”的两难困境（王红梅等，2018）。

解决雾霾污染治理“搭便车”行为，关键是要矫正污染治理引发的外部性，也就是要实现污染外溢成本的内部化和治污收益的内部化。污染外溢成本内部化的前提是污染源的有效监测和污染转移的定量评估，实现“谁污染、谁治理”；治污收益的内部化，就是要实现治污投入和收益的对称性，结合污染转移的定量评估设计生态补偿机制。理论上而言，在前述条件得以满足的情况下，地方政府之间讨价还价的科斯合作治理模式就可以带来有效率的结果（Oates，2001）。但在这一种情况下，科斯定理的零交易成本假设很难满足，即地方政府之间讨价还价的成本不为零，一方面，对污染源监测和污染转移评估充斥着大量的信息不对称；另一方面，地方政府获取区域污染转移及其造成的损害的相关信息成本较高。因此，虽然科斯合作治理模式是一种主动式、激励相容的合作模式，但高昂的讨价还价成本使得这一种模式很难在现实中出现。一个可行的方案是引入中央政府，中央政府的引入可以解决污染监测的信息不对称问题，同时也可以在全国范围内开展污染转移评估，通过规模效应实现成本节约。因此，中央政府引入会更有利于地方政府开展污染治理合作。

## 二、协同治理有助于解决雾霾污染治理中的“逐底竞争”问题

大量的文献研究了地方竞争对环境质量的影响。根据地方政府竞争理论，异质性地方政府在环境政策方面可能会采取策略性竞争行为。经济发展落后的地方，为了发展本地经济，会通过放松环境管制“招商引资”，争夺企业、人才和技术等流动性要素资源（Cumberland，1979，1981）。奥茨和施瓦布（Oates & Schwab，1988）研究也表明，在地方政府“利维坦”假设下，地方政府为了在短期内实现收益最大化，会以过分宽松的环境标准作为竞争手段。蔡和特瑞斯曼（Cai & Terisman，2005）研究发现，在资

本存量低的地区，外部竞争可能会导致地方政府自我约束的弱化，实施宽松的环境管制。同时，为了留住和创造新的工作岗位，地方政府也有很强动机放松环境管制。由于雾霾污染具有较强的空间溢出效应，本地区的治霾努力也不一定能够使得环境质量得到改善，经济利益驱动和空间溢出的双重效应将促使地方政府实施更为宽松的环境政策，推动雾霾污染治理朝“竞次”或“向下赛跑”的方向演变，最终导致“逐底竞争”。

国内也有大量的学者研究了地方竞争对环境质量的影响。杨海生等(2008)的实证研究发现，地方政府之间在环境政策方面存在着相互攀比式的竞争，其目的在于争夺流动性要素和固化本地资源。地方政府竞争行为导致环保政策偏离了整体社会福利目标（崔亚飞和刘小川，2009），这也是导致我国环境状况恶化的主要原因之一（李猛，2009）。

虽然在理论和实证检验上对是否真正存在政府间环境污染治理的“逐底竞争”都存在一定的争议①，但在属地治理模式下，地方政府异质性所导致的差异化环境政策也会影响环境污染的治理。差异化环境政策就意味着可能会产生“污染避难所效应”，污染企业会迁往环境管制宽松的地区，对于大气污染而言，污染企业的聚集又会产生“热点”效应，如果排放集中于某一地区，其带来的损害要比分散排放带来的损害大得多。一个典型的案例是：在长三角区域内，不同地区的污染物排放和 PM2.5 标准不一致，当上海承诺将 PM2.5 平均浓度下降 20%，安徽只承诺 PM10 平均浓度下降 10%，而即使在一个省之内，不同城市污染排放标准也不一致，这种排放标准的差异导致污染源向低排放标准地区转移，最终影响整体的污染治理效果。因此，局部地区严格的环境规制不仅不能显著改善区域整体的环境质量，甚至也难以改善本地的空气质量。这意味着属地治理模式下各自为政的大气污染治理方式无法有效治理雾霾污染，唯有突破行政边界，形成治污合力，才能有效治理大气污染（柴发合等，2013）。

雾霾污染协同治理的基础是地方政府通过权力让渡和移交形成超越行政边界的治理协同组织，在雾霾污染协同治理中协调各方利益、共享治理

---

① 虽然放松环境管制会降低企业的生产成本，但放松环境管制也会给辖区内的居民造成损害。显然，考虑居民福利的地方政府不会无限制放松环境管制。如果地方政府更加关注环境污染给辖区居民带来的损害，地方政府也有可能会加强环境管制，在这一种情况下，也有可能出现“逐优竞争”。

信息以及形成相应的制度保障（郭施宏和齐晔，2016）。雾霾污染协同治理有助于约束地方政府行为，避免地方政府之间为了“引资”开展恶性竞争。皮建才和赵润之（2017）构建的动态博弈模型比较分析了跨界污染的单边治理和共同治理，发现相比单边治理，共同治理能减少环境污染，共同发展利益目标，参加协同治理的地方政府会选择合作治理策略。他们的分析还表明，虽然协同治理会提高相对发达地区的福利水平以及所有地区整体的社会福利，但相对落后地区的社会福利会下降。这主要由地方政府之间基础条件差距所引致的，这一差距会导致落后地区协同治理行动“滞后性”，因此，为了促进地区之间协同治理，也要引入中央政府，平衡地区发展差距和缩小行动策略“滞后区间”。

## 第三节　我国雾霾污染治理模式的演进路径：从属地治理到联防联控

从雾霾污染治理的实践来看，我国经历属地治理、区域联防联控的早期实践和区域联防联控全面推行三个阶段。

### 一、雾霾污染属地治理模式

通过对相关法律法规的回顾和梳理，我国大气污染治理相关的法律法规最早可以追溯到1956年国务院发布的《关于防止厂矿企业中矽尘危害的决定》，这一法规旨在降低企业矽尘污染。到了20世纪70年代，我国开始逐步加大了大气污染防治的力度，提出了对工业“三废”综合利用，并分别于1973年和1979年发布了《工业“三废”排放试行标准》和《工业企业设计卫生标准》。上述法规对工业企业的排放提出了限制性的规定，但没有明确环境管理的属地责任。1979年颁布的《环境保护法（试行）》提出在中央和地方各级政府设立环境保护机构，并明确了各级环境保护机构的主要职责，但也没有明确地方环境保护的责任。

首次明确雾霾污染治理属地责任的法律法规是1987年颁布的《大气污染防治法》，这一法律是大气污染防治领域的纲领性文件，其中第二条规定：“国务院和地方各级人民政府，必须将大气环境保护工作纳入国民经济和社会发展计划，合理规划工业布局，加强防治大气污染的科学研究，采取防治大气污染的措施，保护和改善大气环境。”第三条规定：“各级人民政府的环境保护部门是对大气污染防治实施统一监督管理的机关。”这两条规定明确了大气污染防治的地方属地责任。1989 年颁布的《环境保护法》进一步明确地方环境保护的属地责任，该法的第十六条规定：“地方各级人民政府，应当对本辖区的环境质量负责，采取措施改善环境质量。”1991 年发布的《大气污染防治法实施细则》第二条也明确规定：“地方各级人民政府，应当对本辖区的大气环境质量负责，并采取措施防治大气污染，保护和改善大气环境。”1995 年和 2000 年，我国对《大气污染防治法》进行了两次修订，内容上新增了更多具有操作意义的条款，加大了对大气污染治理的力度，同时也进一步细化地方政府在大气污染治理中的责任，2000 年发布的《大气污染防治法》将第三条修正为：“国家采取措施，有计划地控制或者逐步削减各地方主要大气污染物的排放总量。地方各级人民政府对本辖区的大气环境质量负责，制定规划，采取措施，使本辖区的大气环境质量达到规定的标准。”同时，增加了第四条：“县级以上人民政府环境保护行政主管部门对大气污染防治实施统一监督管理。县级以上人民政府其他有关主管部门在各自职责范围内对大气污染防治实施监督管理。”第十条：“各级人民政府应当加强植树种草、城乡绿化工作，因地制宜地采取有效措施做好防沙治沙工作，改善大气环境质量。”第二十三条：“大、中城市人民政府环境保护行政主管部门应当定期发布大气环境质量状况公报，并逐步开展大气环境质量预报工作。”

从上述法律法规来看，我国 20 世纪 80 年代后期以来，大气污染治理实行的是以行政区划为基础的、由中央政府和地方各级人民政府负责的属地主义治理模式。国务院对全国范围内的大气环境质量负责，地方各级人民政府对各自辖区范围内的大气环境质量负责。地方政府在其辖区范围内，可以自主决定大气污染的防治进程和防治措施，有权对辖区内的污染企业等违法主体的行为进行检查和监督。

雾霾污染属地主义治理模式导致地方政府各自为政，普遍采取“关门”治理的方式。我国污染控制主要采用总量控制制度，在现行的行政管理体制下，总量控制以省（市）为单元，将控制目标逐级拆解和下放，这种自上而下制定治理目标模式导致同级政府之间缺乏横向的交流与配合。

属地治理模式是基于行政管理便利性而设计的，没有考虑雾霾污染的空间流动规律。属地治理模式也无法有效调动地方政府治理雾霾污染的积极性，属地主义治理模式赋予了地方政府较大的治理权限，地方政府可以决定治理的时间、措施、进程、力度等关键内容。在地方竞争的背景下，地方政府在治理环境与发展经济的平衡中往往倾向于选择后者。因此，属地治理模式不适用于大气污染治理，其治理的效果也必然不理想。现实情况也充分说明了这一点，属地治理模式下，我国雾霾污染问题不仅没有得到很好的解决，反而愈加严重、愈加复杂。

## 二、雾霾污染区域联防联控的早期实践

随着雾霾污染越来越严重，属地治理的弊端日益突出，同时，随着对雾霾污染认识的深入，雾霾污染跨区域协同治理开始受到重视。最早关于雾霾污染协同治理的规定可以追溯到1989年颁布的《环境保护法》，其中第十五条规定：“跨行政区的环境污染和环境破坏的防治工作，由有关地方人民政府协商解决，或者由上级人民政府协调解决，作出决定。”根据这一规定，对于雾霾污染这样一类跨区域污染，地方政府之间可以通过自主协商或中央协调的方式开展协同治理。但地方政府开展合作治理或中央协调的情况在很长时间内都没有出现。雾霾污染区域联防联治的雏形出现在1998年（王超奕，2018），为了应对二氧化硫排放量的快速增加和酸雨污染区蔓延，国务院发布了《酸雨控制区和二氧化硫污染控制区划分方案》，在全国划定了“两控区”的具体范围，制定了“两控区”污染物排放控制目标，并要求各地人民政府和有关部门制定相应的酸雨和二氧化硫污染综合防治规划以及分阶段二氧化硫总量控制计划，并纳入当地国民经济和社会发展计划组织实施。按照“谁污染谁治理”的原则，落实防治项目和治理资金。“两控区”是我国推动大气污染协同治理的最早实践，并取得了一定的效果。

从地方层面来看，最早的雾霾污染区域联防联控是京津冀环渤海六省为了保证2008年北京奥运会期间奥委会对空气质量的要求，从2006年起，在国家环保部的带领下，成立了由环保部与六省市及协办城市共同组成的奥运空气质量保障小组，统一规划、统一监管、统一治理，建立以大气污染联防联控为主要机制的协同治理模式。具体的举措包括：首先，确定重

点污染源和重点污染企业为区域内重点监督和监控对象，将扬尘、机动车尾气、工业污染、燃煤污染等污染源均纳入监控范围；其次，针对重点污染企业开展全面检查，并在六省市实施统一监管、统一执法；最后，对环境综合治理统一采取临时性减排和防治措施。从效果来看，2008 年奥运期间，大气污染物排放量与 2007 年同期相比下降 70%，二氧化硫等主要大气污染物的浓度水平平均下降 50%（柴发合等，2013）。

2009 年，江浙沪两省一市的环保部门借助《长江三角洲地区环境保护合作协议（2009—2010 年）》平台，积极探索区域大气污染联防联治工作机制，编制启动了“2010 年上海世博会长三角区域环境空气质量保障联防联控措施”，共同落实重点行业、机动车污染排放污染控制措施，全面实施秸秆禁烧工作，成立了长三角区域环境空气自动监测网络，实现了重点污染源排放和环境空气质量监测数据的共享。从实施效果来看，区域联防联控明显改善了空气质量，世博会期间，上海环境空气质量实现历年同期最高水平，空气质量优良率达到了 98.7%。

雾霾污染的联防联控和协同治理的地方实践表明，在特殊时期，行政主导和“压力型”区域协同能够在短期内改善区域空气质量，由此带来的污染控制成本也非常高昂，从长期来看不可持续，雾霾污染会出现报复式反弹。

## 三、雾霾污染区域联防联控的全面推开

雾霾污染区域协同治理的地方实践是解决属地治理模式的有益尝试，也取得了一定的成效。为了进一步解决属地治理模式与治理需求的矛盾，2010 年 5 月 11 日，环境保护部、国家发改委等 9 大部委共同发布了《关于推进大气污染联防联控工作改善区域空气质量的指导意见》，首次提出要用联防联控的方式解决区域大气污染问题。2012 年和 2013 年又先后出台了《重点区域大气污染防治“十二五”规划》和《大气污染防治行动计划》，其中，2013 年发布的《大气污染防治行动计划》明确提出建立京津冀、长三角区域大气污染防治协作机制，由区域内省级人民政府和国务院有关部门参加，协调解决区域突出环境问题，并将治理任务完成情况纳入政府考核体系。2015 年新修订的《大气污染防治法》用第五章专门规定了联防联控制度，从而通过法律的形式正式确立大气污染联防联控制度。

地方层面的雾霾污染联防联控实践相对滞后，直到2013年10月，北京市、天津市、河北省、山西省、内蒙古自治区、山东省会同环境部等七部委正式启动大气污染防治协作机制，确定了“责任共担、信息共享、协商统筹、联防联控”的工作原则，并提出构建信息共享制度、空气污染预报预警制度、联动应急响应制度、环评会商机制和联合执法机制。2014年1月，上海、浙江、江苏与安徽四省市会同八部委成立了长三角区域大气污染防治协作小组，明确了“协商统筹、责任共担、信息共享、联防联控”的协作原则，建立了“会议协商、分工协作、共享联动、科技协作、跟踪评估”五个工作机制，确定了控制煤炭消费总量、加强产业结构调整、防治机动车船污染、强化污染协同减排等六大重点。2014年3月，珠三角地区建成了我国首个大气污染联防联控技术示范区，并制定我国第一个区域层面的清洁空气行动计划。在此之后，山东、山西、四川、重庆等省（市）先后建立了重点城市大气污染联防联控机制。区域大气污染协同治理在全国范围内逐步推开。

从效果来看，2013年10月以后，京津冀大气污染物的月均数据表明，重大活动期间，联防联控的效果较为明显，其他时间的效果则不是非常明显。这表明我国大气污染治理临时性的特点仍然非常明显，而区域联防联控的长期效果并不显著。究其原因，一是我国目前的《大气污染防治法》仅仅是一个框架性文件，没有就区域内各行政区之间、部门之间的协调方式等作出安排（张亚军，2017），也没有针对具体违法违规行为的惩罚措施，只是一种“软约束”（王超奕，2018）；二是尚未建立利益协同机制，导致协同区内不同主体之间联合程度不够，环境规制行为协同也不够，虽然建立了联防联控机制，但参与主体之间貌合神离。

## 第四节　雾霾治理区域协同效应实证检验

### 一、研究设计

#### （一）模型设定

2010年，国务院印发《关于推进大气污染联防联控工作改善区域空气质量指导意见的通知》，首次提出在重点区域对重点污染物实行联防联控，改善空气质量，这一政策出台标志着大气污染联防联控正式提上日程。本节将这一改革看作是大气污染协同治理的准自然试验，利用双重差分法（difference in difference，DID）评估大气污染协同治理效果。本节将这一文件确立的重点区域的城市作为处理组，将重点区域以外的城市作为控制组。根据双重差分模型设立的基本步骤，构建两个虚拟变量：一是处理组和控制组虚拟变量，处理组为重点区域城市，定义为1，控制组为非重点区域城市，定义为0；二是政策时间虚拟变量，2010年及以后定义为1，2010年之前定义为0。双重差分法（DID）通过比较受政策影响的处理组和不受政策影响的对照，分析政策带来的实际影响。双重差分法的关键是找到合适的控制组，处理组和控制组应该满足平行趋势假设，考虑到中国的城市发展具有较大的异质性，平行趋势难以满足，本节借鉴石大千等（2018）的做法，采用PSM-DID方法，一方面利用倾向匹配得分法（PSM）消除由城市异质性导致的样本选择偏差，另一方面利用DID解决内生性问题并得到政策处理效应。

本节采用DID方法设定的回归模型如下：

$$Y_{it} = \alpha + \beta_1 time_{it} + \beta_2 scope_{it} + \beta_3 time_{it} \times scope_{it} + \beta_4 X_{it} + \gamma_t + \delta_i + \varepsilon_{it} \tag{2-1}$$

其中，$Y_{it}$表示不同城市$i$不同年份$t$的雾霾污染程度，$time_{it}$为政策时间虚拟变量，$scope_{it}$为组间虚拟变量，$time_{it} \times scope_{it}$为双重差分项，$X_{it}$为一组控制变量，$\gamma_t$、$\delta_i$分别为时间固定效应和城市个体固定效应。

进一步地，利用PSM-DID进行稳健性估计，具体的步骤为：首先，利用PSM方法找到与处理组最接近的控制组；其次，利用匹配后的处理组和控制组进行DID回归，具体回归模型如下：

$$Y_{it}^{PSM} = \alpha + \beta_1 time_{it} + \beta_2 scope_{it} + \beta_3 time_{it} \times scope_{it} + \beta_4 X_{it} + \gamma_t + \delta_i + \varepsilon_{it} \tag{2-2}$$

### （二）数据说明与描述性统计

本节的被解释变量为城市雾霾污染程度，借鉴彭飞和董颖（2019）、赵志华和吴建南（2019）做法，用PM2.5、工业二氧化硫排放量、工业烟（粉）尘排放量度量城市雾霾污染程度。一方面，PM2.5是雾霾污染的主要污染物，根据《中国生态环境状况公报》，2015～2018年，我国338个地级及以上城市发生重度污染天气中，以 PM2.5 为首要污染物的天数占重度及以上污染天数的比重都在 60% 以上；另一方面，PM2.5、工业二氧化硫排放量和工业烟（粉）尘排放量也是大气污染联防联控的重点污染物，《关于推进大气污染联防联控工作改善区域空气质量指导意见的通知》明确规定，大气污染联防联控的重点污染物是二氧化硫、氮氧化物、颗粒物、挥发性有机物等，《重点区域大气污染防治“十二五”规划》明确提出，到 2015 年，重点区域二氧化硫、氮氧化物、工业烟粉尘排放总量分别下降 12%、13%、10%，可吸入颗粒物（PM10）、二氧化硫、二氧化氮、细颗粒物（PM2.5）年均浓度分别下降 10%、10%、7%、5%。PM2.5 的数据来自哥伦比亚大学测定的 1998～2016 年不同城市 PM2.5 年度平均值。工业二氧化硫和工业烟（粉）尘排放量来自 2004～2017 年《中国城市统计年鉴》。

2010 年 5 月 11 日，国务院办公厅转发了环保部等 9 部委联合制定的《关于推进大气污染联防联控工作改善区域空气质量指导意见的通知》，这是中央首次发文推进大气污染联防联控。事实上，在 2010 年中央发文之前，地方政府先后开展了大气污染联防联控实践，这些实践取得了较好的效果，但这些都是特殊时期临时措施，没有上升到法律法规的程度，对参与联防联控的地方政府不具有约束力，因而不可持续。本节也没有按照赵志华、吴建南（2019）的做法将 2012 年国务院批复的《重点区域大气污染防治“十二五”规划》作为时间虚拟变量的时间点，理由有二：一是这两份文件的发文单位相同，从法律效力上看具有同质性；二是后一份文件在时间上更晚，即使第一份文件的实施效果在时间上有一定的滞后性，但在 2012 年之前应该已经发挥作用，因此，以 2012 作为时间点很难真实反映第二份文件的政策实施效果。鉴于此，本节以第一份文件作为政策时间虚拟变量时间节点，考虑政策效果有一定的滞后性，选取 2003～2010 年为政策实施前，2011～2016 年为政策实施后，即 2003～2010 年 *time* 取值为 0，2011～2016 年 *time* 取值为 1。

对于组间虚拟变量 scope 设置，《关于推进大气污染联防联控工作改善区域空气质量指导意见的通知》明确提出开展大气污染联防联控工作的重点区域是京津冀、长三角、珠三角、辽宁中部、山东半岛、武汉及其周边、长株潭、成渝、台湾海峡西岸等地区，但没有给出具体的城市。《重点区域大气污染防治“十二五”规划》在上述区域的基础上增加了山西中北部、陕西关中、甘宁、新疆乌鲁木齐等城市群，并给出了具体的城市。本节仍以第一份文件列明的重点区域城市作为处理组，共100个城市，以其他城市作为控制组，共181个城市，处理组城市具体见表2-1。另外，参照彭飞和董颖（2019）的做法，考虑到直辖市在政治地位、经济发展水平、人口规模等方面与一般的地级市存在较大的差异，在本节的分析中，将直辖市从样本中剔除。毕仁市、儋州市、海东市、拉萨市、三沙市、铜仁市等城市数据缺失较多，也将上述城市从样本中剔除，同时，由于巢湖市2011年调整为县级市，划归合肥市代管，也将其从样本中剔除。

**表2-1　处理组城市**

| 区域 | 省份 | 城市 |
|---|---|---|
| 京津冀 | 河北省 | 石家庄市、唐山市、秦皇岛市、邯郸市、邢台市、保定市、张家口市、承德市、沧州市、廊坊市、衡水市，共11个城市 |
| 长三角 | 江苏省、浙江省 | 南京市、无锡市、徐州市、常州市、苏州市、南通市、连云港市、淮安市、盐城市、扬州市、镇江市、泰州市、宿迁市、杭州市、宁波市、温州市、嘉兴市、湖州市、绍兴市、金华市、衢州市、舟山市、台州市、丽水市，共24个城市 |
| 珠三角 | 广东省 | 广州市、深圳市、珠海市、佛山市、江门市、肇庆市、惠州市、东莞市、中山市，共9个城市 |
| 辽宁中部城市群 | 辽宁省 | 沈阳市、鞍山市、抚顺市、本溪市、营口市、辽阳市、铁岭市，共7个城市 |
| 山东城市群 | 山东省 | 济南市、青岛市、淄博市、枣庄市、东营市、烟台市、潍坊市、济宁市、泰安市、威海市、日照市、莱芜市、临沂市、德州市、聊城市、滨州市、菏泽市，共17个城市 |
| 武汉及其周边城市群 | 湖北省 | 武汉市、黄石市、鄂州市、孝感市、黄冈市、咸宁，共6个城市 |
| 长株潭城市群 | 湖南省 | 长沙市、株洲市、湘潭市，共3个城市 |
| 成渝城市群 | 四川省 | 成都市、自贡市、泸州市、德阳市、绵阳市、遂宁市、内江市、乐山市、南充市、眉山市、宜宾市、广安市、达州市、资阳市，共14个城市 |
| 海峡西岸城市群 | 福建省 | 福州市、厦门市、莆田市、三明市、泉州市、漳州市、南平市、龙岩市、宁德市，共9个城市 |

除了协同治理，影响雾霾治理的因素还有很多。为了控制经济发展水平、产业结构和人口规模的影响，使结果更加准确，借鉴已有的研究成

果，加入一系列控制变量。不同于已有文献将财政收入或财政支出作为控制变量，本节使用财政自给度度量地方财政状况。一般认为，一级政府的收入结构对财政分权的过程和结果有很重要的应用，地方政府从自有税基中筹集的收入越大，其对公民的责任就越大（李一花和李齐云，2014），因此，相对于财政收入或财政支出，财政自给度更能真实反映地方的财政状况，也更能反映地方财政状况对雾霾治理的影响。根据环境库兹涅茨曲线，环境污染与经济发展之间呈倒 U 型关系，因此，在控制变量中加入人均 GRP 和人均 GRP 的平方项，同时，为了防止因果关系逆转，所有控制变量均采用滞后一期的方式处理（见表 2－2）。

**表 2－2　变量一览表**

| 变量 | 变量代码 | 变量描述 | 数据来源 |
|---|---|---|---|
| 细颗粒物 | pm25 | 各城市 PM2.5 年度平均值，单位：微克/立方米 | 哥伦比亚大学卫星数据 |
| 工业二氧化硫排放量 | so2 | 各城市工业二氧化硫年度排放总量，单位：万吨 | 中国城市统计年鉴 |
| 工业烟（粉）尘排放量 | is | 各城市工业烟（粉）尘年度排放总量，单位：万吨 | 中国城市统计年鉴 |
| Time | time | 2003～2010 年取值为 0，2011～2017 年取 1 | 作者编码 |
| Scope | scope | 处理组城市取值为 1，控制组城市取值为 0 | 作者编码 |
| Time × Scope | did | Time 和 Scope 的乘积 | 作者计算 |
| 人口密度 | p_ den | 各城市人口除以该城市总面积：单位：人/平方公里 | 中国城市统计年鉴 |
| 人均 GRP | grp_ pc | 各城市 GRP 除以总人口，单位：万元 | 中国城市统计年鉴 |
| 第二产业比重 | industry | 各城市第二产业产值除以 GRP | 中国城市统计年鉴 |
| 财政自主度 | pf | 各城市一般预算收入除以一般预算支出 | 中国城市统计年鉴 |
| 外商投资 | fdi | 各城市外商实际投资额，单位：亿美元 | 中国城市统计年鉴 |
| 科技经费支出 | st_ exp | 各城市科技经费支出，单位：亿元 | 中国城市统计年鉴 |
| 人均道路面积 | road | 各城市道路除以总人口，单位：平方米 | 中国城市统计年鉴 |
| 绿化覆盖率 | green | 各城市建成区绿化覆盖率 | 中国城市统计年鉴 |

表2－3报告了表2－2解释变量、被解释变量和主要控制变量的描述性分析结果，其中did为双重差分的关键变量，衡量政策的净效应。

表2－3　　描述性统计结果

| 变量 | 全样本 | | | 处理组 | | | 控制组 | | |
|---|---|---|---|---|---|---|---|---|---|
| | 样本量 | 均值 | 标准差 | 样本量 | 均值 | 标准差 | 样本量 | 均值 | 标准差 |
| pm25 | 3934 | 36.32 | 16.28 | 1414 | 44.45 | 16.08 | 2520 | 31.76 | 14.53 |
| so2 | 3902 | 5.52 | 4.805 | 1404 | 6.66 | 4.93 | 2498 | 4.88 | 4.61 |
| is | 3891 | 3.18 | 8.893 | 1398 | 3.38 | 7.29 | 2493 | 3.07 | 9.68 |
| scope | 3934 | 0.36 | 0.480 | 1414 | 1.00 | 0.00 | 2520 | 0.00 | 0.00 |
| did | 3934 | 0.15 | 0.36 | — | — | — | — | — | — |
| p_ den | 3932 | 414.15 | 306.27 | 1414 | 570.48 | 243.27 | 2518 | 326.35 | 303.04 |
| grp_ pc | 3927 | 3.19 | 2.721 | 1413 | 4.17 | 3.06 | 2520 | 2.64 | 2.34 |
| industry | 3929 | 48.76 | 11.02 | 1413 | 51.11 | 7.47 | 2516 | 47.43 | 12.39 |
| fdi | 3738 | 5.95 | 14.11 | 1409 | 9.43 | 15.14 | 2329 | 3.85 | 13.01 |
| pf | 3932 | 48.68 | 22.60 | 1414 | 61.96 | 22.67 | 2518 | 41.22 | 18.82 |
| st_ exp | 3930 | 31.54 | 35.08 | 1414 | 43.41 | 46.90 | 2516 | 24.87 | 23.72 |
| road | 3629 | 70.84 | 473.35 | 1301 | 109.91 | 704.19 | 2328 | 49.01 | 266.40 |
| green | 3899 | 36.20 | 9.53 | 1403 | 38.94 | 7.52 | 2496 | 34.66 | 10.17 |

## 二、样本匹配及内生性处理

考虑到处理组和控制组城市在时间趋势上不满足平行趋势假设，本节运用倾向性得分法对处理组和控制组进行匹配。进行倾向性得分配比的前提是要确定究竟是哪些因素导致了城市雾霾污染时间趋势上的差异。借鉴已有的相关研究，本节选择前述所有控制变量，基于Logit模型对城市雾霾污染水平进行预测。模型回归结果显示，城市雾霾污染水平与人口密度、第二产业比重、财政自主度和科技经费支出显著正相关，与其他变量不相关。

在获得控制组和处理组的倾向性得分后，本节采用一对一最近邻匹配法，按照相同时间的原则，为每个处理组城市进行匹配。匹配结果如表2－4所示，在未匹配之前，处理组城市与控制组城市在人口密度、人均GRP、第二产业比重、外商实际投资额、财政自主度、科技经费支出、人均道路面积和绿化覆盖率等指标上存在显著差异，经过匹配处理后，这些变量在两组之间的偏差绝对值缩减率分别为 91.5%、60.2%、87.9%、76.8%、99.1%、60.2%、52.3%、86.7%，除了人均 GRP、外商实际投资额和科技经费支出外，其他变量的偏差都由之前的统计上显著变得不再显著。总体上看，得分匹配的效果较为理想。

**表 2－4　　经过最邻匹配处理后的控制组和处理组的偏差变化情况**

| 变量 | U（匹配前） | 均值 | | 偏差变化 | | t-test | |
|---|---|---|---|---|---|---|---|
| | M（匹配后） | 处理组 | 控制组 | 偏差绝对值 | 缩减率（%） | t | p > t |
| 人口密度 | U | 564.18 | 343.29 | 80.0 | | 21.96 | 0.000 |
| | M | 560.60 | 579.29 | －6.8 | 91.5 | －1.40 | 0.162 |
| 人均 GRP | U | 3.8942 | 2.48 | 55.3 | | 16.21 | 0.000 |
| | M | 3.8671 | 3.30 | 22.0 | 60.2 | 5.23 | 0.000 |
| 第二产业比重 | U | 51.308 | 47.698 | 37.0 | | 9.92 | 0.000 |
| | M | 51.337 | 50.898 | 4.5 | 87.9 | 1.23 | 0.219 |
| 外商投资 | U | 9.1207 | 3.6057 | 40.6 | | 11.75 | 0.000 |
| | M | 8.9355 | 7.6564 | 9.4 | 76.8 | 1.97 | 0.048 |
| 财政自主度 | U | 61.822 | 42.319 | 94.8 | | 27.57 | 0.000 |
| | M | 61.653 | 61.826 | －0.8 | 99.1 | －0.19 | 0.851 |
| 科技经费支出 | U | 39.091 | 22.790 | 48.300 | | 14.30 | 0.000 |
| | M | 38.116 | 41.499 | －10.000 | 60.2 | 4.42 | 0.000 |
| 人均道路面积 | U | 110.43 | 50.64 | 11.1 | | 3.48 | 0.000 |
| | M | 110.74 | 139.26 | －5.3 | 52.3 | －1.12 | 0.263 |
| 绿化覆盖率 | U | 38.669 | 35.034 | 42.5 | | 11.55 | 0.000 |
| | M | 38.649 | 38.164 | 5.7 | 86.7 | 1.61 | 0.107 |

注：表中的各种偏差是按照 $(x_t - x_c)/\sigma_t$ 计算的，$x_t$ 和 $x_c$ 分别为处理组和控制组的相关变量均值，$\sigma_t$ 为处理组的相关变量标准误。缩减率是初始偏差的绝对值和经各种方法处理后的偏差的绝对值的百分比变化。

## 三、实证结果及其分析

### （一）基本回归结果

本节使用双向固定效应模型进行 OLS 估计，考察协同治理对城市雾霾污染的影响，结果列示于表 2－5。模型（1）至模型（3）为不加入控制变量的模型，模型（4）至模型（6）为加入控制变量后的回归。以上六个模型分别为协同治理对 PM2.5、工业二氧化硫排放量、工业烟（粉）尘排放量的影响。从回归的结果来看，无论是否加入控制变量，雾霾协同治理对 PM2.5、工业二氧化硫排放量均为显著的负影响，且系数为负，说明雾霾协同治理显著降低这两类污染物的排放。对于工业烟（粉）尘，回归的结果显示，无论是否加入控制变量，双重差分的关键系数均不显著，表明雾霾协同治理对工业烟（粉）尘排放没有产生显著影响。这一结果与赵志华和吴建南（2019）的结果相吻合。一个可能的解释是，相对而言工业烟（粉）减排难度更大，对地方经济影响也更大，在开展区域协同治理时，地方往往优先选择难度相对较低的工业二氧化硫进行减排。

**表 2-5　　协同治理对雾霾污染的影响：OLS 估计**

| 变量 | (1) | (2) | (3) | (4) | (5) | (6) |
|---|---|---|---|---|---|---|
| | PM2.5 | 工业二氧化硫 | 工业烟（粉）尘 | PM2.5 | 工业二氧化硫 | 工业烟（粉）尘 |
| did | -0.645**<br>(-2.441) | -0.861***<br>(-6.207) | 0.689<br>(1.219) | -1.012***<br>(-3.376) | -0.299*<br>(-1.945) | 0.583<br>(0.855) |
| 人口密度 | | | | -0.00755***<br>(-3.246) | -0.000310<br>(-0.261) | -0.00590<br>(-1.117) |
| 人均 GRP | | | | 0.186<br>(1.047) | 0.140<br>(1.535) | 0.546<br>(1.286) |
| 人均 GRP 平方 | | | | -0.00327<br>(-0.406) | -0.0140***<br>(-3.397) | -0.0272<br>(-1.341) |
| 第二产业比重 | | | | -0.0771***<br>(-4.351) | 0.0270***<br>(2.960) | -0.0249<br>(-0.614) |
| 外商投资额 | | | | 0.000869<br>(0.122) | -0.00507<br>(-1.384) | -0.00114<br>(-0.0708) |
| 财政自主度 | | | | -0.000220<br>(-0.0215) | 0.0165***<br>(3.148) | 0.0216<br>(0.928) |
| 科技经费支出 | | | | -0.00901*<br>(-1.767) | -0.0133***<br>(-5.100) | 0.00515<br>(0.441) |
| 人均道路面积 | | | | -0.000353**<br>(-2.120) | 5.05e-05<br>(0.595) | 2.22e-05<br>(0.0591) |
| 绿化覆盖率 | | | | -0.0122<br>(-1.086) | -0.000144<br>(-0.0250) | 0.0572**<br>(2.242) |
| 常数项 | 33.99***<br>(144.9) | 5.023***<br>(40.80) | 2.649***<br>(5.292) | 38.54***<br>(27.45) | 3.737***<br>(5.191) | 3.093<br>(0.968) |
| $R^2$ | 0.291 | 0.202 | 0.017 | 0.308 | 0.237 | 0.020 |
| 城市数 | 281 | 281 | 281 | 279 | 279 | 279 |
| 样本量 | 3934 | 3902 | 3891 | 3438 | 3412 | 3402 |

注：***、**、*分别表示在 0.01、0.05、0.1 的水平上显著。括号内数字为稳健性标准差，所有模型均控制时间效应和城市效应。

表2-6报告了采用PSM匹配后回归的结果，表2-6的结果与表2-5相同，雾霾协同治理显著减少了PM2.5和工业二氧化硫的排放，而对工业烟（粉）尘排放没有显著影响，PSM-DID的结果进一步支撑了基本回归的结论。

**表2-6　　协同治理对雾霾污染的影响：PSM-DID稳健性检验**

| 变量 | (7) | (8) | (9) | (10) | (11) | (12) |
|---|---|---|---|---|---|---|
| | PM2.5 | 工业二氧化硫 | 工业烟（粉）尘 | PM2.5 | 工业二氧化硫 | 工业烟（粉）尘 |
| did | -0.950***<br>(-3.279) | -0.697***<br>(-4.745) | 0.526<br>(0.781) | -1.099***<br>(-3.456) | -0.372**<br>(-2.370) | 0.403<br>(0.522) |
| 人口密度 | | | | -0.0076***<br>(-2.810) | -0.00193<br>(-1.443) | -0.00780<br>(-1.181) |
| 人均GRP | | | | 0.288<br>(1.303) | 0.156<br>(1.429) | 0.552<br>(1.031) |
| 人均GRP平方 | | | | -0.00468<br>(-0.438) | -0.014***<br>(-2.706) | -0.0285<br>(-1.098) |
| 第二产业比重 | | | | -0.0319<br>(-1.582) | 0.0113<br>(1.134) | -0.0475<br>(-0.969) |
| 外商投资额 | | | | 0.00251<br>(0.312) | -0.00385<br>(-0.970) | -0.00762<br>(-0.390) |
| 财政自主度 | | | | 0.00389<br>(0.357) | 0.0141***<br>(2.627) | 0.0278<br>(1.048) |
| 科技经费支出 | | | | -0.00792<br>(-1.330) | -0.011***<br>(-3.611) | 0.00219<br>(0.152) |
| 人均道路面积 | | | | -0.00036**<br>(-2.149) | 5.45e-05<br>(0.662) | -4.73e-06<br>(-0.0117) |
| 绿化覆盖率 | | | | -0.0170<br>(-1.378) | -0.00114<br>(-0.188) | 0.0677**<br>(2.266) |
| 常数项 | 35.18***<br>(141.6) | 5.190***<br>(41.19) | 2.754***<br>(4.774) | 37.33***<br>(22.59) | 5.364***<br>(6.577) | 4.493<br>(1.119) |
| $R^2$ | 0.317 | 0.089 | 0.017 | 0.319 | 0.106 | 0.020 |
| 城市数 | 275 | 275 | 275 | 272 | 272 | 272 |
| 样本量 | 3272 | 3272 | 3272 | 2970 | 2970 | 2970 |

注：***、**分别表示在0.01、0.05的水平上显著。括号内数字为稳健性标准差，所有模型均控制时间效应和城市效应。

### （二）进一步稳健性检验

在2010年国务院正式出台关于大气污染联防联控的文件之前，不同的地区已经开始联防联控。从2006年开始，为了北京奥运会的顺利召开，京津冀环渤海6省开始实施大气污染联防联控；2009~2010年，长三角和珠三角也开始联防联控。为了进一步识别2010年国务院关于大气污染联防联控政策的影响，本节将京津冀、长三角和珠三角城市样本剔除后进行回归，具体回归结果见表2－7，表2－7的回归结果与表2－5和表2－6没有差异。

表2－7　协同治理对雾霾污染的影响：剔除京津冀、长三角和珠三角城市样本

| 变量 | (13) | (14) | (15) | (16) | (17) | (18) |
|---|---|---|---|---|---|---|
| | PM2.5 | 工业二氧化硫 | 工业烟（粉）尘 | PM2.5 | 工业二氧化硫 | 工业烟（粉）尘 |
| did | -1.250***<br>(-3.495) | -0.629***<br>(-3.190) | 0.362<br>(0.361) | -1.367***<br>(-3.660) | -0.664***<br>(-3.267) | 0.298<br>(0.270) |
| 控制变量 | No | No | No | Yes | Yes | Yes |
| $R^2$ | 0.266 | 0.081 | 0.014 | 0.264 | 0.084 | 0.019 |
| 城市数 | 201 | 201 | 201 | 198 | 198 | 198 |
| 样本量 | 2338 | 2338 | 2338 | 2116 | 2116 | 2116 |

注：***表示在0.01的水平上显著。括号内数字为稳健性标准差，所有模型均控制时间效应和城市效应。

同时，考虑城市地位的差异可能对雾霾污染产生一定的影响，本节在剔除直辖市样本的基础上，进一步剔除省会城市的样本，回归的结果见表2－8，表2－8的回归结果与前述回归结果同样无差异。

表2－8　协同治理对雾霾污染的影响：剔除省会城市

| 变量 | (19) | (20) | (21) | (22) | (23) | (24) |
|---|---|---|---|---|---|---|
| | PM2.5 | 工业二氧化硫 | 工业烟（粉）尘 | PM2.5 | 工业二氧化硫 | 工业烟（粉）尘 |
| did | -0.903***<br>(-2.971) | -0.490***<br>(-3.244) | 0.707<br>(0.950) | -1.080***<br>(-3.249) | -0.273*<br>(-1.675) | 0.477<br>(0.560) |
| 控制变量 | No | No | No | Yes | Yes | Yes |
| $R^2$ | 0.326 | 0.087 | 0.016 | 0.330 | 0.093 | 0.020 |
| 城市数 | 249 | 249 | 249 | 246 | 246 | 246 |
| 样本量 | 2951 | 2951 | 2951 | 2683 | 2683 | 2683 |

注：***、*分别表示在0.01、0.1的水平上显著。括号内数字为稳健性标准差，所有模型均控制时间效应和城市效应。

### （三）时间效应

政策产生效果在时间上往往有一定的滞后性，借鉴付明卫等（2015）、赵志华和吴建南（2018）的做法，本节分别设置政策滞后1期、2期和3期的情况下，考察雾霾污染协同治理时间效应。表2－9的结果显示，PM2.5滞后1期和滞后3期的系数仍显著为负，工业二氧化硫滞后1～3期的系数显著为负，表明雾霾协同治理的政策效应一直在持续。对于工业烟（粉）尘污染，考虑时滞因素后，其系数仍然为正，但由基本回归中的不

显著变为显著，表明随着协同治理政策的实施，工业烟（粉）尘排放量显著增加。

表 2 - 9　　雾霾污染协同治理的时间效应

| 变量 | (25) | (26) | (27) |
|---|---|---|---|
| | PM2.5 | 工业二氧化硫 | 工业烟（粉）尘 |
| did2012 | -1.014***<br>(-3.060) | -0.483***<br>(-2.956) | 1.622**<br>(2.018) |
| did2013 | -0.541<br>(-1.511) | -0.465***<br>(-2.636) | 1.856**<br>(2.140) |
| did2014 | -0.929**<br>(-2.253) | -0.463**<br>(-2.276) | 3.559***<br>(3.566) |
| 控制变量 | Yes | Yes | Yes |
| $R^2$ | 0.319 | 0.107 | 0.022 |
| 城市数 | 272 | 272 | 272 |
| 样本量 | 2970 | 2970 | 2970 |

注：***、** 分别表示在 0.01、0.05 的水平上显著。括号内数字为稳健性标准差，所有模型均控制时间效应和城市效应。

# 第五节　政府间雾霾协同治理的国际经验

大气污染是世界各国在经济发展过程中难以避免的环境代价，具有普遍性。发达国家在多年的治理经验中积极探索，发展出了不同的区域协同治理模式。国际上，美国和欧洲在区域协同治理探索方面起步较早，在 20 世纪 70 年代就已经开展了大气污染区域联防联控，取得了较为显著的效果（柴发合等，2013）。这些国家在区域协同治理方面的探索为我国进一步完善大气污染协同治理机制提供了宝贵的经验，对我国具有较强的借鉴意义。

## 一、美国雾霾污染区域协同治理机制

美国高度重视跨行政区或跨域污染的合作治理，对于大气污染，区域协同治理机制是随着《清洁大气法》的不断修正和完善而逐步建立起来的。经过多年运转，积累了丰富了协同治理经验。

美国既有横向的政府间合作，也有纵向的联邦环保机构对州环保机构的监督与合作。从纵向来看，1970 年美国环保署（EPA））成立后，在全美设立了10家区域办公室，监督几个州的综合性环保工作，协调州与联邦政府之间的关系，解决区域性环境问题。根据《国家环境政策法》，联邦政府主要负责国家环境目标、环境政策、基本管理制度和环境标准的制定，并实施监督，州和地方政府负责实施环境法规，并承担相应责任。在环境治理中，美国非常注重州的参与，通过修订对州的环境保护绩效评价标准，完善环境保护数据管理系统，强化州政府环境保护和治理工作的协调性、共享性。各州环保部门在工作上相对独立，按照联邦法律和本州法律法规开展环境保护工作，并在具体的环保项目上与环境保护署进行合作。这一机构设置为美国区域大气污染联防联控提供了顶层设计。

从横向来看，美国区域之间大气污染协同治理可以分为州际和州内两类。州际的合作主要是通过三个委员会来进行，分别是臭氧传输委员会、能见度传输委员会和跨州空气污染传输区域管理委员会。臭氧传输委员会主要是解决臭氧污染严重的问题，能见度传输委员会主要解决区域大气污染物造成能见度低下的问题，跨州空气污染传输区域管理委员会则主要解决其他类型的跨区域空气污染传输问题。州内合作主要通过区域规划委员会、区域管理委员会和城市联盟的方式进行。1976年，由美国立法机关和政府授权，加利福尼亚州成立了南加州海岸大气质量管理区（SCAQMD），覆盖范围包括洛杉矶等四大县和40余个城市。管理区设立了统一立法部门、执法部门和监测部门，立法部门制定大气管理计划，执法部门负责环保企业污染排放及污染费用的监管，监测部门主要负责大气质量的监测。另外，为了提高区域大气质量，各个州政府自发成立的区域计划组织或区域合作协会。

表2-10完整地列出了美国区域大气污染协同治理的具体模式。通过对这些模式的分析，可以发现美国大气污染区域协同治理呈现出主体机制健全、法律配套完整、参与机制完善等特征（康京涛，2016）。

**表2-10　　美国区域大气污染联防联控机制**

| 治理机制 | 州际 | | | 州内 | |
|---|---|---|---|---|---|
| 机构设置 | 臭氧传输委员会 | 能见度传输委员会 | 跨州空气污染传输区域管理委员会 | 南加州海岸空气质量管理委员会 | 区域计划组织或区域合作协会 |

续表

| 治理机制 | 州际 | | | 州内 | |
|---|---|---|---|---|---|
| 设置目的 | 解决美国东北部的臭污染问题 | 解决区域能见度低，实施区域灰霾管理 | 其他跨区域传输空气污染问题 | 南加州海岸空气质量管理，解决加州的大气污染问题 | 提高区域大气质量 |
| 区域划定 | 美国东北部（包括缅因州、弗吉尼亚州等12个州与哥伦比亚特区） | 国家公园、自然保护区、国家纪念公园等能见度降低的区域 | 特定区域 | 加州、洛杉矶、橙县、河边县、圣伯那迪诺等四个大县和几十个城市 | 按各州州界划分 |
| 人员组成 | 各州行政长官、主管空气污染控制的官员、美国环保署代表、专家学者、NGO、公众 | 各州行政长官、美国环保署及相关联邦机构、专家学者、NGO、公众 | 环保署代表、EPA区域办公室的官员、各州行政长官及主管空气污染控制的官员、专家学者、NGO、公众 | 各州（市、县）政府代表、专家学者、NGO、公众 | 各州（地方）政府代表、专家学者、NGO、公众 |
| 合作机制 | 纵向机构的主体管理<br>政治决策以科研机构的科学研究为基础<br>依靠行政命令实现合作信息公开，接受公众监督 | | | 横向机构的主体协作<br>关注区域大气环境问题模拟和其他技术工作<br>通过责任、利益协商实现合作 | |

资料来源：康京涛．论区域大气污染联防联控的法律机制［J］．宁夏社会科学，2016（2）：71。

## 二、英国雾霾污染区域协同治理机制

英国作为世界上率先实现工业化的国家，一度雾霾污染非常严重，伦敦曾经发生过十多次大的烟雾事件，造成了巨大的死伤。为了治理大气污染，英国逐步建立了一套管理高效、职能健全的环境治理体制。

20世纪90年代以前，英国采用的是“应对式”大气污染治理方式，只有在具体的污染事件出现以后，才针对具体污染物制定法律予以控制，因而采取的是“先污染，后治理”的模式。20世纪90年代之后，为了解决“应对式”大气污染治理方式的种种弊端，英国开始推行“整体式”大气污染治理模式。英国1990年出台的《环境保护法案》要求实行“整体污染控制（IPC）”，将之前污染出现以后才开始治理的被动控制模式改为以预防为主的模式，这部法律也要求地方政府从整体上防治大气污染（蔡岚，2014）。

“整体式”大气污染治理模式要求大气污染治理必须突破行政边界束缚、部门束缚，为了达到这一要求，英国中央政府与地方政府、地方政府之间都开展了大量的合作。英国政府 1997 年颁布了《国家空气质量战略》，设定了 8 种常见污染物的排放标准，中央政府分“三阶段”审查和评估空气质量，要求地方政府对污染物进行控制，对空气质量不达标的地区，则划入空气质量管理重点区域。同时，为了解决地方空气质量管理能力不足的问题，中央政府对地方政府给予大量的政策指导和技术支持。国家清洁空气协会下属的空气质量管理委员会和空气质量管理区域工作小组主要负责划定空气质量管理区域，并对跨行政区划的空气质量管理事宜等作出指导。英国还成立了空气质量紧急响应小组，主要是提供管理风险相关数据信息，制订紧急事故情形下的空气质量检测方案，通过大气环境风险预测模型，模拟分析风险事故对大气环境质量的可能影响状况，处理大气环境方面的风险问题。

为了防止地方政府在大气污染治理中作出有争议的决策，英国中央政府从法律层面规定了地方政府必须履行充分协商及征询意见的义务。英国的“地方空气质量管理（LAQM）”就明文规定地方政府必须多方协商征询意见的法律义务。地方政府不仅要与《环境保护法》中所列明的法定组织和机构协商，还必须与社区、环保团体以及区域政府组织等相协商。为了协同治理大气污染，英国地方政府之间成立区域空气污染治理组织，比较典型的是威尔特郡，为了解决辖区的大气污染问题、落实空气治理行动方案，威尔特郡管辖 4 个非都市区成立了空气质量工作小组，成员由地方政府官员、公务员、咨询顾问、专业人员、公众代表组成，通过定期召开会议，讨论辖区内大气污染治理的政策和技术问题，交流空气污染治理的经验，并反映治理过程中的困难。为了促进地方政府之间的交流，在国家层面还成立了国家空气质量论坛，针对大气污染治理中存在的政策问题及技术难题进行讨论协商，制定防治措施。

## 三、德国雾霾污染区域协同治理机制

联邦德国环境治理的推进与鲁尔区大气污染治理有着十分密切的关系

（岳伟，2016）。从 19 世纪七八十年代开始，随着德国工业化进入高潮，鲁尔区的空气质量也急剧恶化。二战以后，随着战后重建的推进，鲁尔区的工业又进入了一个迅猛发展时期，鲁尔的大气污染问题一直没有得到有效解决，并且随着煤炭、钢铁等重污染工业的迅猛发展不断恶化。1985 年 1 月，鲁尔的“雾霾危机”最终导致 24000 人死亡，19500 人患病住院（王诗文，2017）。严重雾霾污染带来的危害引发了当地居民巨大的不满，并开展了持续不断的斗争。为了回应居民对空气质量的诉求，德国政府开始通过立法实施环境控制。1990 年，颁布了《联邦废气排放法》，授权相关部门在全国建立检测站，专门监控尾气排放。1995 年，颁布了《排放控制法》。1996 年，颁布了《循环经济与废弃物法》。2005 年，颁布了《联邦控制大气排放条例》，对 200 多种有害气体的排放制定了标准。

为了解决鲁尔区大气污染问题，德国成立鲁尔煤管区开发协会（KVR）并在 1920 年通过立法的形式予以确认。鲁尔煤管区开发协会是一个跨行政区域的实体组织，享有较大的行政权力。这个机构有权制定整个鲁尔区的改造规划，制定和实施产业转型的规划，有权解决行政区之间的利益冲突。这一机构在 1960 年给出了鲁尔区未来发展的总体思路，通过发展新兴行业，改变经济结构，改造鲁尔区的交通网，顺利实现鲁尔区转型，有效解决了长期困扰鲁尔区的雾霾污染问题。

## 四、日本雾霾污染区域协同治理机制

日本历史上曾遭遇非常严峻的环境问题。随着二战后日本经济的迅速复兴，环境公害问题大规模出现，“世界八大公害环境事件”就有四件发生在日本。重工业地区出现严重的大气污染，在城市地区则出现了光化学烟雾大气污染的问题。20 世纪六七十年代，日本爆发了闻名世界的四日石化废气事件，日益严重的环境污染问题使日本政府认识到问题的严重性和紧迫性。从 20 世纪 50 年代开始，日本出台了大批环保法规，搭建起了日本环境治理体制的框架。

在日本，中央政府应对大气污染并不积极，措施出台较晚。最先行动的反而是地方政府，最早出台大气污染治理法规的是东京、大阪、神奈川等地方政府，例如，东京早在 1955 年就制定了《防尘排烟条例》。直到 1958 年，中央政府才制定了针对工厂排污的《工厂排污规制法》；1962

年，为了规制烟尘排放，出台了《烟尘排放规制法》；1967 年制定了《公害对策基本法》，将大气污染列为公害之一。进入到 20 世纪 70 年代，日本环境法律法规的制定进入了爆发期，先后制定了《公害对策基本法》《防止大气污染法》《道路交通法》等多部跟环境相关的法律，这些法律规定主要污染物的排放标准，并对地方政府在污染治理中享有的权利和承担的责任进行详细的界定。

日本实行的是一种比较彻底的分权管理体制，地方政府全面负责其辖区的环境质量。为了应对环境污染问题、解决地方政府之间在环境协同问题，1971 年，日本设立了专门负责环境的环境厅，2001 年升级为省，成为日本内阁主要部门。环境省主要负责环境治理政策的设计工作，负责监督日本国内的环保政策的落实情况，环保省在日本几大地区设立地方环境事务所，作为环境省在地方的驻地机构，对地方环境部门的监督指导和互动治理。

## 五、典型国家雾霾污染协同治理的经验总结

发达国家在长期的雾霾治理过程中积累大量的经验，涌现了很多成功的区域协同治理案例。发达国家跨区域协同治理的成功经验主要表现在以下几个方面。

### （一）注重顶层设计，强化大气污染治理的整体性和综合性

发达国家在治理跨区域大气污染时，重视顶层设计，都制定了完善的大气污染治理的阶段性目标和行动计划，并按照计划和政策目标强化执行和落实，提高大气污染治理的政策执行力。如英国制定了《国家空气质量战略》，美国南加州地区 2007 年制定了《空气质量管理规划》。在治理方式上，采取整体性、综合性治理模式，针对多种污染物开展综合治理，以预防为主。针对阶段性目标和行动计划的顶层设计和整体推进，有效地推动了区域雾霾协同治理的进程，提高了大气污染治理的效率。

### （二）注重法制建设，强化大气污染协同治理法治约束

发达国家雾霾污染区域协同治理的一个重要经验就是高度重视法制建设，为了推动雾霾污染协同治理，出台了一系列法律法规，并不断完善。这些法律法规对地方政府参与区域协同治理都提出了具体的、强制性的研

究，比如英国法律规定地方政府在出台大气污染治理政策时，必须同邻近的地方政府协商。对地方政府之间自愿合作，在法律上也能得到明确的支持，对地方政府在大气污染治理上发生争议的，也能通过司法裁决的方式得以解决。法律法规明确了地方政府的权力和责任，为地方政府开展大气污染协同治理提供了重要制度保障，减少了地方政府在大气污染治理中的机会主义行为。

**（三）注重机构建设，强化跨区域污染治理机构的作用**

发达国家在推进雾霾协同治理的过程中，都成立了跨区域的污染治理机构。比如英国为了协调地方政府参与大气污染治理，有国家空气质量论坛这样非实体性的跨区域协商机构，而德国则成立了鲁尔煤管区开发协会这样跨区域的拥有行政权力的实体性组织来强力推进大气污染治理。虽然这些机构的形式和作用不尽相同，但在推进雾霾协同治理的过程中都发挥了重要的作用。一方面，这些机构有利于中央政府对地方政府的政策指导和技术支持；另一方面，也有利于加强地方政府之间的交流，解决地方政府在大气污染治理中的利益冲突。

**（四）注重多元协同治理，充分发挥不同主体雾霾治理的积极性**

从发达国家的经验来看，都非常注重发挥不同主体的积极性，并进行了相应的制度设计。一是协调中央和地方的关系，充分发挥中央和地方两个积极性；二是协调部门与部门之间关系，整合大气污染治理资源，所有的国家在大气污染治理相关的法律中都有强调部门协作的条款；三是协调地方政府与地方政府之间关系；四是协调政府与社会组织、企业、公众之间的关系，主要是公开信息的方式增加决策的透明度，鼓励公民参与大气污染治理相关决策，监督政府大气污染治理行为，比如英国法律规定，政府必须向社会实时公布空气质量信息，并且政府不得禁止公民测试空气质量和发布空气质量信息。政府、社会组织、企业和公众共同参与的环境管理体系，是发达国家大气污染治理取得成功的重要经验之一。

## 第六节　促进雾霾协同治理的政策建议

近年来，随着政府对雾霾区域协同治理越来越关注，以及联防联控雾霾协同治理机制的建立和推行，我国雾霾治理取得了一定成效，实证研究的结果也表明，2010 年国务院印发《关于推进大气污染联防联控工作改善区域空气质量指导意见的通知》以后，雾霾协同治理显著降低了 PM2.5 浓度和工业二氧化硫的排放，说明推进雾霾协同治理可以有效改善空气质量。但我国阶段性，大范围的雾霾污染还在不断显现，总体雾霾污染仍然比较严重，表明我国雾霾污染治理仍任重道远。要打赢雾霾污染治理这场攻坚战和持久战，需要不断加强法制建设，进一步完善体制机制，推动雾霾污染跨区域协同治理。

## 一、进一步推进雾霾区域协同治理法制建设，强化制度约束

法律法规是重要的制度约束，推动雾霾污染区域协同治理，离不开法律法规的支持。2010 年以来，为了推动雾霾污染协同治理，我国先后出台了系列法律法规，这些法律法规对促进我国雾霾协同治理起到了较好的作用，但在具体的执行中还面临较多的困境和难度，需要进一步调整和优化。

一是要专门针对大气污染协同治理进行立法。目前，我国跟环境保护相关的法律法规中已经制定了一些跨区域协同治理的条款。2014 年新修订的《环境保护法》第二十条规定："国家建立跨行政区域的重点区域、流域环境污染和生态破坏联合防治协调机制，实行统一规划、统一标准、统一监测、统一的防治措施。"《大气污染防治法》作为我国大气污染领域唯一的一部法律，自 1987 年发布以后多次进行了修订，2015 年新修订的《大气污染防治法》设专章规定了大气污染联防联控制度。但不论是《环境保护法》还是《大气污染防治法》，对区域协同治理都只是给出了框架式的规定，可实施性不强。其他跟大气污染协同治理相关的法规大都是国务院及其部门制定的综合性、管控型行政规章与政策，各省（区、市）也制订了一些防治大气污染的实施方案，这些规章制度法律层面不高，约束性也不强。建议进一步修订《环境保护法》和《大气污染防治法》关于区域协同治理的条款，明确各部门、各级政府在区域协同治理中的权力和责任，明确区域协同治理的模式、方式，以及联合执法和信息共享的形式和方式。

二是要加强横向协同立法。在大气污染协同治理中，地方政府是主

体，为了推动大气污染治理，地方政府也出台了大量的法规和规章，但地方在立法的过程中，相互之间缺少沟通，在立法原则、立方形式和法规的层次性上都有较大差异，最终导致的结果是各地自行其是，区域联防联控缺乏统一的基础和标准，从而影响了联防联控的效果。2014 年，河北省人大常委提出了开展京津冀协同立法的倡议，并于当年由京津冀三地人大通过了《关于加强京津冀人大协同立法的若干意见》，2017 年，三地人大又通过《京津冀人大立法项目协同办法》。这是我国地方协同立法的有益尝试，也取得了较好的效果。建议在全国范围内推动京津冀协同立法模式，推动地方政府在大气污染治理中协同立法，统一政策。

## 二、进一步推动跨区域污染治理机构建设，强化主体责任

国外的经验表明，建立跨区域污染治理机构、确保跨区域性污染有明确的责任主体，是雾霾污染治理取得成功的重要原因之一。国外的跨区域污染协同治理机构主要有两类，一是在行政区划之外成立跨区域的治理机构，二是在现行行政区划之间通过签订合作协议实现合作治理。跨区域污染治理机构设立的目的是避免“集体行动的困境”，增强地方政府之间的信任与合作，因此，跨区域污染治理机构必须具备一定的规范性和常态性（孟庆国和魏娜，2018）。2013 年 10 月，北京市、天津市、河北省联合环保部等七部委建立了京津冀及周边地区大气污染防治协作小组后，长三角和其他地区也先后见了类似的跨区域协调机构。锁利铭和阚艳秋（2019）把我国的跨区域大气污染治理协调机构分为三类，分别是联席类、牵头类和支持类。无论是从组织形式还是从规范性和常态性来看，我国当前的跨区域协同组织同国外的协同组织都有较大的差异。以最早成立的“京津冀及周边地区大气污染防治协作小组”为例，从参与主体的平等性看，参与协作的京津冀三方在“政治位势”存在差异，相比河北、天津，北京拥有绝对的主导权。这种主体不对等状态，使得河北省和天津市在京津冀协同中具有明显的被动性。从协同的常态性来看，“协作小组”不是一个正式建制的机构，没有固定的人员编制和经费，其协作的形式主要通过会议的方式进行，所讨论的事项均以会议纪要的形式发给相关各方，约束性较差。此外，“协作小组”具体的协同工作委托给隶属于北京市环境保护局的“大气污染综合治理协调处”，作为一个处级机构，在协调与联络行政

层级较高的省级机构时必然缺乏足够的权限和权威性。

要推进我国雾霾协同治理，必须推动跨区域污染治理协同机构建设。建议建立规范化和常态化的跨区域大气污染治理机构。首先，在中央层面设立全国性跨区污染协同治理委员会，该委员会可以挂靠在生态环境部，主要的职责包括制定全国大气污染治理规划和阶段性目标体系，负责大气污染监测网络和监控模型，构建大气污染应急响应机制，为地方政府开展区域协同提供政策指导和技术支持。其次，根据大气污染传输通道，分区设立区域大气污染协同组织。将现有的“京津冀及周边地区大气污染防治协作小组”转化为实体性组织，配备专职人员，安排专门经费。

## 三、进一步完善雾霾污染治理体制机制，充分调动地方政府积极性

推动大气污染协同治理，需要地方政府的积极配合。针对重大活动的联防联控经验表明，通过行政命令强力推动的联防联控虽然在短期内成效明显，但长期不可持续。政治位势上的差异和区域经济发展不均衡导致通过外力的“捏合”很难从根本上推动区域大气污染协同治理。要实现属地治理向跨区域协同治理的真正转型，就必须改革现有的环境管理和财政管理体制机制，激发地方政府参与大气污染协同治理的内生动力。具体而言，一是要规避地方政府“政治位势”上的差异，在协同制度安排中充分考虑不同地区的差异，以协同区为整体进行产业发展规划和生态环境规划，缩小不同地区经济发展差异，建立利益共享机制；二是要改革现行大气污染环境管理体制，以省级为单位实行垂直管理；三是要完善财政体制，合理划分政府间大气污染环境事权和支出责任，完善政府间收入分享机制，改革财政转移支付制度，完善区域生态补偿机制。

## 四、进一步完善多元协同治理，引导社会主体参与雾霾污染治理

国外的经验表明，政府、社会组织、企业和公众协同治理是大气污染治理得以成功的重要原因之一。引导社会主体积极参与大气污染治理，可以强化政府治理大气污染的外部约束，同时，也可以争取社会主体对政府治污决策的理解，降低政府单边治理的风险和成本。具体而言，一是引导

社会主体参与大气污染治理相关规章制度的制定和执行，这一方面可以在大气污染治理上群策群力，另一方面又可以形成大气污染的监督力量、执行主体和保障力量；二是加强各类空气质量的信息公开，实现决策公开、过程公开和结果公开，对重大污染事件也要及时公开，对大范围雾霾污染提前预警；三是完善政府与社会主体互动渠道，通过各种形式与公众互动，建立大气污染反馈机制，及时了解社会公众对政府大气污染治理的评价，实现政府与社会公众的良性互动，避免政府在大气污染治理中唱独角戏的局面。

# 第三章
# 财政事权划分与雾霾污染协同治理

## 第一节 引言

对于雾霾污染的成因，国内外的学者开展了大量的研究。导致雾霾污染的因素错综复杂，通过对已有文献的梳理，关于雾霾污染成因的研究大致围绕两个大的方向展开：一类是从外部经济因素出发，考察雾霾污染的形成机理和影响因素；另一类是从体制机制出发，探寻雾霾污染背后的制度性因素。

对雾霾污染外部经济因素的考察主要集中在以下几个方面：一是验证环境库兹列茨曲线，分析经济增长跟环境污染之间的关系。已有的研究发现，经济增长与环境污染之间可能呈倒 U 型关系（Grossman & Krueger, 1991；Tamazian & Rao，2010；许广月和宋德勇，2010；孟凡蓉等，2017；Solarin et al.，2017；Aslan et al.，2018；孙攀等，2019）、正 U 型关系（高静和黄繁华，2011；邵帅等，2016）和 N 型关系（卢华和孙华臣，2015；Pala & Mitra，2017）。二是研究产业结构对雾霾污染的影响（陈诗一，2010；肖挺和刘华，2014；东童童等，2015；祝丽云等，2018；程中华等，2019）。三是分析能源结构对雾霾污染的影响（马丽梅和张晓，2014；陈诗一和陈登科，2016；马丽梅等，2016；唐登莉等，2017）。四是研究城镇化对雾霾污染的影响（梁伟等，2017；于冠一和修春亮，2018；雷玉桃等，2019；刘耀彬和冷青松，2020）。五是研究国际贸易和外商投资对雾霾污染的影响（李小平和卢现祥，2010；许和连和邓玉萍，2012；徐圆和赵莲莲，2014；张宇和蒋殿春，2014；冷艳丽等，2015；李力等，

2016；严雅雪和齐绍洲，2017；冯梦青和于海峰，2018；张磊等，2018）。上述外部经济因素对雾霾的影响虽然在实证上没有统一的结论，但通常都认为粗放的发展方式、不合理的产业结构、落后的技术水平、低下的能源效率以及低端的国际贸易等是环境污染的主要原因。

外部经济因素对雾霾污染的影响不能独立于制度起作用。外部经济因素仅仅是雾霾污染的表象因素，而政府才是雾霾治理的关键内在因素（蔡昉等，2008）。越来越多的研究表明，财政管理体制和环境管理体制对雾霾污染有着重大的影响。对雾霾污染背后的制度性因素的分析主要是从两个大方面展开：一是分析中国的财政分权对雾霾污染的影响；二是分析环境分权对雾霾污染的影响。中国的环境问题总体而言是粗放型经济发展模式运行的结果，而这种经济发展模式与财政分权下的政府行为有关（蔡昉等，2008）。在财政分权制度下，地方政府一方面要发展地方经济，另一方面又要兼顾改善民生、保护环境，统筹经济发展和环境保护。如果中央政府对地方政府行为缺乏有效的约束，一方面，地方政府官员为了地区生产总值（GDP）增长，采用策略性税收政策，放松环境管制，以牺牲资源和环境为代价吸引资本、劳动和技术等要素流入本地（张欣怡，2015；李涛等，2018），导致环境与经济发展失衡（李香菊和刘浩，2016）；另一方面，财政分权也会转变地方政府的财政支出结构偏向，在财政支出中表现出“重经济绩效、轻公共服务”的特征，环保支出作为一项“民生性”公共服务供给主要服务于当地居民而不是招商引资，地方政府缺少提供此类公共品的动力，而且环境治理这一类公共品的外部性特征会导致地方政府普遍出现“搭便车”的行为，进而导致地方政府对大气污染治理的供给能力严重不足。

另一类研究从环境分权体制的角度分析环境管理体制对雾霾污染的影响。国外对这一问题的研究较早，并发展出了环境联邦主义这一大的研究领域，在这一分析框架下，国外的学者对环境集权还是分权、环境管理体制下的地方竞争行为和“搭便车”行为都进行了深入细致的研究（Oates & Schwab，1988；Wilson，1999；Oates，2002；Oyono，2005；Sigman，2005；Falleth & Hovik，2009；Sigman，2014）。国内的学者也对这一问题进行了广泛的研究，多数学者认为，不能使用财政分权指标替代环境分权指标来刻画环境管理体制对环境质量的影响。财政分权与环境分权存在不一致，因为财政分权刻画的中央和地方之间的财政关系，而环境分权则主要描述的是中央和地方之间关于环境管理权力的划分。虽然二者之间有一定的联系，但存在本质上的不同。对于环境分权对环境污染的影响，国内学者的实证研究也得出了不同的结论。一类文献认为，适度提高环境分权程度有助于改善我国的雾霾污染状况（白俊红和聂亮，2017；陆凤芝和杨浩昌，2019）；另一类文献则认为，环境分权对环境污染具有先促进后抑制的非线性影响（祁毓等，2014；陆远权和张德钢，2016；盛巧燕和周勤，2017）。

通过已有的研究可以看出，环境管理体制是影响雾霾污染的重要的体制性因素，环境财政事权划分是环境管理体制的重要内容。我国现行的环境财政事权划分具有明显的分权特征。就环境保护而言，赋予地方较大的环境治理自由裁量权，地方政府可以根据自己辖区的具体情况选择环境保护的政策工具和环境管制力度。在责任方面，《环境保护法》和《大气污染防治法》要求地方对其辖区的空气质量负责，但对中央和地方之间环境财政事权具体划分并没有明确规定，同时，在各个部门之间又存在“条条”问题，导致“条条”和“块块”关系错综复杂，在中央大气污染治理决策制定过程中，权力和职能的碎片化使得各个部门之间职能重叠，出现了权责不清、政出多门的现象。而在地方层面，中央和地方以及地方政府之间对各自分担的大气污染治理责任划分不清，导致大气污染治理责任逐级下划，而地方政府以经济增长为纲，逃避其在大气污染治理中应尽的职责，从而造成了污染现象日益严重。

为了进一步理顺中央和地方的财政关系和环境管理体制，我国不断推进生态环境领域制度建设。党的十八大报告正式提出将生态文明建设纳入“五位一体”的建设发展体系，党的十八届三中全会又提出建立事权和支出责任相适应的制度，建立系统完整的生态文明制度体系。《“十三五”生态环境保护规划》明确提出要改革当前的环境治理基础制度，实行省以下环保机构监测监察执法垂直管理制度，完善重点区域污染防治联防联控机制。党的十九届四中全会提出要健全充分发挥中央和地方两个积极性体制机制，理顺中央和地方权责关系，适当加强中央在跨区域生态环境保护等方面事权。在这一背景下，有必要进一步对环境财政事权划分影响雾霾污染的机制展开分析，评估我国环境财政事权划分对雾霾污染影响，探讨如何解决由于财政体制和环境管理体制导致的地方激励错位问题，研究如何充分发挥中央和地方两个积极性，共同推进雾霾污染治理。

## 第二节　财政事权划分影响雾霾污染治理的理论机制分析

影响雾霾污染的因素主要有两个：一个是市场主体的污染行为，另一个是政府的大气污染治理行为。政府主要通过环境管制来控制市场主体的污染行为，同时，通过提供公共品的方式对环境污染进行治理。一方面，政府间环境财政事权划分的集权和分权会影响政府管制行为和环境公共品的提供，并进而影响雾霾污染水平，这一影响机制反映的是环境财政事权划分对雾霾污染的直接效应；另一方面，在现行的行政管理和财政管理体制下，政府间环境财政事权划分也会引发地方政府间竞争，地方政府间的引资竞争会影响市场主体的污染行为，同时，经济增长压力会引发地方政府间的支出竞争，从而影响地方政府对污染治理这一类公共品的提供，这表明环境财政事权可以藉由地方政府间竞争间接影响雾霾污染。因此，环境财政事权划分对雾霾污染的影响是直接效应和间接效应共同作用的结果（如图3－1所示）。

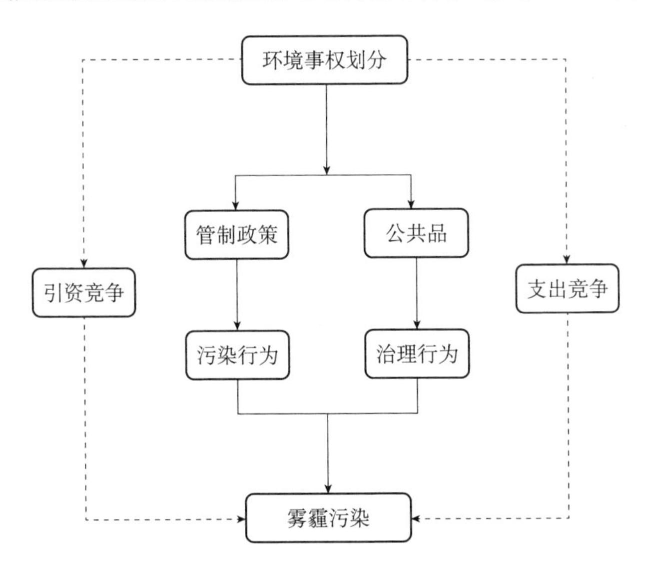


注：实线为直接效应，虚线为间接效应。

**图3－1　环境财政事权划分对雾霾污染的直接效应和间接效应**

## 一、环境财政事权划分对雾霾污染的直接效应

研究环境事权划分对环境的影响的相关文献形成了“环境联邦主义理论”，其研究的核心问题是，中央集权和地方分权哪种模式更有利于环境治理。围绕信息优势和异质性这两个问题，形成了两类截然不同的观点：一类研究认为，地方分权更有利于环境污染的有效治理；另一类研究则认为，中央集权可以实现环境污染的有效治理。环境联邦主义认为，分权程度是决定环境公共物品供给质量的关键因素。奥茨和波特尼（Oates & Portney，2003）认为，相对于中央政府，地方政府更了解居民的偏好性和真正需求，拥有更多信息优势，因此，分权更有利于改善环境。马格纳尼（Magnani，2000）认为，不同地区自然状况、经济发展水平存在很大差异，环境污染程度存在很大不同，环境污染治理也必然存在较大区域性差异。达席尔瓦和弗雷塔斯（Da Silva & Freitas，2011）从地方环境偏好异质性出发，也得出了同样的结论。但也有学者认为，分权并不会必然导致环境的改善，特别是具有明显外溢特征的跨区域污染，分权模式必然会导致普遍的“搭便车”和“逐底竞争”行为（Fredriksson & Millimet，2002），引发“公地悲剧”，造成环境不断恶化。因此，由中央适度集权可以避免地方政府的“免费搭便车”行为，改善环境公共物品的供给低效问题，同时，可以发挥规模效应，有效降低环境污染治理的成本（Gray & Shadbegian，2004），获取更高的全国性环境福利（Banzhaf & Chupp，2012）。

国内大部分学者的研究更偏向于第二种观点，财政分权会导致地方政府放松环境污染管制，从而增加市场主体的污染行为，同时也会导致地方政府对污染治理并不积极。大量的实证研究也支持这一结论。

## 二、环境财政事权划分对雾霾污染的间接效应

环境财政事权划分下的政府间竞争行为，经由资本、技术、劳动等经济要素的配置作为传导，对市场主体的污染行为和政府的治理行为产生影响。这种影响主要表现在两个方面：一个是引资竞争对市场主体污染行为的影响，另一个是支出竞争对政府治污行为的影响。

地方政府促进本地经济增长主要表现为政府之间的引资竞争。环境分权赋予地方政府环境规制方面的自由裁量权，使得地方政府可以在“招商

引资”实行策略性环境规制政策，即放松高污染企业准入门槛，通过默许或纵容企业排污的方式吸引企业到其辖区内投资（Oates & Portney，2003），以牺牲环境资源为代价换取经济增长的利益（周业安等，2004；Jin et al.，2005）。与此同时，为了促进地方经济发展和增加财政收入，地方政府也会在财政支出方面开展竞争，即地方政府在财政支出上形成选择性偏好（张欣怡，2015），由于污染排放溢出效应和地方政府在环境治理上“搭便车”心理，地方政府会把更多的财政支出用于有利于增加GDP和政绩的基础设施建设方面，从而导致对环境污染治理投入的不足。

但也有学者认为，政府竞争有利于改善环境质量。列文森（Levinson，2012）指出，当一地区经济发展到一定水平后，当地居民对环境治理要求的提高会促使地方政府改善环境质量。同时，环境质量的改善也有利于创造更好的招商条件，吸引更多环境友好型企业前来投资。实证研究也表明，地方政府在环境方面存在“逐顶竞争”。吴勋和白蕾（2019）的实证研究也表明，分权使得地方为吸引外来企业改善生态环境，有利于提高空气质量。

## 第三节　我国雾霾污染治理财政事权划分及其演进路径

分析财政体制和环境管理体制对雾霾污染及其治理的影响，财政事权是一个核心的概念，为了分析我国雾霾治理财政事权，首先需要对财政事权进行界定。

### 一、财政事权与雾霾治理财政事权

#### （一）财政事权

从已有的文献来看，对事权一直缺乏统一的界定和一致的表述。作为中国财政理论所特有的概念（倪红日，2006），事权的界定最早可以追溯到计划经济时代，与当时的财政体制相适应，事权被界定为各级政府对所辖国营企业与事业的行政管理权（许毅和陈宝森，1984），它反映的各级政府管理职能的划分，突出的是行政隶属关系。此时的事权更多突出的是“权”，即对企业生产、销售和投资计划以及职工工资和流动的管理权。分税制财政体制改革以后，人们开始转向从政府责任的角度来理解和看待事权（张晋武，2010）。事权这一个概念被赋予新的含义。但不同的学者对事权的表述不尽相同。第一种表述是从“事”的角度理解事权。认为事权是各级政府承担的任务和责任（具体是指各级政府承担的各种公共服务职责），并明确将政府的职责与支出责任看作两个既相联系又有所区别的概念（陈共，1999；谢旭人，2009；李俊生等，2014），也有学者认为事权就是各级政府承担的支出职责或支出责任（贾康，2008）。第二种表述是从“权”的角度理解事权。认为事权是政府依据国家宪法规定所拥有事务的管理与处理权（顾国新和刘雄伟，1989；谭建立和杨晓宇，2008；宋卫刚，2003；马海涛，2009；张晋武，2010）。第三种表述是从“事”和“权”相结合的角度理解事权。认为事权是一级政府所拥有的从事一定社会、经济事务的责任和权力，是责任和权利的统一，仅仅强调某一方面是片面的（王国清和吕伟，2000；刘培峰，2002；冯勤超，2006；周坚卫和罗辉，2011）。

根据事权涵盖的范围不同，可以将事权划分为不同的类型。谭建立和杨晓宇（2008）将事权划分为三类，分别是国家事权、政府事权和财政事权。他们认为，国家事权是国家依据自身职责，保护国家安全，规范国家政治、行政、经济、军事、法律、社会、文化等方面的行为，以及制定与处理其相关事务的权力；政府事权是政府依据国家宪法规定所拥有事务的管理与处理权；财政事权是指财政部门根据国家与政府实现其职能的需要，按照社会公共需要的内容与层次，进行财政分配活动的事务与权力，即财政部门本职的收入、支出、管理工作。顾国新和刘雄伟（1989）认为，政府事权应划分为三个方面，即政治事权、经济事权、社会管理事权。而立法权是立法机关的职责，不应该包括在政府事权之内。而有学者认为，财政事权就是政府事权，并不存在游离于政府事权之外的财政事权（贾康，2018）。在官方文件中，国务院发布的《关于推进中央与地方财政事权和支出责任划分改革的指导意见》首次对财政事权进行了界定，指出财政事权是一级政府应承担的运用财政资金提供基本公共服务的任务和职责。根据这一文件，事权范围不仅包括行政权，还涉及立法权和司法权，而财政事权是政府事权的重要组成部分。

对于事权要素，不同的学者也有不同理解。张晋武（2010）认为，事权是管事或办事的权力或权限。管事意味着对实施某事务拥有决定权、决策权、指挥权、控制权，以及具体的办理执行权。办事，则主要强调对实施某事务具有办理执行权。唐在富（2010）从支出责任性质的角度出发，认为事权可以划分为决策权、执行权、管理权、监督权四项具体责权。周坚卫和罗辉（2011）认为，事权要素与产权要素一样，具有可分割性与可转让性，包括决策权、执行权、监督权、知情权、参与权等。其中，最为重要的是决策权与执行权事权。吕冰洋（2014）认为，事权包括决策权、支出权、监督权三部分。决策权是指做出公共事务决策的权力；支出权是指负责财政支出的权力，也可说是财政支出责任；监督权是指监督财政资金管理的权力。

### （二）雾霾治理财政事权

对于环境财政事权的研究，起步相对较晚。较早研究环境财政事权及其划分的是逯元堂等（2014），他们提出政府环境财政事权主要包括环境监管能力建设、污水处理、垃圾处理、安全饮水等环境基本公共服务和环保先进技术试点示范等方面。康达华（2016）根据环保部门机构设置，将环境财政事权细分为环境规制标准类、环评审批类、污染防治类、环境监管类、基本行政职能类和其他类六类事权。苏明和陈少强（2016）认为，环境事权可以从不同的角度进行分类。从事权功能角度划分，可分为宏观调控、公共服务、市场监管与调节等事权；从性质角度来划分，分为能力建设类（管理、监察、监督、执法等能力）事权、环境工程设施建设和运营事权、落后产能淘汰事权、减排技术研发和推广事权、环境责任兜底事权；从支出预算管理的角度，可分为环境保护事务、环境监测与监察、污染防治等十类事权。祁毓等（2017）通过实地调研环保部门的三定方案，将环境保护事权划分为环境保护行政管理事权、环境监测事权、环境监察事权、环境影响评价、污染防治与总量控制、辐射环境管理和农村环境与自然生态保护七类事权。王文婷和黄家强（2018）认为，应当从抽象层面概括大气环境保护的事权类型，并将大气污染治理事权划分为管理性事权、监管性事权、治理性事权和御防性事权四种类型。于长革（2019）通过梳理环境保护法律法规和三定方案列举的环境保护事项，提出将环境保护事权划分为环境保护、生态保护与修复、污染防控与治理、环境科技四大类别。

从我国环境保护法律法规来看，2014 年新修订的《环境保护法》并没有专门的条款界定环境保护事权，与环境管理相关的事项散落在不同的条款中，总结起来，有环境质量标准、污染物排放标准、环境调查、环境监测预警、跨区域环境污染治理等 20 余项。《2017 政府收支分类科目》则将政府的环境事权分为环境保护管理事务、环境监测与勘察、污染防治、自然生态保护、天然林保护、退耕还林、风沙荒漠治理、退牧（耕）还草、能源节约利用、污染减排、可再生能源、循环经济、能源管理事务、江河湖库流域保护治理以及其他环境事权等类项。2018 年新修订的《大气污染防治法》同样也没有明确界定大气污染治理事权，与之相关的事项同样散落在不同的条款中，包括大气环境质量、大气污染物排放标准、大气质量限期达标规划、大气污染防治的监督管理、大气污染联防联治、天气监测预警等。

根据现有环境法律法规和公共预算环保支出科目内容来看，与大气污染治理相关的主要包括环境保护管理事权、环境监察监测事权、大气污染防治事权、大气生态环境保护事权、能源管理事权等类型，其中每个大事权类型下又涵盖许多小事权分支。这些事权分布在不同的行政部门，难以一一列举，而且过度的细分也不利于对雾霾污染治理事权进行整体性把控。另外，财政事权并不是一成不变的，事权会随着政府与市场的关系的变化而变动，也会随着大气污染治理的推进而调整。因此，我们认为，应当从抽象层面概括大气污染治理的事权类型。结合前面对财政事权内涵和环境保护事权的分析，大气污染治理事权可以分为以下三种类型，分别是行政管理类事权、监察类事权、监测类事权。

## 二、雾霾污染治理行政管理事权及其划分情况

### （一）雾霾污染治理行政管理事权

从雾霾污染治理行政管理方面的事权看，主要包括大气环境规则研究、制定与评估、大气环境保护行政许可、大气环境质量规划、大气环境保护的国际合作与履约、大气环境保护宣传以及其他环境行政管理事权等。雾霾污染是多种污染源共同作用的结果，需要多部门协作治理，因此，与之相关的事权也分布在不同的部门，其中环境保护部门对全国环境实行统一监督管理，是大气污染治理的主要负责部门。我国目前形成了中

央到县的四级纵向环境管理体系。2015 年 2 月，环境保护部对内设机构进行了改革，按环境要素设置水环境管理司、大气环境管理司、土壤环境管理司，我国地方环境保护部门也设立了对口的部门。

从现行生态环境部的机构设置来看，雾霾污染治理的相关事权主要分布在综合司、法规和标准司、自然生态保护司、大气环境司。其中，最重要的是大气环境司，根据生态环境部网站信息，大气环境司的主要职责包括：负责全国大气、噪声、光等污染防治的监督管理；拟订和组织实施相关政策、规划、法律、行政法规、部门规章、标准及规范；承担大气污染物来源解析工作；指导编制城市大气环境质量限期达标和改善规划；建立对各地区大气环境质量改善目标落实情况考核制度；组织划定大气污染防治重点区域，指导或拟订相关政策、规划、措施；组织拟订重污染天气应对政策措施；建立重点大气污染物排放清单和有毒有害大气污染物名录；建立并组织实施大气移动源环保监管和信息公开制度；组织协调大气面源污染防治工作；组织实施区域大气污染联防联控协作机制，承担京津冀及周边地区大气污染防治领导小组日常工作；承担保护臭氧层国际公约国内履约相关工作。跟大气环境管理相关机构的具体职责见表 3－1。

**表 3－1　生态环境部部内大气环境管理相关机构职责**

| 组织机构 | 内设机构 | 机构职能 |
|---|---|---|
| 大气环境司 | 综合处 | 承担司内文电等综合性事务和综合协调工作，承担大气污染防治政策规划法规规章拟订和全国大气污染防治部际协调机制日常工作 |
| | 大气环境质量管理处 | 承担大气环境质量标准拟订、大气污染物来源解析、大气环境质量限期达标及考核、有毒有害污染物名录和高污染燃料目录拟订，以及指导地方科学划定高污染燃料禁燃区等工作 |
| | 大气固定源处 | 承担大气固定源环境管理、大气污染物排放标准拟订等工作，承担化石能源、低挥发性涂料等环境管理政策拟订，以及组织协调城市大气污染防治和参与指导农业面源大气污染防治等工作，制订京津冀及周边地区能源结构调整优化方案并推动实施，配合有关部门开展产业结构调整等相关工作 |
| | 大气移动源处 | 承担大气移动源污染防治监督管理工作，承担京津冀及周边地区机动车污染防治相关工作 |
| | 噪声与保护臭氧层处 | 承担噪声、臭氧和光污染防治监督管理工作，承担保护臭氧层国际公约国内履约相关工作 |
| | 京津冀及周边地区大气环境协调办公室 | 承担重点区域划定、联防联控机制、京津冀及周边地区大气污染防治领导小组办公室日常工作 |

续表

| 组织机构 | 内设机构 | 机构职能 |
|---|---|---|
| 大气环境司 | 京津冀及周边地区重污染天气应对处 | 承担京津冀及周边地区大气环境质量保障、预测预警、重污染天气应对，以及国家重大活动空气质量保障工作 |
| | 京津冀及周边地区项目协调与监督处 | 承担京津冀及周边地区各省份环评项目协调等工作 |
| 综合司 | 生态环境政策处 | 承担国家生态安全和生态环境政策拟订、“双高”名录及生态环保综合名录编制、经济体制改革以及西部大开发、东北等老工业基地振兴等专项工作和生态环境部咨询机构日常工作 |
| | 规划区划处 | 承担生态环境规划区划、污染物排放总量控制及排污权交易综合协调和管理等工作 |
| | 统计与形势分析处 | 承担生态环境统计、污染源普查、生态环境形势分析等工作 |
| 法规与标准司 | 综合处 | 承担司内文电等综合性事务和综合协调工作，承担法规后评估、普法等工作 |
| | 法规处 | 承担立法、合法性审查、法规文件清理等工作 |
| | 标准管理处 | 负责标准综合协调和管理、环境健康相关工作 |

资料来源：生态环境部网站组织机构专栏。

### （二）雾霾污染治理行政管理事权划分

现行《环境保护法》和《大气污染防治法》对雾霾污染治理行政管理事权的划分进行了界定。从相关的条款来看，地方政府对辖区的大气环境质量负责。县级以上人民政府应制定环境保护规划；省级以上政府制定大气环境质量标准，控制或者削减辖区内的重点大气污染物排放总量。

从纵向的行政机构设置来看，2015 年环境保护部内设机构改革后，地方环保部门的内设机构也进行了相应的改革，虽然在不同省市，其生态环境部门内设机构有一定的差异，但基本上都按照对口的原则进行设置。不同的省市在机构的具体的职责界定上也有一定的差异。比如上海市生态环境局下设大气环境与应对气候变化处，其职责为负责大气、噪声、光、化石能源等污染防治的监督管理，组织拟订重污染天气应对政策措施，组织协调大气污染防治工作，承担应对气候变化与碳减排工作；另外又设置了环境影响评价与排放管理处，负责环评和排放许可的协调与管理；还有综合规划处和法规与标准处，负责地区生态环境法规和生态环境标注。北京市生态环境局下设大气环境处，其职责负责本市大气、化石能源污染防治的监督管理，承担北京市空气重污染应急指挥部办公室的日常工作。同时，也设有综合处和法规与标准处，分别负责生态环境政策与规划及地方环境标准，北京生态环境局还保留了机动车排放管理处、污染源管理处以及行政审批处。

通过以上分析可以看出，不论是《环境保护法》和《大气污染防治法》的规定，还是中央和地方的机构职责设置，中央和地方在大气污染治理行政管理事权划分上都存在明显的职责同构和事权重叠。

## 三、雾霾污染监察事权及其划分情况

### （一）雾霾污染治理监察事权

《大气污染防治法》第二十九条规定，生态环境主管部门及其环境执法机构和其他负有大气环境保护监督管理职责的部门，有权通过现场检查监测、自动监测、遥感监测、远红外摄像等方式，对排放大气污染物的企业事业单位和其他生产经营者进行监督检查。2012 年，环境保护部发布的《环境监察办法》第二条对环境监察给出了明确的定义。环境监察是指环境保护主管部门依据环境保护法律、法规、规章和其他规范性文件实施的行政执法活动。第六条明确了环境监察机构的具体事权，包括监督环境保护法律、规范、规章制度和其他规范性文件的执行；现场监督检查污染源污染物的排放情况、污染防治设施运行情况、环境保护行政许可执行情况、建设项目环境保护法律法规的执行情况等；现场监督检查自然保护区、畜禽养殖污染防治等生态和农村环境保护法律法规执行情况；具体负责排放污染物申报登记，以及排污费的核定与征收；查处环境违法行为；查办、转办、督办对环境污染和生态破坏的投诉、举报，并按照环境保护主管部门确定的职责分工，具体负责环境污染和生态破坏纠纷的调解处理；参与突发环境事件的应急处置；对严重污染环境和破坏生态问题进行督查等内容。

从生态环境部的机构设置来看，大气污染治理监察方面的事权主要分布在两个部门，一个是中央生态环境保护督察办公室，另一个是生态环境执法局。中央生态环境保护督察办公室的职责为监督生态环境保护党政同责、一岗双责落实情况；拟订生态环境保护督察制度、工作计划、实施方案并组织实施；承担中央生态环境保护督察及中央生态环境保护督察组的组织协调工作；根据授权对各地区、各有关部门贯彻落实中央生态环境保护决策部署情况进行督察问责；承担督察报告审核、汇总、上报工作；负责督察结果和问题线索移交移送及其后续相关协调工作；组织实施督察整改情况调度和抽查；归口管理限批、约谈等涉及党委、政府的有关事项；指导地方开展生态环境保护督察工作；归口联系区域督察机构；承担国务院生态环境保护督察工作领导小组日常工作。生态环境执法局的主要职责为统一负责生态环境监督执法；监督生态环境政策、规划、法规、标准的执行；组织拟订重特大突发生态环境事件和生态破坏事件的应急预案，指导协调调查处理工作；协调解决有关跨区域环境污染纠纷；组织开展全国生态环境保护执法检查活动；查处重大生态环境违法问题；监督实施建设项目环境保护设施同时设计、同时施工、同时投产使用制度，指导监督建设项目生态环境保护设施竣工验收工作；承担既有项目环境社会风险防范化解工作；指导全国生态环境综合执法队伍建设和业务工作；承担挂牌督办工作。这两个部门内设机构的具体职责见表3-2。

**表3-2　　生态环境部部内大气环境监察相关机构职责**

| 组织机构 | 内设机构 | 机构职能 |
| --- | --- | --- |
| 中央生态环境保护督察办公室 | 综合处 | 承担办内文电等综合性事务和综合协调工作，承担督察宣传、人员库管理、区域督察机构归口联系、地方督察工作指导，承担国务院生态环境保护督察工作领导小组日常工作 |
| | 督察一处 | 承担例行督察和“回头看”相关工作，承担督察法规制度、工作计划、实施方案拟订以及督察整改情况调度、抽查工作 |
| | 督察二处 | 承担专项督察相关工作，承担限批、约谈等具体实施以及地方相关督察问责结果审核协调工作 |
| 生态环境执法局 | 办公室 | 承担局内文电等综合性事务和综合协调工作，指导开展突发生态环境事件调查处置工作，指导监督建设项目生态环境保护设施竣工验收和组织“三同时”监督检查工作 |
| | 队伍规范建设与稽查处 | 承担生态环境保护综合执法队伍规范化建设，执法工作政策和制度拟订、稽查，既有项目环境社会风险防范化解，挂牌督办等工作 |
| | 行政处罚与强制处 | 承担生态环境部直接调查的违法案件审查、处理处罚强制、听证和监督执行，承担全国污染源信息系统和移动执法系统管理，指导企事业单位生态环境信息公开和污染源全面达标排放 |
| | 监督执法一处 | 承担水、海洋生态环境领域监督执法、跨区域跨流域环境污染纠纷协调解决等工作 |

续表

| 组织机构 | 内设机构 | 机构职能 |
| --- | --- | --- |
| 生态环境执法局 | 监督执法二处 | 承担大气环境领域监督执法工作 |
| | 监督执法三处 | 承担土壤、地下水、固体废物、化学品、生态及其他环境领域监督执法工作 |

资料来源：生态环境部网站组织机构专栏。

### （二）雾霾污染治理监察事权划分

现行《环境保护法》和《大气污染防治法》粗略划分了大气污染治理监察事权。《环境保护法》第十条规定，国务院环境保护主管部门，对全国环境保护工作实施统一监督管理；县级以上地方人民政府环境保护主管部门，对本行政区域环境保护工作实施统一监督管理。第二十四条规定，县级以上人民政府环境保护主管部门及其委托的环境监察机构和其他负有环境保护监督管理职责的部门，有权对排放污染物的企业事业单位和其他生产经营者进行现场检查。《大气污染防治法》针对不同污染源界定了政府的事权，比如第三十六条规定，地方各级人民政府应当采取措施，加强民用散煤的管理；第五十二条规定，省级以上人民政府生态环境主管部门可以通过现场检查、抽样检测等方式，加强对新生产、销售机动车和非道路移动机械大气污染物排放状况的监督检查；第五十三条规定，县级以上地方人民政府生态环境主管部门可以在机动车集中停放地、维修地对在用机动车的大气污染物排放状况进行监督抽测，在不影响正常通行的情况下，可以通过遥感监测等技术手段对在道路上行驶的机动车的大气污染物排放状况进行监督抽测；第六十八条规定，地方各级人民政府应当加强对建设施工和运输的管理，保持道路清洁，控制料堆和渣土堆放，扩大绿地、水面、湿地和地面铺装面积，防治扬尘污染；第七十三条规定，地方各级人民政府应当推动转变农业生产方式，发展农业循环经济，加大对废弃物综合处理的支持力度，加强对农业生产经营活动排放大气污染物的控制。

从纵向的行政机构设置来看，地方生态环境部门都按照对口原则设置环保督察部门和环境执法部门。相应的职能也与生态环境部对口部门类似。比如上海市生态环境局下设生态环境保护督察办公室，其职责为监督生态环境保护党政同责、一岗双责落实情况，拟订生态环境保护督察制度、工作计划、实施方案并组织实施，承担本市生态环境保护督察组织协调工作。下设生态环境执法与应急处，其职责为负责拟订生态环境执法制度、规范并监督执行，组织开展生态环境执法检查活动和重大生态环境问题查处工作，推进重点区域环境综合整治，牵头指导实施生态环境损害赔偿制度；组织拟订较大突发生态环境事件和生态破坏事件的应急预案，指导协调生态环境应急工作及跨区域环境污染纠纷；指导生态环境综合执法工作。2016 年 9 月，中共中央办公厅、国务院办公厅印发《关于省以下环保机构监测监察执法垂直管理制度改革试点工作的指导意见》，开展省级以下环保机构垂直管理改革试点，试点省份将市县两级环保部门的环境监察职能上收，由省级环保部门统一行使，通过向市或跨市县区域派驻等形式实施环境监察。

我国已形成纵横交错的环保监察网络，既有各级生态环境部门对大气污染源的日常监督和检查，也有中央环保督察部门和区域督察局对地方生态环境保护进行督察，同时，在生态环境部门内部，还有上级部门对下级部门的稽查。但从事权划分来看，仍然存在一定的缺陷和不足。首先，中央和地方在环保监察方面存在广泛的职能交叉和职责划分不清。比如中央生态环境执法局和省市生态环境执法部门都可以查处重大生态环境问题，同时，也都有协调解决环境纠纷的职能，这些重叠的事权在中央和地方之间并没有明确的划分。其次，环境监察实行省级垂直管理后，基层环境执法能力不足，同时，地方环境监察条块分割，也导致区域性联合执法难以开展，跨界污染纠纷问题难以得到有效解决。

## 四、雾霾污染监测事权及其划分情况

### （一）雾霾污染治理监测事权

环境监测属于一种基础性工作，主要监测各类对人们生产生活和环境有影响的污染物排放量和含量，并持续跟踪生态环境质量的变化情况，确定环境质量水平。可见，生态环境监测是环境污染治理基础和前提。我国现行《环境保护法》和《大气污染防治法》都对环境监测进行了规定。《环境保护法》第十七条规定国家建立、健全环境监测制度。《大气污染防治法》第二十三至第二十六条界定了政府和企业的大气质量监测职责。2007 年，环境保护部发布的《环境监测管理办法》第二条确定了环境监测的范围，包括环境质量监测、污染源监督性监测、突发环境污染事件应急监测，以及为环境状况调查和评价等环境管理活动提供监测数据的其他环境监测活动。

从生态环境部的机构设置来看，大气污染治理监测方面的事权主要分布在生态环境监测司和中国环境监测总站两个部门。其中，生态环境监测司主要负责生态环境监测管理和环境质量、生态状况等生态环境信息发布；拟订和组织实施生态环境监测的政策、规划、行政法规、部门规章、制度、标准及规范；建立生态环境监测质量管理制度并组织实施；统一规划生态环境质量监测站点设置；组织开展生态环境监测、温室气体减排监测、应急监测；调查评估全国生态环境质量状况并进行预测预警；承担国家生态环境监测网建设和管理工作；负责建立和实行生态环境质量公告制度，组织编报国家生态环境质量报告书，组织编制和发布中国生态环境状况公报。中国环境监测总站主要承担国家环境监测任务，引领环境监测技术发展，为国家环境管理与决策提供监测信息、报告及技术支持，对全国环境监测工作进行技术指导。这两个部门内设机构中与大气环境质量相关的职责见表3－3。

**表3－3　　生态环境部部内大气环境监测相关机构职责**

| 组织机构 | 内设机构 | 机构职能 |
| --- | --- | --- |
| 生态环境监测司 | 综合处 | 承担司内文电等综合性事务和综合协调工作，承担环境监测法规规章制度及工作计划拟订、生态环境状况公报发布、监测队伍建设等工作 |
| | 监测网络管理处 | 承担监测站点设置、网络建设规划与管理，以及指导协调其他部门开展生态环境监测工作 |
| | 环境质量监测与评估处 | 承担全国大气、地表水、地下水、海洋、酸雨、噪声等环境质量监测与评估及预警预报和相关环境质量公告、信息发布等工作 |
| | 生态与污染源监测处 | 承担地面生态监测、卫星遥感监测、土壤监测、温室气体监测、污染源监测、应急监测与评估和相关环境质量公告、信息发布等工作 |
| | 监测质量监督管理处 | 承担监测质量管理、监测分析方法与标准规范拟订、监测数据质量核查、监测机构监管等工作 |
| 中国环境监测总站 | 大气室 | 承担国家环境空气质量监测网城市站的社会化运维管理，负责相关监测数据的收集、审核与分析评价，开展环境空气监测技术研究工作等 |
| | 污染源室 | 承担污染源监测、环境统计和污染源排放清单编制的技术工作，负责固定污染源、机动车排放污染物现场监测技术和评价方法研究，承担全国污染源监测的技术支持与技术指导工作，负责全国污染源监测数据联网工作等 |

资料来源：生态环境部网站组织机构专栏。

### （二）雾霾污染治理监测事权划分

现行《环境保护法》和《大气污染防治法》对大气污染治理监测事权进行了划分。《环境保护法》第十七条规定，国务院环境保护主管部门制定监测规范，会同有关部门组织监测网络，统一规划国家环境质量监测站（点）的设置，建立监测数据共享机制，加强对环境监测的管理。第十八条规定，省级以上人民政府应当组织有关部门或者委托专业机构，对环境状况进行调查、评价，建立环境资源承载能力监测预警机制。第二十条规定，国家建立跨行政区域的重点区域、流域环境污染和生态破坏联合防治协调机制，实行统一规划、统一标准、统一监测、统一的防治措施。《大气污染防治法》第二十三条规定，国务院生态环境主管部门负责制定大气环境质量和大气污染源的监测和评价规范，组织建设与管理全国大气环境质量和大气污染源监测网，组织开展大气环境质量和大气污染源监测，统一发布全国大气环境质量状况信息；县级以上地方人民政府生态环境主管部门负责组织建设与管理本行政区域大气环境质量和大气污染源监测网，开展大气环境质量和大气污染源监测，统一发布本行政区域大气环境质量状况信息。

从纵向的行政机构设置来看，2016 年以前，我国环保监测采取分层属地管理模式，气象部门采取中央垂直管理模式。2015 年，财政部、环保部印发《关于支持环境监测体制改革的实施意见》，提出到 2018 年，全面上收国家监测站点及国控断面，目前，全国地级市以上的 1436 个城市空气质量监测站将全部由国家监管，国家空气质量监测事权已上收到中央，但上收的只是国控点，地控点的事权仍然保留在地方。根据“谁考核、谁监测”的原则，将城市和区县及各类开发区环境空气质量自动监测站点运维全部上收到省级环境监测部门。与此同时，将重点污染源监督性监测事权下放到县市一级。

空气质量监测事权上收和重点污染源监督性监测事权下放，进一步理顺了空气质量监测管理体系，通过省级监测数据和国控监测数据互联互通、相互印证，增加地方官员干扰、篡改监测数据的难度，有利于遏制地方政府监测数据造假行为。但从环境监测事权改革的推进过程来看，国控点环境监测事权上收较为顺利，省以下环境监测事权上收则进展较为缓慢。究其原因，主要是因为省以下环境监测管理体制各不相同，人员编制管理上也存在较大的差异。另外，下放环境污染源监督性监测事权，让县级环境监测站成为污染源监测主体，受制于监测能力，县级监测机构难以胜任技术含量较高的污染源监测任务，从而有可能导致政府提供的污染源监督性监测的数据质量不高。

## 第四节　财政事权划分影响雾霾污染的实证检验

### 一、研究设计

#### （一）基准模型

根据已有文献的研究，为了考察财政事权划分对雾霾污染产生的影响，构建如下基本模型：

$$Y_{it} = \alpha + \beta_1 envd_{it} + \beta_2 X_{it} + \varepsilon_{it} \tag{3-1}$$

其中，$i$ 和 $t$ 分别表示省份和年份，$Y_{it}$ 表示雾霾污染水平（水平指标或波动指标），$envd_{it}$ 代表环境财政事权划分，$X_{it}$ 为其他控制变量，$a$ 为常数项，$\varepsilon_{it}$ 为随机误差项。

#### （二）变量说明与描述性统计

1. 被解释变量

本节的被解释变量为雾霾污染程度，用 PM2.5、二氧化硫排放量、烟（粉）尘排放量度量雾霾污染程度。为了考察环境财政事权划分对不同类型雾霾污染的影响，本节进一步把二氧化硫排放量区分为工业二氧化硫排放量和生活二氧化硫排放量，把烟（粉）尘区分为工业烟（粉）尘和生活烟（粉）尘，作为被解释变量纳入模型。

2. 核心解释变量

本节的核心解释变量为环境财政事权划分指标 $envd$ 。正确和准确度量环境财政事权划分情况是解决本节所研究问题的关键，但环境管理是一个多部门、多级政府协作的过程，相应的权责划分十分复杂，这就决定现阶段很难构建一个全面、准确反映环境财政事权划分的可度量指标。已有的文献大多使用地方财政收入和支出占全国财政收入或支出的比重来测度财政分权，并以此考察中央和地方分权对环境污染或治理的影响。财政分权作为考察现行财政体制对环境污染或治理的影响具有一定的合理性，但不能较好地刻画中央和地方事权划分对环境污染或治理的影响。由于环境事务的特殊性，使用刻画财政联邦主义的指标作为环境联邦主义的代理变量并不合适。鉴于此，一部分文献使用环境分权指标来刻画中央和地方环境管理权力的划分情况，并以此考察环境联邦主义对环境污染或治理的影响。不同的文献使用不同的环境分权代理变量，比较常见的代理变量有：虚拟变量（Millimet，2003；Grooms，2015；盛巧燕和周勤，2017）、地方自主制定环保法律和法规的比例（Sjöberg & Xu，2018）和环保系统人员分布（祁毓等，2014；彭星，2016；陆远权和张德钢，2016；白俊红和聂亮，2017；李强，2018）。相对于前两个指标，第三个指标更贴近我国现实的管理体制，相对而言，能够较好地刻画我国环境管理分权的情况。因此，本节用这一指标度量雾霾污染治理财政事权划分情况。需要指出的是，使用这一指标存在两个方面的问题：一是政府间环境财政事权划分要远比行政和法律界定的管理分权复杂多（白俊红和聂亮，2017）；二是雾霾治理是环境管理中最为复杂的事务，其财政事权划分也更复杂，因此，环保系统人员分布这一指标不能全面反映雾霾治理财政事权划分情况。

参照祁毓等（2014）的做法，本节用地方（省以下汇总到省一级）环保机构人员占全国环保机构人员的比重度量雾霾治理财政事权划分情况，考虑到经济发达地区可能雇用的环保人员，从而导致内生性问题，在计算时乘入经济规模缩放因子 $[1-(gdp_{it}/gdp_t)]$ ，在后续的稳健性分析中，本节以不带经济规模缩放因子财政事权划分指标作为替代变量。此外，为了考察不同类型事权划分对雾霾治理的影响，本节进一步把环境财政事权细分为行政管理事权、监察事权和监测事权。不同环境财政事权划分情况的具体计算公式如下。

环境财政事权划分：

$$ed_{it} = \left[\frac{le_{it}/pop_{it}}{ne_t/pop_t}\right] \times [1-(gdp_{it}/gdp_t)] \tag{3-2}$$

环境行政管理事权划分：

$$ead_{it} = \left[\frac{lae_{it}/pop_{it}}{nae_t/pop_t}\right] \times [1-(gdp_{it}/gdp_t] \tag{3-3}$$

环境监察事权划分：

$$emd_{it} = \left[\frac{lme_{it}/pop_{it}}{nme_t/pop_t}\right] \times [1 - (gdp_{it}/gdp_t] \tag{3-4}$$

环境监测事权划分：

$$esd_{it} = \left[\frac{lse_{it}/pop_{it}}{nse_t/pop_t}\right] \times [1 - (gdp_{it}/gpd_t] \tag{3-5}$$

其中，$ed_{it}$、$ead_{it}$、$emd_{it}$ 和 $esd_{it}$ 分别表示第 $i$ 省第 $t$ 年的环境财政事权、环境行政管理事权、环境监察事权和环境监测事权的划分情况。$le_{it}$、$lae_{it}$、$lme_{it}$ 和 $lse_{it}$ 分别表示第 $i$ 省第 $t$ 年地方环保系统人员总数、地方环保系统行政人员数量、地方环保系统监察人员数量和地方环保系统监测人员数量。对应地，$ne_t$、$nae_t$、$nme_t$ 和 $nse_t$ 分别表示第 $t$ 年全国环保系统人员总数、全国环保系统行政人员数量、全国环保系统监察人员数量和全国环保系统监测人员数量。$pop_{it}$ 和 $pop_t$ 分别表示第 $i$ 省第 $t$ 年人口数和第 $t$ 年全国人口数。上述指标数值越大，说明地方拥有的事权越大。

3. 控制变量

财政分权（$fd$）。大量的文献分析了财政分权对环境污染或治理的影响，考虑到地方财政状况以及由此引发的地方税收竞争会对地方环境污染治理行为产生一定的影响，同时，也为了与环境财政事权划分指标进行对比分析，故将财政分权作为解释变量纳入模型。财政分权的度量方法主要有三种：一是地方（人均）财政收入或（人均）财政支出占全国（人均）财政收入或（人均）财政支出的比重度量财政分权（张晏和龚六堂，2005；乔宝云等，2005；傅勇，2010）；二是财政自主度，即用地方预算内财政收入除以地方预算内财政支出，以此度量地方财政收支缺口；三是综合性财政分权指标，即将财政收入、财政支出、税收管理和行政管理等分指标组合成财政分权组合指标（龚锋和雷欣，2010）。陈硕和高琳（2012）对各类度量财政分权的指标进行了详细的综述和评估，通过1994～2009年的省级面板数据测算，发现财政分权指标中收入指标和财政自主度指标能够更好地反映中央政府与地方政府的财政关系。本节参照陈硕和高琳的研究结果，同时，考虑地方财政收支缺口能够更好地测度地方政府行为对财政的影响，采用财政自主度度量财政分权。

地方经济发展水平（$pgdp$）。地方的环境质量与经济发展水平密切相关，一方面，推动地方经济发展的工业化生产需要投入大量的能源，由此产生的废气排放会加剧雾霾污染；另一方面，经济发展水平越高的地区，环境污染治理投资水平也越高，这会促进雾霾污染治理。借鉴已有的研究，本节采用人均 GDP 度量地方经济发展水平，并以 1995 年为基期采用 GDP 平减指数消除价格因素的影响。

人口密度（*pdensity*）。一般而言，一个地区的人口密度越高，表明该地区的经济社会活动越频繁，越有可能对环境产生不良影响。本节以该地区年末人口数除以该地区行政区划面积计算人口密度。

产业结构（*industry*）。地区的产业结构对雾霾污染有着重要的影响，通常而言，重化工业占比越高，对环境的负面影响就越大。本节用第二产业占 GDP 的比重度量地区的产业结构。

贸易开放度（*open*）。贸易开放对雾霾污染的影响具有不确定性。一方面，贸易开放带来的技术外溢有可能促进环境污染治理；另一方面，贸易开放也有可能带来污染转移。度量贸易开放度的指标有两个，一是实际外商投资，二是进出口总额占 GDP 的比重。本节用后一个指标度量地区贸易开放度，对进出口总额按照当年人民币兑美元平均汇率折算成人民币。

城镇化水平（*urban*）。雾霾污染主要产生于城市，因此，城镇化水平会直接影响雾霾污染水平，本节用地区年末城镇人口占总人口的比重表示城镇化水平。《中国统计年鉴》提供了 2005～2015 年城镇人口占总人口的比重。对 1998～2005 年的数据，则借鉴周一星和田帅（2006）做法计算获得，其中，1998～2000 年的数据，直接采用周一星和田帅利用第五次人口普查的数据修正后的数据，对 2001～2004 年的数据，参考周一星和田帅的研究，利用联合国法修正各省份的人口数据①，得到这一时期的城镇化率。

能源消费结构（*energy*），地区的能源消费结构对雾霾污染水平有重要的影响，本节利用地区煤炭消费量占能源消费总量的比重度量能源消费结构。

技术创新水平（*tech*）。地区的技术创新水平对工业污染治理效率有

① 联合国法是联合国用来预测世界各国城镇化水平时常用的一种方法，其基本原理是根据两个已知年份的城乡人口比重，计算城乡人口增长率之差，假定在未来预测期内城乡人口增长率保持不变，外推求得预测期末的城镇人口比重。

着较大的影响，本节用专利授权数量来衡量地区技术创新水平。

4. 数据说明与描述性统计

基于数据的可得性①，本节的研究对象包括除西藏和港澳台以外的30个省区市，样本期为1998～2015年。二氧化硫排放量、烟（粉）尘排放量以及环保系统人员数量来自《中国环境年鉴》，财政分权数据来自《中国财政年鉴》，能源消费结构数据来自《中国能源统计年鉴》，其他数据来自《中国统计年鉴》。为了缓解异方差带来的影响，所有的变量均取对数。变量的描述性统计结果见表3－4。

**表3－4　　　　描述性统计结果**

| 变量 | 均值 | 标准差 | 最小值 | 最大值 |
|---|---|---|---|---|
| PM2.5（lnpm25） | 3.169 | 0.639 | 0.811 | 4.415 |
| 二氧化硫排放量（lnso2） | 3.809 | 1.321 | －2.612 | 5.420 |
| 烟（粉）尘排放量（lndust） | 3.758 | 0.937 | 0.384 | 5.572 |
| 环境财政事权划分（lned） | －0.078 | 0.354 | －1.171 | 0.901 |
| 环境行政管理事权划分（lnead） | －0.063 | 0.400 | －2.697 | 1.039 |
| 环境监察事权划分（lnemd） | －0.063 | 0.400 | －2.697 | 1.039 |
| 环境监测事权划分（lnesd） | －0.044 | 0.343 | －0.946 | 0.939 |
| 财政自主度（lnfd） | 3.905 | 0.367 | 2.696 | 4.555 |
| 人口密度（lnpdensity） | 5.397 | 1.253 | 1.941 | 8.249 |
| 经济发展水平（lnpgdp） | 9.786 | 0.866 | 7.768 | 11.590 |
| 产业结构（lnindustry） | 5.397 | 1.253 | 1.941 | 8.249 |
| 城镇化水平（lnurban） | 3.815 | 0.321 | 2.862 | 4.495 |
| 贸易开放度（lnopen） | 2.858 | 1.016 | 1.152 | 5.148 |
| 技术创新水平（lntech） | 8.399 | 1.635 | 4.127 | 12.506 |
| 能源消费结构（lnenergy） | 4.173 | 0.359 | 2.497 | 5.104 |

## （三）空间计量模型

我国雾霾污染日趋严重，且会通过产业的空间布局和关联产生显著的空间溢出效用。从PM2.5、二氧化硫排放和烟（粉）尘排放的5年平均滚

① 西藏的数据缺失较多，故将西藏从样本中删去。由于《中国环境年鉴》2015年以后不再统计环保系统人员，所有样本期截至2015年。

动值来看，我国雾霾污染在空间上具有鲜明的连片省际聚集特征，雾霾污染主要聚集在东部和中部地区，而且污染水平长期维持在较高的水平。

为了分析雾霾污染的省际空间相关关系，本节引入四种空间权重矩阵W。第一种为地理邻接矩阵（W1），考察毗邻省份之间的雾霾污染的影响，其取值为：如果两个相邻，则取值为1，否则为0。第二种为地理距离权重矩阵（W2），受地形和天气因素的影响，雾霾通常沿着一定的传输通道影响不同地区，雾霾污染的空间相关性与地理距离密切相关，本节以各省省会城市之间最近公路里程的倒数作为权重。第三种为经济距离权重矩阵（W3），区域经济发展水平存在空间相关的事实，经济距离权重矩阵能够反映地区经济发展的空间相关关系，其元素为 $i$ 省人均 GDP 年均值与 $j$ 省人均 GDP 年均值绝对差值的倒数。第四种为地理经济距离权重矩阵（W4），由于经济距离相近的省份地理距离可能相隔甚远，单纯考虑省份之间的经济距离考察雾霾污染的空间相关性有一定的局限性，为此，本节借鉴邵帅等（2016）的方法，构造了地理与经济距离的嵌套权重矩阵，其元素为 W2 与 W3 元素的乘积。

为了判断雾霾污染的空间相关性，本节通过测算莫兰（Moran's I）指数和吉里（Geary's C）指数对 PM2. 5、二氧化硫排放量和烟（粉）尘排放量（均取对数）进行全局空间相关性检验，检验结果见表 3 - 5 和表 3 - 6。

**表 3 - 5　　1998 ~ 2015 年中国 PM2. 5 的 Moran's I 统计指标值**

| 年份 | Moran's I 指标 | E（I） | sd（I） | z | p 值 |
|---|---|---|---|---|---|
| 1998 | 0. 288 | - 0. 034 | 0. 104 | 3. 113 | 0. 002 |
| 1999 | 0. 311 | - 0. 034 | 0. 107 | 3. 236 | 0. 001 |
| 2000 | 0. 355 | - 0. 034 | 0. 107 | 3. 454 | 0. 001 |
| 2001 | 0. 345 | - 0. 034 | 0. 110 | 3. 445 | 0. 001 |
| 2002 | 0. 329 | - 0. 034 | 0. 110 | 3. 302 | 0. 001 |
| 2003 | 0. 357 | - 0. 034 | 0. 110 | 3. 562 | 0. 000 |
| 2004 | 0. 368 | - 0. 034 | 0. 110 | 3. 647 | 0. 000 |
| 2005 | 0. 337 | - 0. 034 | 0. 110 | 3. 375 | 0. 001 |
| 2006 | 0. 342 | - 0. 034 | 0. 110 | 3. 415 | 0. 001 |
| 2007 | 0. 372 | - 0. 034 | 0. 110 | 3. 684 | 0. 000 |
| 2008 | 0. 363 | - 0. 034 | 0. 110 | 3. 601 | 0. 000 |

续表

| 年份 | Moran's I 指标 | E（I） | sd（I） | z | p 值 |
| --- | --- | --- | --- | --- | --- |
| 2009 | 0.345 | -0.034 | 0.110 | 3.439 | 0.001 |
| 2010 | 0.324 | -0.034 | 0.111 | 3.237 | 0.001 |
| 2011 | 0.356 | -0.034 | 0.110 | 3.537 | 0.000 |
| 2012 | 0.354 | -0.034 | 0.111 | 3.513 | 0.000 |
| 2013 | 0.344 | -0.034 | 0.110 | 3.428 | 0.001 |
| 2014 | 0.348 | -0.034 | 0.110 | 3.463 | 0.001 |
| 2015 | 0.343 | -0.034 | 0.111 | 3.398 | 0.001 |

注：本处使用的权重矩阵为 W1，E（I）为 I 的期望值，sd（I）表示 I 值的方差，z 为 I 的 z 检验值，P 值为其伴随概率，由蒙特卡洛模拟 1000 次得到。

**表 3-6　　1998～2015 年中国 PM2.5 的 Geary's C 统计指标值**

| 年份 | Geary'sC 指标 | E（c） | sd（c） | z | p 值 |
| --- | --- | --- | --- | --- | --- |
| 1998 | 0.476 | 1.000 | 0.213 | -2.456 | 0.014 |
| 1999 | 0.531 | 1.000 | 0.192 | -2.444 | 0.015 |
| 2000 | 0.491 | 1.000 | 0.190 | -2.684 | 0.007 |
| 2001 | 0.536 | 1.000 | 0.162 | -2.863 | 0.004 |
| 2002 | 0.522 | 1.000 | 0.160 | -2.984 | 0.003 |
| 2003 | 0.437 | 1.000 | 0.163 | -3.449 | 0.001 |
| 2004 | 0.533 | 1.000 | 0.159 | -2.936 | 0.003 |
| 2005 | 0.591 | 1.000 | 0.162 | -2.522 | 0.012 |
| 2006 | 0.522 | 1.000 | 0.161 | -2.974 | 0.003 |
| 2007 | 0.492 | 1.000 | 0.160 | -3.178 | 0.001 |
| 2008 | 0.508 | 1.000 | 0.159 | -3.095 | 0.002 |
| 2009 | 0.515 | 1.000 | 0.159 | -3.050 | 0.002 |
| 2010 | 0.550 | 1.000 | 0.155 | -2.895 | 0.004 |
| 2011 | 0.514 | 1.000 | 0.159 | -3.057 | 0.002 |
| 2012 | 0.522 | 1.000 | 0.157 | -3.052 | 0.002 |
| 2013 | 0.528 | 1.000 | 0.157 | -2.977 | 0.003 |
| 2014 | 0.541 | 1.000 | 0.159 | -2.894 | 0.004 |
| 2015 | 0.507 | 1.000 | 0.150 | -3.294 | 0.001 |

注：本处使用的权重矩阵为 W1，E（c）为 c 的期望值，sd（c）表示 c 值的方差，z 为 c 的 z 检验值，P 值为其伴随概率，由蒙特卡洛模拟 1000 次得到。

全局空间自相关的检验结果显示，在 W1、W2[①] 权重矩阵下，PM2.5 的 Moran's I 指数大于 0，Geary's C 指数小于 1，且均在 1% 的水平上显著；二氧化硫排放量的 Moran's I 指数大于 0，Geary's C 指数小于 1，且在 5% 的水平上显著[②]；同样，烟（粉）尘排放量的 Moran's I 指数大于 0，Geary's C 指数小于 1，其中 Moran's I 指数在 10% 的水平上显著[③]，Geary's C 指数均在 1% 水平显著。全局空间自相关的结果表明，雾霾污染在空间分布呈现出高—高型集聚和低—低型集聚的正相关特征。

通过上述分析可知，分析环境财政事权划分对雾霾污染的影响，必须考虑雾霾污染的空间外溢效应。因此，本节将基准模型进一步拓展为空间面板模型。在模型选取上，本节借鉴邵帅等（2016）的做法，为了选取合适的空间面板模型，首先利用（robust）LM 检验对空间面板滞后模型和空间面板误差模型这两个竞争性模型进行比选，LM 统计量更显著的模型为更合意的模型，由表 3-2可以看出，在地理邻接权重矩阵（W1）的设定下，PM2.5、二氧化硫排放量和烟（粉）尘排放量针对空间滞后模型的稳健 LM 检验值在 10% 的水平上显著，而上述三个变量针对空间误差模型的稳健 LM 检验值并不显著，由此可以判断，空间滞后模型要优于空间误差模型。在地理距离空间权重矩阵（W2）设定下，可以得到相同的结论。因此，本节在空间计量模型设定上，采用空间面板滞后模型来刻画环境财政事权划分对雾霾污染的影响，完整模型如下：

$$Y_{it} = \alpha + u_i + \gamma_t + \rho W \times Y_{it} + \beta_1 envd_{it} + \beta_2 X_{it} + \varepsilon_{it} \quad (3-6)$$

其中，$W$ 为空间权重矩阵，$u_i$ 和 $\gamma_t$ 分别表示地区效应和时间效应，其他变量与式（3-1）相同。

**表 3-7　　空间面板模型的 LM 检验**

| LM 检验 | PM2.5 | | 二氧化硫 | | 烟（粉）尘 | |
|---|---|---|---|---|---|---|
| | $\chi^2$ | p 值 | $\chi^2$ | p 值 | $\chi^2$ | p 值 |
| no lag | 4.104 | 0.043 | 2.678 | 0.102 | 9.260 | 0.002 |
| no lag（robust） | 3.244 | 0.072 | 2.807 | 0.094 | 7.441 | 0.006 |
| no error | 2.374 | 0.123 | 0.033 | 0.855 | 3.365 | 0.067 |
| no error（robust） | 1.514 | 0.219 | 0.162 | 0.687 | 1.546 | 0.214 |

① 限于篇幅，本书没有汇报 W2、W3 和 W4 权重矩阵的检验结果，Moran'sI 指数 W2 权重矩阵的检验结果与 W1 相同，Geary's C 指数的检验结果部分在 10% 水平显著，部分不显著。

② 二氧化硫排放量 1998 年 Moran's I 指数不显著，1999 年 Moran's I 指数 10% 水平显著。

③ 烟（粉）尘排放量 1998 年和 2000 年 Moran's I 指数不显著。

## 二、财政事权划分对雾霾污染影响的回归结果分析

根据空间面板豪斯曼（Hausman）检验的结果，本节选择固定效应模型。为了进一步确定空间面板固定效应类型，本节采用 LR 检验对空间固定效应和时间固定效应进行检验，检验结果均在 1% 显著水平拒绝原假设，因此，本节选择时间、空间双固定效应对空间面板数据进行回归。为了更为详细考察不同类型事权划分对雾霾污染的影响，本节分别以整体事权（环境财政事权）和分项事权（环境行政管理事权、环境监察事权和环境监测事权）作为核心解释变量，在地理邻接权重矩阵（W1）和地理距离权重矩阵（W2）设定下对被解释变量（PM2.5、二氧化硫排放量和烟（粉）尘排放量）进行回归。在此基础上，采取莱萨基和佩斯（LeSage & Pace，2009）与埃洛斯特（Elhorst，2010a）的做法，对包括控制变量的回归结果进行分解，得到不同解释变量对雾霾污染的直接效应、间接效应和总效应。

### （一）环境财政事权划分对雾霾污染的影响

#### 1. 环境整体事权划分对雾霾污染的影响

环境整体财政事权的回归结果见表 3-8，结果表明，不管是地理邻接权重矩阵（W1）还是地理距离权重矩阵（W2），环境财政事权划分的系数估计值都在 1% 的水平上显著为负，这说明把环境财政事权更多赋予省级政府能够显著降低以 PM2.5 为表征的雾霾污染，这一结论与白俊红和聂亮（2017）、陆凤芝和杨浩昌（2019）以及李国祥和张伟（2019）的结论相同。与 PM2.5 的回归结果相反，以二氧化硫和烟（粉）尘为被解释变量的回归结果显示，环境分权会显著增加雾霾污染，这一结论与祁毓等（2014）、陆远权和张德钢（2016）的结论类似。前者采用 1992～2010 年省级面板数据研究了环境分权对三类工业污染①的影响，研究表明，环境分权与三类工业污染物之间呈现出显著稳定的正相关关系；后者采用 1996～2013年的省级面板数据分析了环境分权对碳排放的影响，发现环境分权程度越高，碳排放强度越大。以 PM2.5 为表征与以二氧化硫和烟

① 分别是工业废水、工业废气和二氧化硫。

（粉）尘为表征的雾霾污染回归结果出现这一差异，可能的解释有两个：一是 PM2.5 是衡量雾霾污染的结果性指标，而二氧化硫和烟（粉）尘排放量是衡量雾霾污染的输入性指标，即二氧化硫、氮氧化物和烟（粉）尘是形成 PM2.5 的最重要的组成部分，但影响 PM2.5 浓度水平的因素又不仅限于上述污染物，还包括气候、地形等因素的影响。另外，PM2.5 作为被解释变量使用的是年度平均值，而且以 PM2.5 为表征的雾霾污染大多以城市为单位聚集，因此，时间和空间上的平均效应导致以 PM2.5 衡量省级雾霾污染水平不一定客观。二是在地方政府间竞争背景下，为了促进地方经济发展，环境分权可能会促使地方政府放松环境管制，甚至导致地方环境管理部门与企业合谋，因此，环境分权可能导致地方政府没有足够的激励强化对二氧化硫和烟（粉）尘排放的管制。

**表 3-8　环境财政事权划分影响雾霾污染的空间面板回归结果**

| 变量 | PM2.5 | | 二氧化硫 | | 烟（粉）尘 | |
|---|---|---|---|---|---|---|
| | W1 | W2 | W1 | W2 | W1 | W2 |
| 环境财政事权（lned） | -0.247***<br>(-5.825) | -0.242***<br>(-5.506) | 0.255*<br>(1.814) | 0.249*<br>(1.773) | 0.231*<br>(1.944) | 0.218*<br>(1.837) |
| 财政自主度（lnfd） | 0.0346<br>(0.569) | 0.0320<br>(0.505) | -0.200<br>(-0.980) | -0.168<br>(-0.829) | -0.0639<br>(-0.375) | -0.0678<br>(-0.398) |
| 人口密度（lnpdensity） | -0.310**<br>(-2.503) | -0.353***<br>(-2.755) | -0.827**<br>(-2.017) | -0.849**<br>(-2.074) | 0.592*<br>(1.714) | 0.646*<br>(1.870) |
| 经济发展水平（lnpgdp） | 0.0260<br>(0.402) | 0.0207<br>(0.309) | 0.212<br>(0.986) | 0.203<br>(0.945) | 0.175<br>(0.966) | 0.189<br>(1.042) |
| 产业结构（lnindustry） | -0.0440<br>(-0.656) | -0.0746<br>(-1.077) | 0.595***<br>(2.688) | 0.603***<br>(2.730) | -0.230<br>(-1.230) | -0.235<br>(-1.254) |
| 城镇化水平（lnurban） | 0.0745<br>(1.218) | 0.0620<br>(0.979) | -1.837***<br>(-9.046) | -1.838***<br>(-9.073) | -0.138<br>(-0.792) | -0.0496<br>(-0.290) |
| 贸易开放度（lnopen） | 0.0121<br>(0.525) | 0.00907<br>(0.379) | -0.0348<br>(-0.453) | -0.0379<br>(-0.495) | -0.0770<br>(-1.186) | -0.0880<br>(-1.355) |
| 技术创新水平（lntech） | -0.0755***<br>(-4.026) | -0.0793***<br>(-4.083) | 0.0377<br>(0.604) | 0.0362<br>(0.582) | -0.0577<br>(-1.086) | -0.0797<br>(-1.520) |
| 能源消费结构（energy） | -0.200***<br>(-5.237) | -0.204***<br>(-5.152) | 0.476***<br>(3.748) | 0.471***<br>(3.707) | 0.337***<br>(3.145) | 0.330***<br>(3.078) |
| W×Y | -0.204***<br>(-3.477) | 0.0705<br>(0.481) | 0.0339<br>(0.633) | -0.125<br>(-0.927) | 0.165***<br>(2.841) | 0.183<br>(1.370) |

注：***、**、*分别表示在 0.01、0.05、0.1 的水平上显著。括号内数字为稳健性标准差，所有模型均控制时间效应和空间效应。

2. 环境行政管理事权划分对雾霾污染的影响

表 3-9 的回归结果显示，在两种空间权重矩阵下，对于 PM2.5，环境

行政管理事权的系数估计值在1%水平上显著为负，表明环境行政分权有利于改善空气质量，这与白俊红和聂亮（2017）的结论一致。但对于二氧化硫和烟（粉）尘，环境行政分权的影响并不显著。

**表3－9　环境行政管理事权划分影响雾霾污染的空间面板回归结果**

| 变量 | PM2.5 | | 二氧化硫 | | 烟（粉）尘 | |
|---|---|---|---|---|---|---|
| | W1 | W2 | W1 | W2 | W1 | W2 |
| 环境行政管理事权（lnead） | −0.0672***<br>(−3.011) | −0.0649***<br>(−2.790) | 0.0830<br>(1.141) | 0.0864<br>(1.193) | 0.0910<br>(1.485) | 0.0965<br>(1.585) |
| 财政自主度（lnfd） | 0.0728<br>(1.179) | 0.0693<br>(1.075) | −0.236<br>(−1.164) | −0.203<br>(−1.006) | −0.0959<br>(−0.566) | −0.0991<br>(−0.587) |
| 人口密度（lnpdensity） | −0.269**<br>(−2.090) | −0.314**<br>(−2.352) | −0.849**<br>(−2.031) | −0.864**<br>(−2.070) | 0.598*<br>(1.697) | 0.673*<br>(1.917) |
| 经济发展水平（lnpgdp） | −0.0861<br>(−1.361) | −0.0888<br>(−1.346) | 0.328<br>(1.591) | 0.316<br>(1.534) | 0.280<br>(1.612) | 0.292*<br>(1.686) |
| 产业结构（lnindustry） | 0.0205<br>(0.303) | −0.0135<br>(−0.193) | 0.528**<br>(2.416) | 0.537**<br>(2.465) | −0.290<br>(−1.570) | −0.294<br>(−1.595) |
| 城镇化水平（lnurban） | 0.0153<br>(0.245) | 0.00362<br>(0.0560) | −1.774***<br>(−8.756) | −1.774***<br>(−8.787) | −0.0726<br>(−0.417) | 0.0106<br>(0.0623) |
| 贸易开放度（lnopen） | −0.0225<br>(−0.997) | −0.0251<br>(−1.066) | −0.000354<br>(−0.00480) | −0.00465<br>(−0.0633) | −0.0477<br>(−0.766) | −0.0606<br>(−0.977) |
| 技术创新水平（lntech） | −0.0554***<br>(−2.945) | −0.0599***<br>(−3.065) | 0.0168<br>(0.274) | 0.0162<br>(0.266) | −0.0771<br>(−1.478) | −0.0966*<br>(−1.884) |
| 能源消费结构（energy） | −0.177***<br>(−4.551) | −0.182***<br>(−4.510) | 0.453***<br>(3.586) | 0.448***<br>(3.551) | 0.317***<br>(2.975) | 0.313***<br>(2.954) |
| W×Y | −0.198***<br>(−3.322) | 0.133<br>(0.927) | 0.0299<br>(0.557) | −0.137<br>(−1.011) | 0.157***<br>(2.700) | 0.190<br>(1.423) |

注：***、**、*分别表示在0.01、0.05、0.1的水平上显著。括号内数字为稳健性标准差，所有模型均控制时间效应和空间效应。

3. 环境监察事权划分对雾霾污染的影响

表3－10给出了环境监察事权划分对雾霾污染的回归结果，表明环境监察分权显著改善了空气质量，但会显著增加二氧化硫和烟（粉）尘的排放，对这一结论的解释与前述环境财政事权划分对雾霾污染影响的解释相同。

**表3－10　环境监察事权划分影响雾霾污染的空间面板回归结果**

| 变量 | PM2.5 | | 二氧化硫 | | 烟（粉）尘 | |
|---|---|---|---|---|---|---|
| | W1 | W2 | W1 | W2 | W1 | W2 |
| 环境监察事权划分（lnemd） | −0.120***<br>(−5.387) | −0.123***<br>(−5.374) | 0.171**<br>(2.327) | 0.175**<br>(2.387) | 0.232***<br>(3.772) | 0.234***<br>(3.787) |

续表

| 变量 | PM2.5 | | 二氧化硫 | | 烟（粉）尘 | |
|---|---|---|---|---|---|---|
| | W1 | W2 | W1 | W2 | W1 | W2 |
| 财政自主度（lnfd） | 0.0214<br>(0.347) | 0.0167<br>(0.263) | -0.159<br>(-0.776) | -0.123<br>(-0.600) | 0.00779<br>(0.0458) | 0.00518<br>(0.0303) |
| 人口密度（lnpdensity） | -0.151<br>(-1.239) | -0.186<br>(-1.489) | -1.004**<br>(-2.507) | -1.025**<br>(-2.560) | 0.424<br>(1.265) | 0.487<br>(1.447) |
| 经济发展水平（lnpgdp） | 0.0242<br>(0.371) | 0.0244<br>(0.363) | 0.170<br>(0.789) | 0.153<br>(0.710) | 0.0678<br>(0.375) | 0.0764<br>(0.420) |
| 产业结构（lnindustry） | -0.0513<br>(-0.757) | -0.0786<br>(-1.135) | 0.628***<br>(2.826) | 0.638***<br>(2.879) | -0.155<br>(-0.834) | -0.156<br>(-0.834) |
| 城镇化水平（lnurban） | 0.104*<br>(1.658) | 0.0963<br>(1.499) | -1.899***<br>(-9.201) | -1.900***<br>(-9.220) | -0.235<br>(-1.339) | -0.155<br>(-0.893) |
| 贸易开放度（lnopen） | -0.0166<br>(-0.749) | -0.0182<br>(-0.796) | -0.0103<br>(-0.140) | -0.0153<br>(-0.209) | -0.0629<br>(-1.018) | -0.0759<br>(-1.225) |
| 技术创新水平（lntech） | -0.0739***<br>(-3.922) | -0.0778***<br>(-4.024) | 0.0428<br>(0.688) | 0.0423<br>(0.682) | -0.0415<br>(-0.791) | -0.0606<br>(-1.162) |
| 能源消费结构（energy） | -0.193***<br>(-5.025) | -0.196***<br>(-4.975) | 0.477***<br>(3.769) | 0.472***<br>(3.732) | 0.350***<br>(3.309) | 0.347***<br>(3.266) |
| W×Y | -0.179***<br>(-3.041) | 0.0126<br>(0.0839) | 0.0256<br>(0.478) | -0.156<br>(-1.150) | 0.153***<br>(2.654) | 0.171<br>(1.269) |

注：***、**、*分别表示在0.01、0.05、0.1的水平上显著。括号内数字为稳健性标准差，所有模型均控制时间效应和空间效应。

4. 环境监测事权划分对雾霾污染的影响

环境监测事权划分对雾霾污染的回归结果（见表3-11）表明，环境监测分权显著改善了空气质量，但会显著增加二氧化硫和烟（粉）尘的排放，对这一结论的解释与前述环境财政事权划分对雾霾污染影响的解释相同。

**表3-11　环境监测事权划分影响雾霾污染的空间面板回归结果**

| 变量 | PM2.5 | | 二氧化硫 | | 烟（粉）尘 | |
|---|---|---|---|---|---|---|
| | W1 | W2 | W1 | W2 | W1 | W2 |
| 环境监测事权划分（lnesd） | -0.0595*<br>(-1.725) | -0.0714*<br>(-1.956) | 0.189*<br>(1.701) | 0.188*<br>(1.692) | 0.239**<br>(2.536) | 0.252***<br>(2.634) |
| 财政自主度（lnfd） | 0.0777<br>(1.251) | 0.0862<br>(1.308) | -0.238<br>(-1.179) | -0.203<br>(-1.005) | -0.0956<br>(-0.566) | -0.0987<br>(-0.581) |
| 人口密度（lnpdensity） | -0.222*<br>(-1.715) | -0.302**<br>(-2.217) | -0.802*<br>(-1.932) | -0.822**<br>(-1.980) | 0.681*<br>(1.949) | 0.754**<br>(2.148) |
| 经济发展水平（lnpgdp） | -0.0737<br>(-1.154) | -0.0853<br>(-1.260) | 0.295<br>(1.428) | 0.282<br>(1.364) | 0.238<br>(1.367) | 0.245<br>(1.397) |

续表

| 变量 | PM2.5 | | 二氧化硫 | | 烟（粉）尘 | |
|---|---|---|---|---|---|---|
| | W1 | W2 | W1 | W2 | W1 | W2 |
| 产业结构 (lnindustry) | 0.0177<br>(0.259) | -0.00347<br>(-0.0483) | 0.532**<br>(2.436) | 0.540**<br>(2.478) | -0.283<br>(-1.540) | -0.283<br>(-1.528) |
| 城镇化水平 (lnurban) | 0.0476<br>(0.751) | 0.0360<br>(0.537) | -1.850***<br>(-9.046) | -1.849***<br>(-9.047) | -0.160<br>(-0.912) | -0.0847<br>(-0.489) |
| 贸易开放度 (lnopen) | -0.0270<br>(-1.191) | -0.0250<br>(-1.039) | 0.00322<br>(0.0439) | -0.00165<br>(-0.0225) | -0.0457<br>(-0.737) | -0.0588<br>(-0.944) |
| 技术创新水平 (lntech) | -0.0570***<br>(-3.000) | -0.0609***<br>(-3.033) | 0.0242<br>(0.394) | 0.0226<br>(0.370) | -0.0691<br>(-1.327) | -0.0870*<br>(-1.679) |
| 能源消费结构 (energy) | -0.174***<br>(-4.456) | -0.188***<br>(-4.544) | 0.456***<br>(3.614) | 0.451***<br>(3.573) | 0.321***<br>(3.023) | 0.319***<br>(2.986) |
| W×Y | -0.184***<br>(-3.089) | -0.141<br>(-0.868) | 0.0317<br>(0.593) | -0.144<br>(-1.059) | 0.146**<br>(2.496) | 0.150<br>(1.082) |

注：***、**、*分别表示在0.01、0.05、0.1的水平上显著。括号内数字为稳健性标准差，所有模型均控制时间效应和空间效应。

### （二）环境财政事权划分对雾霾污染的空间影响

为了更深入解析环境财政事权划分对雾霾污染的空间影响机制，将空间面板滞后模型的空间效应分解为直接效应、间接效应和总效应。直接效应反映了环境财政事权划分对本地区雾霾的平均空间影响，间接效应反映了环境财政事权划分对其他地区雾霾污染的平均空间影响，总效应则反映了环境财政事权划分对所有地区的平均空间影响。

1. 环境财政事权划分对PM2.5浓度水平的空间影响

表3-12报告了环境财政事权、行政管理事权、监察事权以及监察事权划分对PM2.5浓度水平的空间效应。在两种空间权重矩阵下，环境财政事权划分对PM2.5浓度水平的直接效应在1%水平下显著为负，表明环境分权有利于改善地方空气质量。间接效应在W1权重矩阵下显著为正，在W2权重矩阵下为负但不显著，表明环境分权加剧了地理邻近地区的雾霾污染。总效应为负且在1%水平显著，表明环境分权有利于改善所有地方的雾霾污染。

与环境分权一样，环境行政分权的直接效应显著为负，表明环境行政分权有利于改善本地区的空气质量。间接效应在W1权重矩阵下显著为正，在W2权重矩阵下为负但不显著，表明环境行政分权会加剧邻近省份的污染。总效应显著为负，表明环境行政分权会从整体上改善所有地区的空气质量。

同样，在两种权重矩阵下，环境监察分权都会改善本地区的空气质量。在W1权重矩阵下，环境监察分权会显著增加邻近省份的雾霾污染，而在W2权重矩阵下，间接效应同样为正但不显著。总体上看，两种权重矩阵下，环境监察分权都会显著改善所有地区的空气质量。

环境监测分权的直接效应显著为负，表明环境监测分权会改善本地区的空气质量。在W1权重矩阵下，环境监测分权间接效应和总效应都不显著，表明环境监测分权是否改善邻近地权和所有地区的空气质量不确定，而在W2权重矩阵下，间接效应为正但不显著，表明环境分权是否加剧了距离相近省份的雾霾污染不确定，总体效应显著为负，表明环境监测分权会显著改善所有地区的空气质量。

**表3-12　环境事权划分对PM2.5浓度水平的空间影响：直接、间接和总效应**

| 变量 | W1 | | | W2 | | |
|---|---|---|---|---|---|---|
| | 直接效应 | 间接效应 | 总效应 | 直接效应 | 间接效应 | 总效应 |
| 环境财政事权 | -0.248*** | 0.0432*** | -0.204*** | -0.240*** | -0.0268 | -0.267*** |
| (lned) | (-5.645) | (3.190) | (-5.347) | (-5.321) | (-0.576) | (-3.744) |
| 环境行政管理 | -0.067*** | 0.0113** | -0.0557*** | -0.0642*** | -0.0128 | -0.0771** |
| 事权(lnead) | (-2.900) | (2.253) | (-2.846) | (-2.678) | (-0.791) | (-2.254) |
| 环境监察事权 | -0.120*** | 0.0185*** | -0.101*** | -0.122*** | -0.00560 | -0.128*** |
| (lnead) | (-5.226) | (2.872) | (-4.873) | (-5.196) | (-0.265) | (-3.793) |
| 环境监测事权 | -0.0587* | 0.00913 | -0.0496 | -0.0702* | 0.00665 | -0.0636* |
| (lnesd) | (-1.646) | (1.469) | (-1.623) | (-1.870) | (0.591) | (-1.773) |
| 控制变量 | Yes | Yes | Yes | Yes | Yes | Yes |

注：***、**、*分别表示在0.01、0.05、0.1的水平上显著。括号内数字为稳健性标准差，所有模型均控制时间效应和空间效应。

2. 环境财政事权划分对二氧化硫排放的空间影响

表3-13给出了环境财政事权、行政管理事权、监察事权和监测事权划分对二氧化硫排放的空间效应。在两种权重矩阵下，环境财政事权划分的直接效应显著为正，表明环境分权会显著增加本地区的二氧化硫排放，间接效应不显著，表明环境分权是否会增加其他地区的二氧化硫排放不确定，总效应显著为正，表明环境分权会增加所有地方的二氧化硫排放。

环境行政管理事权划分对二氧化硫排放的空间效应都不显著，表明环境行政分权是否会增加本地区、其他地区和所有地区的二氧化硫排放不确定。

环境监察分权的直接效应显著为正，表明环境监察分权会显著增加本地区的二氧化硫排放，间接效应不显著，表明环境监察分权是否会增加其他地区的二氧化硫排放不确定。总效应显著为正，表明环境监察分权会显著增加所有地区的二氧化硫排放。

环境监测分权对二氧化硫排放的直接效应显著为正，表明环境监测分权会增加本地区的二氧化硫排放。间接效应不显著，表明环境监测分权对其他地区的二氧化硫排放的影响不确定。总效应显著为正，表明环境监测分权会显著增加所有地区的二氧化硫排放。

**表3-13　环境事权划分对二氧化硫排放的空间影响：直接、间接和总效应**

| 变量 | W1 | | | W2 | | |
|---|---|---|---|---|---|---|
| | 直接效应 | 间接效应 | 总效应 | 直接效应 | 间接效应 | 总效应 |
| 环境财政事权 | 0.261* | 0.00965 | 0.270* | 0.255* | -0.0236 | 0.231* |
| (lned) | (1.803) | (0.552) | (1.798) | (1.763) | (-0.670) | (1.717) |
| 环境行政管理 | 0.0857 | 0.00242 | 0.0882 | 0.0892 | -0.00962 | 0.0795 |
| 事权（lnead） | (1.147) | (0.363) | (1.144) | (1.198) | (-0.647) | (1.180) |
| 环境监察事权 | 0.174** | 0.00470 | 0.179** | 0.178** | -0.0212 | 0.157** |
| (lnead) | (2.303) | (0.443) | (2.312) | (2.360) | (-0.933) | (2.298) |
| 环境监测事权 | 0.194* | 0.00654 | 0.200* | 0.193* | -0.0208 | 0.172* |
| (lnesd) | (1.693) | (0.501) | (1.691) | (1.684) | (-0.765) | (1.646) |
| 控制变量 | Yes | Yes | Yes | Yes | Yes | Yes |

注：**、*分别表示在0.05、0.1的水平上显著。括号内数字为稳健性标准差，所有模型均控制时间效应和空间效应。

3. 环境财政事权划分对烟（粉）尘排放的空间影响

表3-14列示了环境财政事权、行政管理事权、监察事权和监测事权划分对烟（粉）尘的空间效应。环境财政事权划分的结果与二氧化硫相同，表明环境分权会显著增加本地区烟（粉）尘的排放，但是否会增加其他地区的烟（粉）尘排放不确定，总体而言，环境分权会显著增加所有地区的烟（粉）尘排放。

环境行政管理事权划分对烟（粉）成排放的空间效应同样不显著，同样表明环境行政分权是否会增加本地区、其他地区和所有地区的烟（粉）尘排放不确定。

环境监察分权对烟（粉）尘排放的直接效应显著为正，间接效应在W1权重矩阵下显著为正，在W2权重矩阵下为正但不显著，表明环境监察分权显著增加了邻近省份的烟（粉）尘排放。总效应显著为正，表明环境监察分权增加了所有地区的烟（粉）尘排放。

环境监测事权划分的直接效应显著为正，表明环境监测分权会显著增加本地区的二氧化硫排放。间接效应在W1权重矩阵下显著为正，在W2权重矩阵下为正但不显著，表明环境监测分权会增加邻近省份的烟（粉）尘排放。总效应显著为正，表明环境监测分权会增加所有地区的烟（粉）尘排放。

**表3-14　环境事权划分对烟（粉）尘排放的空间影响：直接、间接和总效应**

| 变量 | W1 | | | W2 | | |
|---|---|---|---|---|---|---|
| | 直接效应 | 间接效应 | 总效应 | 直接效应 | 间接效应 | 总效应 |
| 环境财政事权（lned） | 0.237* (1.930) | 0.0455 (1.481) | 0.282* (1.921) | 0.223* (1.827) | 0.0534 (0.894) | 0.276* (1.758) |
| 环境行政管理事权（lnead） | 0.0939 (1.483) | 0.0166 (1.214) | 0.110 (1.484) | 0.0991 (1.580) | 0.0247 (0.849) | 0.124 (1.525) |
| 环境监察事权（lnead） | 0.235*** (3.718) | 0.0418** (2.019) | 0.277*** (3.702) | 0.237*** (3.732) | 0.0537 (1.035) | 0.290*** (3.295) |
| 环境监测事权（lnesd） | 0.244** (2.510) | 0.0400* (1.701) | 0.284** (2.538) | 0.256*** (2.606) | 0.0475 (0.872) | 0.304** (2.562) |
| 控制变量 | Yes | Yes | Yes | Yes | Yes | Yes |

注：***、**、*分别表示在0.01、0.05、0.1的水平上显著。括号内数字为稳健性标准差，所有模型均控制时间效应和空间效应。

## 三、环境财政事权划分对不同类型二氧化硫和烟（粉）尘排放量的影响回归结果分析

二氧化硫和烟（粉）尘的来源主要有工业源和生活源，工业源主要是报告期内企业在燃料燃烧和生产工艺过程中排入大气的二氧化硫和烟（粉）尘。生活源是除工业生产活动以外的所有社会、经济活动及公共设施的经营活动中所排放的二氧化硫和烟（粉）尘。对于不用来源的二氧化硫和烟（粉）尘，在环境分权的背景下，地方政府可能采取不同的减排策略，从而导致环境财政事权划分对工业源和生活源大气污染物排放产生不同的影响。为了考察前述影响，本节分别以环境财政事权划分及其分项指标为解释变量，以工业和生活二氧化硫及烟（粉）尘排放量为被解释变量，采用1998~2015年省级面板数据开展空间计量分析。

本节空间计量分析采用的空间权重矩阵、核心解释变量和控制变量均与前一节相同，被解释变量的数据来自历年《中国环境统计年鉴》。为了缓解异方差问题，所有变量均取对数。被解释变量的描述性统计结果

见表 3 - 15。

表 3 - 15　　被解释变量描述性统计结果

| 变量 | 均值 | 标准差 | 最小值 | 最大值 |
| --- | --- | --- | --- | --- |
| 工业二氧化硫排放量（lniso2） | 3.801 | 0.939 | 0.641 | 5.171 |
| 生活二氧化硫排放量（lndso2） | 1.858 | 1.260 | -3.932 | 4.679 |
| 工业烟（粉）尘（lnidust） | 3.591 | 0.996 | 0.270 | 5.365 |
| 生活烟（粉）尘（lnddust） | 1.338 | 1.345 | -6.438 | 3.938 |

### （一）环境财政事权划分对不同类型二氧化硫和烟（粉）尘排放量的影响

1. 环境整体财政事权划分对不同类型二氧化硫和烟（粉）尘排放量的影响

环境整体财政事权划分对工业和生活二氧化硫排放量的回归结果见表 3 - 16。结果表明，不管是地理邻接权重矩阵（W1）还是地理距离权重矩阵（W2），对于工业二氧化硫，环境整体财政事权划分的系数估计值都在 1% 的水平上显著为正，这说明把环境财政事权更多赋予省级政府增加了工业二氧化硫的排放。与工业二氧化硫的回归结果相反，对于生活二氧化硫，环境整体财政事权划分的系数估计值分别在 10% 和 5% 的水平上显著为负，说明环境分权会降低生活二氧化硫的排放。对这一反差可能的解释主要有两点：一是环境分权背景下，GDP 考核压力下追求经济增长的地方官员有较强的动机放松对企业的环境管制，在地方政府间竞争中，地方政府甚至会以放松环境管制为手段开展“招商引资”；二是生活源二氧化硫排放主要来自住宿业、餐饮业等第三产业和居民饮食、取暖燃煤等生活以及机动车排气等二氧化硫排放。这些二氧化硫排放行为对地区 GDP 的影响要弱于工业二氧化硫排放行为，同时，由于地方政府对其辖区的污染行为具有信息优势，在中央强力环境问责和追责压力下，环境分权下的地方政府倾向于在工业和生活二氧化硫排放之间开展策略性减排，即在确保 GDP 增长的前提下，采取各项环境管制减少生活二氧化硫的排放。控制变量中产业结构这一变量的系数估计值也支持这一结论，工业二氧化硫的产业结构系数估计值在 1% 水平显著为正，表明第二产业占比越高的省份，其工业二氧化硫排放越高，而生活二氧化硫的产业结构系数估计值为负但不显著，表明第二产业占比对生活二氧化硫排放影响并不明显。

**表3-16　环境财政事权划分影响不同类型二氧化硫排放的空间面板回归结果**

| 变量 | 工业二氧化硫 | | 生活二氧化硫 | |
|---|---|---|---|---|
| | W1 | W2 | W1 | W2 |
| 环境财政事权划分（lned） | 0.249*** (3.082) | 0.245*** (3.003) | -0.215* (-1.667) | -0.260** (-2.007) |
| 财政自主度（lnfd） | -0.314*** (-2.678) | -0.273** (-2.301) | -0.705*** (-3.777) | -0.794*** (-4.245) |
| 人口密度（lnpdensity） | 0.391* (1.661) | 0.444* (1.853) | -0.725* (-1.935) | -0.439 (-1.157) |
| 经济发展水平（lnpgdp） | 0.0173 (0.141) | 0.0453 (0.364) | -0.209 (-1.057) | -0.0346 (-0.175) |
| 产业结构（lnindustry） | 0.897*** (7.068) | 0.906*** (7.054) | -0.0692 (-0.344) | -0.0643 (-0.316) |
| 城镇化水平（lnurban） | -0.0221 (-0.189) | 0.00650 (0.0552) | 0.246 (1.331) | 0.255 (1.365) |
| 贸易开放度（lnopen） | -0.0780* (-1.768) | -0.0879** (-1.977) | -0.119* (-1.708) | -0.110 (-1.551) |
| 技术创新水平（lntech） | -0.112*** (-3.063) | -0.133*** (-3.681) | -0.0644 (-1.133) | -0.0812 (-1.418) |
| 能源消费结构（energy） | 0.623*** (8.547) | 0.622*** (8.344) | 0.442*** (3.815) | 0.419*** (3.562) |
| W×Y | 0.154*** (3.020) | 0.0612 (0.451) | -0.327*** (-5.167) | -0.706*** (-3.796) |

注：***、**、*分别表示在0.01、0.05、0.1的水平上显著。括号内数字为稳健性标准差，所有模型均控制时间效应和空间效应。

表3-17给出了环境整体财政事权划分对不同类型烟（粉）尘排放的回归结果。在W1权重矩阵下，环境分权对工业烟（粉）尘的影响在10%水平显著为正，表明将环境财政事权更多赋予省级政府会导致工业烟（粉）尘排放增加，在W2权重矩阵下，环境分权对工业烟（粉）尘的影响不显著。对于生活烟（粉）尘，在两种权重矩阵下，环境财政事权划分的系数估计值都显著为负，表明环境分权会减少生活烟（粉）尘的排放量。这一回归结果与二氧化硫的回归结果基本相似，也进一步验证了环境分权对不同类型污染物产生不同影响这一结论。

**表3-17　环境财政事权划分影响不同类型烟（粉）尘排放的空间面板回归结果**

| 变量 | 工业烟（粉）尘 | | 生活烟（粉）尘 | |
|---|---|---|---|---|
| | W1 | W2 | W1 | W2 |
| 环境财政事权划分（lned） | 0.158* (1.671) | 0.147 (1.538) | -1.289*** (-6.631) | -1.350*** (-6.927) |

续表

| 变量 | 工业烟（粉）尘 | | 生活烟（粉）尘 | |
|---|---|---|---|---|
| | W1 | W2 | W1 | W2 |
| 财政自主度<br>(lnfd) | -0.00585<br>(-0.0431) | 0.00229<br>(0.0167) | -1.379***<br>(-4.911) | -1.504***<br>(-5.375) |
| 人口密度<br>(lnpdensity) | 0.952***<br>(3.458) | 0.966***<br>(3.468) | -0.611<br>(-1.084) | -0.213<br>(-0.375) |
| 经济发展水平<br>(lnpgdp) | -0.196<br>(-1.358) | -0.185<br>(-1.269) | -0.184<br>(-0.623) | 0.00294<br>(0.00993) |
| 产业结构<br>(lnindustry) | 0.413***<br>(2.779) | 0.435***<br>(2.896) | 0.180<br>(0.593) | 0.110<br>(0.358) |
| 城镇化水平<br>(lnurban) | -0.0370<br>(-0.270) | -0.000331<br>(-0.00239) | 0.623**<br>(2.240) | 0.668**<br>(2.388) |
| 贸易开放度<br>(lnopen) | -0.0574<br>(-1.108) | -0.0684<br>(-1.303) | -0.288***<br>(-2.748) | -0.273***<br>(-2.587) |
| 技术创新水平<br>(lntech) | -0.179***<br>(-4.244) | -0.202***<br>(-4.792) | -0.0679<br>(-0.795) | -0.0912<br>(-1.063) |
| 能源消费结构<br>(energy) | 0.606***<br>(7.098) | 0.603***<br>(6.984) | 0.758***<br>(4.355) | 0.764***<br>(4.359) |
| W×Y | 0.214***<br>(3.890) | 0.297**<br>(2.454) | -0.236***<br>(-3.840) | -0.433**<br>(-2.481) |

注：***、**、*分别表示在0.01、0.05、0.1的水平上显著。括号内数字为稳健性标准差，所有模型均控制时间效应和空间效应。

2. 环境行政管理事权划分对不同类型二氧化硫和烟（粉）尘排放量的影响

环境行政管理事权划分对工业和生活二氧化硫的回归结果见表3-18。在两种权重矩阵下，环境行政管理事权划分对工业和生活二氧化硫的影响都显著为正，表明环境行政分权会显著增加工业和生活二氧化硫的排放。

**表3-18　环境行政管理事权划分影响不同类型二氧化硫排放的空间面板回归结果**

| 变量 | 工业二氧化硫 | | 生活二氧化硫 | |
|---|---|---|---|---|
| | W1 | W2 | W1 | W2 |
| 环境行政管理事权划分（lnead） | 0.168***<br>(4.069) | 0.164***<br>(3.910) | 0.127*<br>(1.926) | 0.118*<br>(1.774) |
| 财政自主度（lnfd） | -0.344***<br>(-2.980) | -0.303***<br>(-2.589) | -0.644***<br>(-3.493) | -0.732***<br>(-3.944) |
| 人口密度（lnpdensity） | 0.506**<br>(2.128) | 0.554**<br>(2.284) | -0.403<br>(-1.057) | -0.0946<br>(-0.245) |
| 经济发展水平（lnpgdp） | 0.134<br>(1.145) | 0.161<br>(1.361) | -0.302<br>(-1.605) | -0.144<br>(-0.756) |
| 产业结构（lnindustry） | 0.831***<br>(6.691) | 0.843***<br>(6.704) | -0.0132<br>(-0.0664) | 0.00648<br>(0.0322) |

续表

| 变量 | 工业二氧化硫 | | 生活二氧化硫 | |
|---|---|---|---|---|
| | W1 | W2 | W1 | W2 |
| 城镇化水平（lnurban） | 0.0577<br>(0.499) | 0.0822<br>(0.706) | 0.237<br>(1.288) | 0.234<br>(1.257) |
| 贸易开放度（lnopen） | -0.0505<br>(-1.202) | -0.0596<br>(-1.408) | -0.165**<br>(-2.467) | -0.161**<br>(-2.380) |
| 技术创新水平（lntech） | -0.128***<br>(-3.619) | -0.150***<br>(-4.266) | -0.0418<br>(-0.752) | -0.0551<br>(-0.981) |
| 能源消费结构（energy） | 0.609***<br>(8.472) | 0.607***<br>(8.265) | 0.478***<br>(4.158) | 0.459***<br>(3.929) |
| W×Y | 0.163***<br>(3.214) | 0.0922<br>(0.689) | -0.343***<br>(-5.452) | -0.713***<br>(-3.830) |

注：***、**、*分别表示在0.01、0.05、0.1的水平上显著。括号内数字为稳健性标准差，所有模型均控制时间效应和空间效应。

与二氧化硫不同，表3-19的回归结果显示，在两种空间权重矩阵下，环境行政管理事权划分对工业烟（粉）尘的影响都不显著，对生活烟（粉）尘的在1%水平显著为负，表明环境行政分权会减少生活烟（粉）尘排放。

**表3-19　环境行政管理事权划分影响不同类型烟（粉）尘排放的空间面板回归结果**

| 变量 | 工业烟（粉）尘 | | 生活烟（粉）尘 | |
|---|---|---|---|---|
| | W1 | W2 | W1 | W2 |
| 环境行政管理事权划分（lnead） | 0.00696<br>(0.143) | 0.0143<br>(0.289) | -0.294***<br>(-2.877) | -0.312***<br>(-3.030) |
| 财政自主度（lnfd） | -0.0339<br>(-0.251) | -0.0234<br>(-0.170) | -1.143***<br>(-3.995) | -1.278***<br>(-4.464) |
| 人口密度（lnpdensity） | 0.867***<br>(3.087) | 0.900***<br>(3.149) | -0.352<br>(-0.595) | 0.132<br>(0.221) |
| 经济发展水平（lnpgdp） | -0.126<br>(-0.912) | -0.120<br>(-0.851) | -0.782***<br>(-2.690) | -0.591**<br>(-2.011) |
| 产业结构（lnindustry） | 0.371**<br>(2.528) | 0.396***<br>(2.655) | 0.515*<br>(1.677) | 0.450<br>(1.442) |
| 城镇化水平（lnurban） | -0.00664<br>(-0.0484) | 0.0286<br>(0.206) | 0.322<br>(1.130) | 0.361<br>(1.256) |
| 贸易开放度（lnopen） | -0.0326<br>(-0.655) | -0.0455<br>(-0.899) | -0.472***<br>(-4.563) | -0.465***<br>(-4.450) |
| 技术创新水平（lntech） | -0.193***<br>(-4.655) | -0.215***<br>(-5.153) | 0.0418<br>(0.485) | 0.0170<br>(0.196) |

续表

| 变量 | 工业烟（粉）尘 | | 生活烟（粉）尘 | |
|---|---|---|---|---|
| | W1 | W2 | W1 | W2 |
| 能源消费结构（energy） | 0.588***<br>(6.915) | 0.587***<br>(6.793) | 0.880***<br>(4.947) | 0.902***<br>(5.021) |
| W×Y | 0.212***<br>(3.842) | 0.301**<br>(2.490) | -0.278***<br>(-4.487) | -0.492***<br>(-2.762) |

注：***、**、*分别表示在0.01、0.05、0.1的水平上显著。括号内数字为稳健性标准差，所有模型均控制时间效应和空间效应。

3. 环境监察事权划分对不同类型二氧化硫和烟（粉）尘排放量的影响

表3-20列示了环境监察事权划分对工业和生活二氧化硫的影响。结果表明，在两种空间权重矩阵下，环境监察分权对工业二氧化硫的影响显著为正，表明环境监察分权会显著增加工业二氧化硫的排放。而环境监察分权对生活二氧化硫的影响显著为负，表明环境监察分权会显著减少生活二氧化硫的排放。

**表3-20 环境监察事权划分影响不同类型二氧化硫排放的空间面板回归结果**

| 变量 | 工业二氧化硫 | | 生活二氧化硫 | |
|---|---|---|---|---|
| | W1 | W2 | W1 | W2 |
| 环境监察事权划分（lnemd） | 0.101**<br>(2.360) | 0.115***<br>(2.695) | -0.0954<br>(-1.420) | -0.119*<br>(-1.752) |
| 财政自主度（lnfd） | -0.304**<br>(-2.553) | -0.256**<br>(-2.132) | -0.711***<br>(-3.777) | -0.803***<br>(-4.259) |
| 人口密度（lnpdensity） | 0.233<br>(1.006) | 0.273<br>(1.164) | -0.585<br>(-1.590) | -0.265<br>(-0.713) |
| 经济发展水平（lnpgdp） | 0.0395<br>(0.318) | 0.0482<br>(0.384) | -0.219<br>(-1.103) | -0.0424<br>(-0.213) |
| 产业结构（lnindustry） | 0.890***<br>(6.949) | 0.906***<br>(7.017) | -0.0677<br>(-0.335) | -0.0642<br>(-0.313) |
| 城镇化水平（lnurban） | -0.0368<br>(-0.309) | -0.0203<br>(-0.169) | 0.267<br>(1.421) | 0.283<br>(1.487) |
| 贸易开放度（lnopen） | -0.0487<br>(-1.144) | -0.0600<br>(-1.404) | -0.145**<br>(-2.167) | -0.141**<br>(-2.074) |
| 技术创新水平（lntech） | -0.120***<br>(-3.294) | -0.136***<br>(-3.773) | -0.0610<br>(-1.074) | -0.0777<br>(-1.356) |
| 能源消费结构（energy） | 0.610***<br>(8.368) | 0.610***<br>(8.209) | 0.451***<br>(3.898) | 0.428***<br>(3.650) |
| W×Y | 0.134***<br>(2.590) | 0.0172<br>(0.124) | -0.330***<br>(-5.223) | -0.717***<br>(-3.851) |

注：***、**、*分别表示在0.01、0.05、0.1的水平上显著。括号内数字为稳健性标准差，所有模型均控制时间效应和空间效应。

通过表3－21可以看出，在两种权重矩阵下，环境监察事权对工业烟（粉）尘的系数估计值都在1%的水平显著为正，表明环境监察分权会显著增加工业烟（粉）尘的排放；对于生活烟（粉）尘，环境监察分权的系数估计值在1%水平显著为负，表明环境监察分权会显著降低生活烟（粉）尘排放。

**表3－21　环境监察事权划分影响不同类型烟（粉）尘排放的空间面板回归结果**

| 变量 | 工业烟（粉）尘 | | 生活烟（粉）尘 | |
|---|---|---|---|---|
| | W1 | W2 | W1 | W2 |
| 环境监察事权划分（lnemd） | 0.159***<br>(3.246) | 0.163***<br>(3.299) | －0.331***<br>(－3.174) | －0.379***<br>(－3.630) |
| 财政自主度（lnfd） | 0.0442<br>(0.325) | 0.0558<br>(0.409) | －1.287***<br>(－4.416) | －1.433***<br>(－4.938) |
| 人口密度（lnpdensity） | 0.834***<br>(3.120) | 0.854***<br>(3.175) | 0.183<br>(0.321) | 0.672<br>(1.175) |
| 经济发展水平（lnpgdp） | －0.269*<br>(－1.869) | －0.266*<br>(－1.841) | －0.462<br>(－1.510) | －0.241<br>(－0.782) |
| 产业结构（lnindustry） | 0.464***<br>(3.131) | 0.490***<br>(3.288) | 0.327<br>(1.047) | 0.237<br>(0.749) |
| 城镇化水平（lnurban） | －0.105<br>(－0.760) | －0.0709<br>(－0.510) | 0.596**<br>(2.045) | 0.664**<br>(2.263) |
| 贸易开放度（lnopen） | －0.0480<br>(－0.972) | －0.0621<br>(－1.248) | －0.465***<br>(－4.489) | －0.454***<br>(－4.346) |
| 技术创新水平（lntech） | －0.168***<br>(－4.016) | －0.189***<br>(－4.533) | －0.00725<br>(－0.0826) | －0.0348<br>(－0.394) |
| 能源消费结构（energy） | 0.615***<br>(7.277) | 0.613***<br>(7.228) | 0.851***<br>(4.767) | 0.856***<br>(4.756) |
| W×Y | 0.205***<br>(3.722) | 0.259**<br>(2.085) | －0.259***<br>(－4.147) | －0.496***<br>(－2.783) |

注：***、**、*分别表示在0.01、0.05、0.1的水平上显著。括号内数字为稳健性标准差，所有模型均控制时间效应和空间效应。

4. 环境监测事权划分对不同类型二氧化硫和烟（粉）尘排放量的影响

通过表3－22可以看出，在两种空间权重矩阵下，财政监测事权划分对工业二氧化硫排放的影响为正但不显著，表明环境监测分权是否会增加工业二氧化硫的排放不确定。对生活二氧化硫的影响在1%水平显著为负，表明环境监测分权会显著降低生活二氧化硫的排放。

**表 3－22　　环境监测事权划分影响不同类型二氧化硫排放的空间面板回归结果**

| 变量 | 工业二氧化硫 | | 生活二氧化硫 | |
|---|---|---|---|---|
| | W1 | W2 | W1 | W2 |
| 环境监测事权划分（lnesd） | 0.0255<br>(0.390) | 0.0556<br>(0.847) | －0.373***<br>(－3.633) | －0.448***<br>(－4.414) |
| 财政自主度（lnfd） | －0.356***<br>(－3.034) | －0.312***<br>(－2.624) | －0.695***<br>(－3.788) | －0.768***<br>(－4.195) |
| 人口密度（lnpdensity） | 0.267<br>(1.105) | 0.341<br>(1.403) | －0.926**<br>(－2.468) | －0.714*<br>(－1.881) |
| 经济发展水平（lnpgdp） | 0.124<br>(1.035) | 0.143<br>(1.184) | －0.234<br>(－1.242) | －0.0835<br>(－0.444) |
| 产业结构（lnindustry） | 0.832***<br>(6.590) | 0.841***<br>(6.593) | －0.0158<br>(－0.0802) | －0.00315<br>(－0.0159) |
| 城镇化水平（lnurban） | 0.0159<br>(0.135) | 0.0334<br>(0.280) | 0.320*<br>(1.733) | 0.345*<br>(1.855) |
| 贸易开放度（lnopen） | －0.0387<br>(－0.908) | －0.0495<br>(－1.155) | －0.147**<br>(－2.227) | －0.144**<br>(－2.163) |
| 技术创新水平（lntech） | －0.133***<br>(－3.698) | －0.152***<br>(－4.255) | －0.0654<br>(－1.179) | －0.0802<br>(－1.442) |
| 能源消费结构（energy） | 0.594***<br>(8.141) | 0.592***<br>(7.961) | 0.453***<br>(3.967) | 0.430***<br>(3.735) |
| W×Y | 0.146***<br>(2.807) | 0.0307<br>(0.221) | －0.293***<br>(－4.574) | －0.657***<br>(－3.559) |

注：***、**、*分别表示在0.01、0.05、0.1的水平上显著。括号内数字为稳健性标准差，所有模型均控制时间效应和空间效应。

对于工业烟（粉）尘，表3－23的结果显示，在两种空间权重矩阵下，环境监测事权划分的系数估计值在10%水平显著为正，表明环境监测分权会显著增加工业烟（粉）尘排放。对于生活烟（粉）尘，环境监测事权划分的系数估计值在1%水平显著为负，表明环境监测分权会显著减少生活烟（粉）尘排放。

**表 3－23　　环境监测事权划分影响不同类型烟（粉）尘排放的空间面板回归结果**

| 变量 | 工业烟（粉）尘 | | 生活烟（粉）尘 | |
|---|---|---|---|---|
| | W1 | W2 | W1 | W2 |
| 环境监测事权划分（lnesd） | 0.146*<br>(1.943) | 0.166**<br>(2.173) | －1.150***<br>(－7.335) | －1.242***<br>(－8.196) |
| 财政自主度（lnfd） | －0.0272<br>(－0.202) | －0.0146<br>(－0.107) | －1.230***<br>(－4.445) | －1.308***<br>(－4.785) |

续表

| 变量 | 工业烟（粉）尘 | | 生活烟（粉）尘 | |
|---|---|---|---|---|
| | W1 | W2 | W1 | W2 |
| 人口密度（lnpdensity） | 0.993***<br>(3.569) | 1.026***<br>(3.661) | -0.846<br>(-1.496) | -0.582<br>(-1.026) |
| 经济发展水平（lnpgdp） | -0.149<br>(-1.077) | -0.148<br>(-1.059) | -0.553**<br>(-1.961) | -0.408<br>(-1.448) |
| 产业结构（lnindustry） | 0.376**<br>(2.566) | 0.397***<br>(2.697) | 0.506*<br>(1.707) | 0.447<br>(1.498) |
| 城镇化水平（lnurban） | -0.0492<br>(-0.357) | -0.0121<br>(-0.0876) | 0.755***<br>(2.707) | 0.804***<br>(2.895) |
| 贸易开放度（lnopen） | -0.0360<br>(-0.726) | -0.0529<br>(-1.059) | -0.480***<br>(-4.819) | -0.470***<br>(-4.715) |
| 技术创新水平（lntech） | -0.188***<br>(-4.526) | -0.208***<br>(-5.022) | -0.0133<br>(-0.160) | -0.0250<br>(-0.301) |
| 能源消费结构（energy） | 0.594***<br>(7.011) | 0.591***<br>(6.932) | 0.862***<br>(5.020) | 0.844***<br>(4.923) |
| W×Y | 0.199***<br>(3.583) | 0.188<br>(1.421) | -0.174***<br>(-2.782) | -0.466***<br>(-2.671) |

注：***、**、*分别表示在0.01、0.05、0.1的水平上显著。括号内数字为稳健性标准差，所有模型均控制时间效应和空间效应。

### （二）环境财政事权划分对不同类型二氧化硫和烟（粉）尘的空间影响

1. 环境财政事权划分对不同类型二氧化硫排放的空间影响

表3-24报告了环境财政事权划分对工业二氧化硫排放的空间效应。结果表明，在两种空间权重矩阵下，除了环境监测事权以外，其他环境财政事权划分对工业二氧化硫的直接效应均显著为正，表明环境分权、环境行政分权和环境监察分权都会显著增加本地区的二氧化硫排放，而环境监测分权直接效应的系数为正，但不显著，表明环境监测分权是否会增加本地区的工业二氧化硫排放不确定。

对于间接效应，在空间权重矩阵W1的设定下，环境整体财政事权划分、环境行政管理和环境监察事权划分都显著为正，表明环境分权、环境行政分权和环境监察分权会显著增加邻近地区的工业二氧化硫排放。在空间权重矩阵W2的设定下，上述事权划分的系数估计值为正但不显著，表明上述分权是否会增加距离相近地区的工业二氧化硫排放不确定。同样，在W1和W2权重矩阵下，环境监测分权的系数估计值为正但不显著，表明环境监测分权是否增加其他地区工业二氧化硫排放不确定。

从总效应来看，在两种权重矩阵下，环境行政分权、行政管理分权和监察分权都会显著增加所有地区的工业二氧化硫排放，但环境监测分权是否会增加所有地区的工业二氧化硫排放不确定。

**表 3-24　环境事权划分对工业二氧化硫排放的影响：直接、间接和总效应**

| 变量 | W1 | | | W2 | | |
|---|---|---|---|---|---|---|
| | 直接效应 | 间接效应 | 总效应 | 直接效应 | 间接效应 | 总效应 |
| 环境财政事权划分（lned） | 0.253***<br>(3.039) | 0.0454*<br>(1.954) | 0.299***<br>(3.002) | 0.248***<br>(2.961) | 0.0229<br>(0.528) | 0.271***<br>(2.702) |
| 环境行政管理事权（lnead） | 0.171***<br>(3.999) | 0.0329**<br>(2.226) | 0.204***<br>(3.881) | 0.166***<br>(3.844) | 0.0218<br>(0.719) | 0.187***<br>(3.247) |
| 环境监察事权（lnemd） | 0.103**<br>(2.337) | 0.0152*<br>(1.667) | 0.118**<br>(2.360) | 0.117***<br>(2.662) | 0.00430<br>(0.232) | 0.121**<br>(2.564) |
| 环境监测事权（lnesd） | 0.0280<br>(0.415) | 0.00362<br>(0.298) | 0.0316<br>(0.401) | 0.0581<br>(0.861) | 0.00126<br>(0.0930) | 0.0593<br>(0.834) |
| 控制变量 | Yes | Yes | Yes | Yes | Yes | Yes |

注：***、**、* 分别表示在 0.01、0.05、0.1 的水平上显著。括号内数字为稳健性标准差，所有模型均控制时间效应和空间效应。

表 3-25 给出环境财政事权划分对生活二氧化硫排放的空间效应。对于直接效应，在 W1 权重矩阵下，环境财政事权划分和环境监察分权的系数估计值为负但不显著，但在 W2 权重矩阵下，系数估计值为负且在 10% 水平显著，表明环境分权和环境监察分权可以显著降低本地区生活二氧化硫排放。在两种权重矩阵下，环境行政管理事权划分的直接效应显著为正，表明环境行政分权会显著增加生活二氧化硫的排放。而环境监测事权划分的直接效应为负且在 1% 水平显著，表明环境监测分权可以显著降低本地区的生活二氧化硫排放。

对于间接效应，环境财政事权在 W2 权重矩阵下显著为正，在 W1 权重矩阵下为正但不显著，表明环境分权可以增加地理距离相近地区的生活二氧化硫排放。在两种权重矩阵下，环境行政管理事权划分的间接效应都显著为负，表明环境行政分权会显著减少其他地区的生活二氧化硫排放。对于环境监察事权，其间接效应在两种权重矩阵下均为正但不显著，表明环境监察分权是否会增加其他地区的生活二氧化硫排放不确定。环境监测事权划分的间接效应在两种权重矩阵下均显著为正，表明环境监测分权可以减少其他地区的生活二氧化硫排放。

对于总效应，其结果与直接效应相同，环境分权和环境监测分权会显著减少所有地区的生活二氧化硫的排放，环境行政分权会显著增加所有地区的生活二氧化硫排放，而环境监察分权对所有地区生活二氧化硫的影响不确定。

**表 3-25 环境事权划分对生活二氧化硫排放的影响：直接、间接和总效应**

| 变量 | W1 | | | W2 | | |
|---|---|---|---|---|---|---|
| | 直接效应 | 间接效应 | 总效应 | 直接效应 | 间接效应 | 总效应 |
| 环境财政事权划分（lned） | -0.215<br>(-1.591) | 0.0550<br>(1.561) | -0.160<br>(-1.567) | -0.261*<br>(-1.923) | 0.104*<br>(1.841) | -0.157*<br>(-1.829) |
| 环境行政管理事权（lnead） | 0.133*<br>(1.909) | -0.0362*<br>(-1.786) | 0.0964*<br>(1.912) | 0.124*<br>(1.764) | -0.0503*<br>(-1.659) | 0.0733*<br>(1.727) |
| 环境监察事权（lnemd） | -0.0951<br>(-1.349) | 0.0245<br>(1.322) | -0.0706<br>(-1.335) | -0.119*<br>(-1.673) | 0.0478<br>(1.612) | -0.0708<br>(-1.612) |
| 环境监测事权（lnesd） | -0.376***<br>(-3.527) | 0.0880***<br>(3.253) | -0.288***<br>(-3.300) | -0.453***<br>(-4.286) | 0.173***<br>(3.432) | -0.280***<br>(-3.627) |
| 控制变量 | Yes | Yes | Yes | Yes | Yes | Yes |

注：***、* 分别表示在 0.01、0.1 的水平上显著。括号内数字为稳健性标准差，所有模型均控制时间效应和空间效应。

2. 环境财政事权划分对不同类型烟（粉）尘排放的空间影响

环境财政事权划分对工业烟（粉）尘排放的空间效应见表 3-26。对于直接效应，环境财政事权划分在 W1 矩阵下显著为正，在 W2 权重矩阵下为正但不显著，表明环境分权会增加本地区工业烟（粉）尘排放。在两种权重矩阵下，环境监察和环境监测事权划分的系数估计值均显著为正，表明环境监察分权和环境监察分权均会显著增加本地区工业烟（粉）尘排放量。在两种权重矩阵下，环境行政管理事权划分的系数估计值为正但均不显著，表明环境行政分权是否会增加本地区的工业烟（粉）尘排放不确定。

对间接效应，只有环境监察和环境监测事权划分在 W1 权重矩阵下的系数估计值显著为正，其他环境事权划分在两种权重矩阵下的系数估计值均为正但不显著，表明环境监察和环境监测分权显著增加了邻近地区的工业烟（粉）尘排放。环境分权和环境行政分权是否增加了其他地区的工业烟（粉）尘排放不确定。

总效应的结果与直接效应的结果相同。环境分权在 W1 权重矩阵下显著增加了所有地区的工业烟（粉）尘排放，环境行政分权是否增加了所有地区的工业烟（粉）尘排放不确定。而环境监察和监测分权在两种权重矩阵下都显著增加了所有地区的工业烟（粉）尘排放。

**表 3－26　环境事权划分对工业烟（粉）尘排放的影响：直接、间接和总效应**

| 变量 | W1 | | | W2 | | |
|---|---|---|---|---|---|---|
| | 直接效应 | 间接效应 | 总效应 | 直接效应 | 间接效应 | 总效应 |
| 环境财政事权划分（lned） | 0.163*<br>(1.664) | 0.0427<br>(1.440) | 0.206*<br>(1.656) | 0.152<br>(1.535) | 0.0658<br>(1.052) | 0.217<br>(1.472) |
| 环境行政管理事权（lnead） | 0.00881<br>(0.174) | 0.00179<br>(0.130) | 0.0106<br>(0.166) | 0.0163<br>(0.317) | 0.00673<br>(0.247) | 0.0230<br>(0.303) |
| 环境监察事权（lnemd） | 0.163***<br>(3.205) | 0.0403**<br>(2.276) | 0.203***<br>(3.197) | 0.165***<br>(3.255) | 0.0608<br>(1.377) | 0.226***<br>(2.907) |
| 环境监测事权（lnesd） | 0.150*<br>(1.932) | 0.0353*<br>(1.653) | 0.186*<br>(1.946) | 0.169**<br>(2.155) | 0.0398<br>(0.999) | 0.209**<br>(2.126) |
| 控制变量 | Yes | Yes | Yes | Yes | Yes | Yes |

注：***、**、*分别表示在0.01、0.05、0.1的水平上显著。括号内数字为稳健性标准差，所有模型均为固定效应估计值。

表3－27报告了环境财政事权划分对生活烟（粉）尘排放的空间效应。从直接效应看，在两种权重矩阵下，所有环境事权划分的系数估计值均在1%水平显著为负，表明环境分权、行政分权、监察分权和监测分权均显著减少了本地区的生活烟（粉）尘排放。

从间接效应来看，在两种权重矩阵下，所有环境事权划分的系数估计值在1%显著为正，表明环境分权、行政分权、监察分权和监测分权均显著增加了其他地区的生活烟（粉）尘排放。

从总效应来看，在两种权重矩阵下，所有环境事权划分的系数估计值同样在1%水平显著为负，表明环境分权、行政分权、监察分权和监测分权均显著减少了所有地区的生活烟（粉）尘排放。

**表 3－27　环境事权划分对生活烟（粉）尘排放的影响：直接、间接和总效应**

| 变量 | W1 | | | W2 | | |
|---|---|---|---|---|---|---|
| | 直接效应 | 间接效应 | 总效应 | 直接效应 | 间接效应 | 总效应 |
| 环境财政事权划分（lned） | －1.298***<br>(－6.473) | 0.254***<br>(3.858) | －1.045***<br>(－5.750) | －1.355***<br>(－6.748) | 0.384***<br>(2.851) | －0.971***<br>(－4.764) |
| 环境行政管理事权（lnead） | －0.295***<br>(－2.773) | 0.0665**<br>(2.498) | －0.229***<br>(－2.700) | －0.312***<br>(－2.920) | 0.0973**<br>(2.259) | －0.215***<br>(－2.668) |
| 环境监察事权（lnemd） | －0.332***<br>(－3.068) | 0.0700***<br>(2.738) | －0.262***<br>(－2.931) | －0.379***<br>(－3.508) | 0.119**<br>(2.544) | －0.260***<br>(－3.092) |

续表

| 变量 | W1 | | | W2 | | |
|---|---|---|---|---|---|---|
| | 直接效应 | 间接效应 | 总效应 | 直接效应 | 间接效应 | 总效应 |
| 环境监测事权<br>(lnesd) | -1.152***<br>(-7.183) | 0.170***<br>(2.987) | -0.983***<br>(-5.979) | -1.249***<br>(-7.991) | 0.375***<br>(3.177) | -0.874***<br>(-5.356) |
| 控制变量 | Yes | Yes | Yes | Yes | Yes | Yes |

注：***、** 分别表示在0.01、0.05 的水平上显著。括号内数字为稳健性标准差，所有模型均为固定效应估计值。

## 第五节　环境财政事权划分影响雾霾污染协同治理的实证检验

第二章的研究表明，对于雾霾污染，各自为政的属地治理模式效率低下，而基于区域联防联控的协同治理模式能够减少雾霾污染。近年来，我国先后推出了一系列联防联控的重要举措，取得了一定的进展，但行政主导的雾霾污染联防联控机制不可持续，雾霾污染区域协同治理关键是要理顺政府间关系，形成联防联控的内生激励机制。

### 一、雾霾污染区域协同治理状态评估

随着我国雾霾区域协同治理的稳步推进，对雾霾协同治理的研究也在逐步增多，对于雾霾协同治理如何衡量，已有的研究从不同的角度给出了不同度量方法。孙静等（2019）从主体协同的角度测度了雾霾治理政策协同强度。魏娜和孟庆国（2018）使用大气主要污染[①]的月度变化趋势考察京津冀大气污染跨区域协同治理效果。胡志高等（2019）认为，从环境规制协同的层面考察各地区雾霾协同治理是一个相对方便和准确的做法。雾霾污染治理政策是考察雾霾治理效果的投入性指标，政策协同不一定能完全转化为治理协同，因此，采用政策协同强度衡量雾霾污染区域协同治理效果不一定合适。主要污染物排放的变化趋势在某种程度上能够反映雾霾协同治理的效果，一般而言，雾霾协同治理会降低区域大气污染物排放，

① 包括 $PM_{2.5}$、$PM_{10}$、$SO_2$、$NO_2$ 等污染物的月均浓度数据。

但雾霾协同治理并不是污染物排放变化的唯一原因，污染物排放的变化趋势有太多的混杂因素，很难通过这一指标把雾霾协同治理效果这一因素分离出来，从而带有较大的测量误差。环境规制强度是政府综合施策的结果，能够较好地反映地方治霾的努力程度，而且环境规制的政策效果非常明显，因此，基于数据可得性，环境规制是一个测度雾霾治理区域协同效果的合适指标。本节借鉴胡志高等（2019）的做法，通过计算主要大气污染物环境规制协同度来测度雾霾污染协同治理效果。

本节主要通过两个环境规制指标测量环境规制强度，一个是大气污染治理投资强度，另一个大气污染排放强度。前一个指标用大气污染治理投资额除以污染排放量计算而得，后一个指标用污染物排放量除以 GDP 计算而得。纳入计算的污染物主要有两种，分别是二氧化硫和烟（粉）尘。根据胡志高等（2019）给出的方法，环境规制协同度的计算公式如下：

$$D = \left\{ \left[ \prod_{i=1}^{n} s_i \Big/ \left( \frac{1}{n} \sum_{i=1}^{n} s_i \right) \right]^k \left( \sum_{i=1}^{n} \alpha_i s_i \right) \right\}^{\frac{1}{2}} \qquad (3-7)$$

其中，$D$ 表示协同度，$s$ 表示环境规制，$\alpha$ 表示权重，$i$ 表示省份，$n$ 表示区域内省份数，$k$ 为调整系数，$k \geqslant 2$，这里取 $k=2$，各地区平均赋权。

对于协同区域的选择，胡志高等（2019）根据地理邻近、经济关联、气象关联、污染分布和污染源分布五大基本要素，通过检验与校正，确定 7 个大气污染协同治理区域，这七大区域虽然与现行政策确定或有过合作关系的省域有一定的差异①，但与后者基本属于包含关系。因此，本节也按照胡志高等（2019）确定的协同区域开展省域的雾霾协同治理分析。这七大区域为京津冀协同区，包括北京、天津、河北和内蒙古；东北协同区，包括辽宁、吉林和黑龙江；中原协同区，包括河南、山东、山西和陕西；长三角协同区，包括上海、江苏、浙江和安徽；长江中游协同区，包括湖北、湖南和江西；东南协同区，包括广东、广西和福建；西南协同区，包括四川、重庆、贵州和云南。海南、甘肃、宁夏、青海、新疆和西

① 比如，在已有的京津冀大气污染联防联控的基础上，环保部等 4 部委和北京市等 6 省市联合制定的《京津冀及周边地区 2017 年大气污染防治工作方案》将上述区域扩大到京津冀大气污染传输通道，包括北京、天津两个直辖市和河北、山西、山东和河南的 26 个城市。而胡志高等（2019）确定的京津冀协同区域只包括北京、天津和河北。对于长三角区域，2014 年 1 月，江苏与上海、安徽、浙江三省一市会同 8 部委共同成立了长三角区域大气污染防治协作小组。这与胡志高等（2019）确定的长三角协同区域一致。

藏没有纳入上述协同区。

通过式（3－7），采用1998～2015年的数据，计算出七个协同区的雾霾污染环境规制协同状况，得到图3－2和图3－3。图3－2分别给出了以二氧化硫和烟（粉）尘为标的物的大气污染物排放强度的环境规制协同状况。由于大气污染物排放强度是负向指标，为了更为直观地反映环境规制的协同状况，本节采用倒数形式将其转化为正向指标。通过图3－2可以看出，不论是以二氧化硫为表征还是以烟（粉）尘为表征，1998～2015年，七大区域的环境规制协同度都在不断上升。其中京津冀协同区上升的幅度最大，其次是长三角和东南协同区。这也与现实相吻合。京津冀区域是我国最早开展大气污染联防联控的区域，为了保障北京奥运会期间的空气质量，从2006年开始，京津冀三地就开始实施大气污染联防联控，从图形可以看出，从2006年开始，京津冀协同区环境规制协同度与其他地区明显拉开差距，并且越来越大，这也说明京津冀联防联控促进区域协同治理的成效较为明显。长三角和珠三角也是我们大气污染协同治理的先行者，通过图形亦可发现，其协同状况与其他协同区有明显的差异。

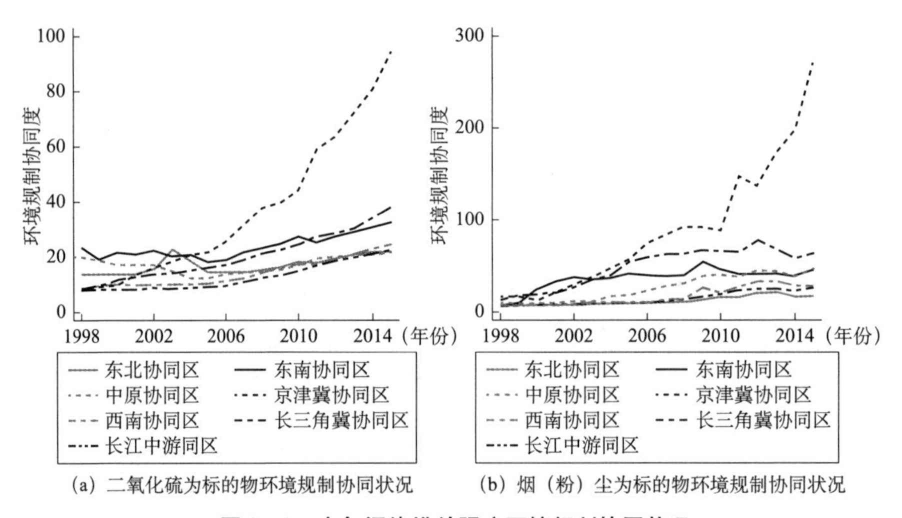


(a) 二氧化硫为标的物环境规制协同状况　(b) 烟（粉）尘为标的物环境规制协同状况

**图3－2　大气污染排放强度环境规制协同状况**

图3－3同样给出了以二氧化硫和烟（粉）尘表征的大气污染治理投资环境规制协同状况，从图形中可以看出，各个协同区的环境规制协同度呈波动上升态势。不同区域的区分并不明显。

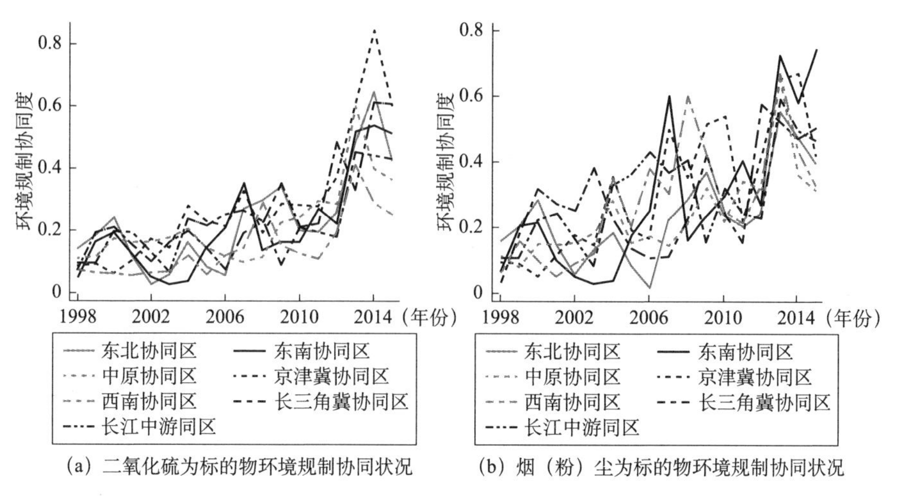


（a）二氧化硫为标的物环境规制协同状况　（b）烟（粉）尘为标的物环境规制协同状况

**图3-3　大气污染治理投资强度环境规制协同状况**

## 二、环境财政事权划分对雾霾区域协同治理的影响

### （一）模型设定

为了分析环境财政事权划分对雾霾协同治理的影响，本节以前述环境规制协同度作为雾霾协同治理的替代变量，考察环境财政事权划分对其影响，以下为具体建模过程。

首先，构建环境规制强度影响模型如下：

$$R_{it} = \alpha + \beta_0 envd_{it} + \beta_k \sum_{k=1}^{n} X_{it} + \mu_i + \gamma_t + \varepsilon_{it} \qquad (3-8)$$

其中，$R$ 为环境规制强度，$envd$ 为环境财政事权划分状况，$X$ 为控制变量，$\alpha$ 为常数项，$\mu_i$ 为个体效应，$\gamma_t$ 为时间效应，$\varepsilon_{it}$ 为随机扰动项，$k$ 为控制变量个数，$i$ 表示省份，$t$ 表示年份。

其次，在此基础上，进一步构建环境规制协同度影响模型，具体模型如下：

$$C_{jt} = \phi + \theta_0(\overline{envd_{jt}} - \overline{envd_t}) + \sum_{k=1}^{n} \theta_k \frac{\sigma_{X_{jt}^k}}{\overline{X_{jt}}} + \mu_j + \eta_t + \varepsilon_{jt} \qquad (3-9)$$

其中，$C$ 为环境规制协同度，$\overline{envd_{jt}}$ 和 $\overline{envd_t}$ 分别表示某一年协同区内和所有省份的环境分权的均值，$\sigma_{X_{jt}^k}$ 表示控制变量某一年在协同区内的标准差，$\overline{X_{jt}}$ 为控制变量某一年在协同区内的均值。$\phi$ 为常数项，$\mu_i$ 为个体效应，$\eta_t$ 为时间效应，$\varepsilon_{jt}$ 为随机扰动项，$j$ 表示协同区。

### （二）变量选择

环境规制协同度（$C$）。前一小节给出了两种不同的环境规制强度的度量方法，从图形来看，大气污染物排放强度这一个指标的稳定性更高，因此，分别采取以二氧化硫和烟（粉）尘表征的环境规制协同度作为被解释变量。

环境分权度（$envd$）。主要采用环境财政事权划分（$ed$）来衡量，并将环境财政事权进一步分解为环境行政管理事权（$ead$）、环境监察事权（$emd$）和环境监测事权（$esd$），分别考察不同环境财政事权划分对雾霾污染协同治理的影响。本节重点分析环境分权程度的高低对环境规制协同度影响，在将省份的环境分权度转换为协同区环境分权的过程中，采用协同区内省份的环境分权均值并不能真实反映协同区环境分权程度，为了解决这一问题，本节用协同区内省份的环境分权均值减去所有省份的环境分权均值来度量协同区环境分权度。

控制变量（$X$）。为了保证分析结果的前后连续性和可比性，本节模型引入的控制变量类型与前一节完全相同。不同地方在于，本节模型主要考察协同区内控制变量的差异度对环境规制协同度的影响，而不是考察控制变量本身对环境规制协同度的影响。举例而言，协同区内不同省份的经济发展水平和产业结构差异会对省际雾霾协同治理产生影响，此时，单纯以协同区内人均 GDP 和第二产业占比的均值作为控制变量并不能分析出上述影响。因此，本节参照赵志高等（2019）的方法计算控制变量的差异度，即用协同区内控制变量的标准差除以控制变量的均值。

### （三）数据来源和描述性统计

基于数据的可得性，本节研究的样本期为 1998 ~ 2015 年。二氧化硫排放量、烟（粉）尘排放量以及环保系统人员数量来自《中国环境年鉴》，财政分权数据来自《中国财政年鉴》，能源消费结构数据来自《中国能源统计年鉴》，其他数据来自《中国统计年鉴》。变量的描述性统计结果见表 3 - 28。

**表 3－28　　描述性统计**

| 变量 | 变量说明 | 均值 | 标准差 | 最小值 | 最大值 |
|---|---|---|---|---|---|
| corpso2 | 二氧化硫为标的物的环境规制协同 | 20. 165 | 13. 331 | 7. 736 | 94. 546 |
| corpdust | 烟（粉）尘为标的物的环境规制协同 | 34. 754 | 38. 287 | 5. 963 | 270. 982 |
| dmed | 区域环境分权强度 | －0. 020 | 0. 299 | －0. 632 | 0. 492 |
| dmead | 区域环境行政分权强度 | －0. 054 | 0. 291 | －0. 762 | 0. 737 |
| dmemd | 区域环境监察分权强度 | －0. 026 | 0. 421 | －0. 573 | 0. 863 |
| dmesd | 区域环境监测分权强度 | －0. 012 | 0. 277 | －0. 588 | 0. 488 |
| dsfd | 区域内财政自主度差异程度 | 0. 340 | 0. 091 | 0. 173 | 0. 546 |
| dspdensity | 区域内人口密度差异程度 | 0. 579 | 0. 292 | 0. 079 | 1. 184 |
| dspgdp | 区域内人均 GDP 差异程度 | 0. 353 | 0. 156 | 0. 095 | 0. 792 |
| dsindustry | 区域内产业结构差异程度 | 0. 158 | 0. 115 | 0. 006 | 0. 450 |
| dsurban | 区域内城镇化水平差异程度 | 0. 222 | 0. 125 | 0. 037 | 0. 551 |
| dsopen | 区域内贸易开放差异程度 | 0. 661 | 0. 252 | 0. 085 | 1. 088 |
| dstech | 区域内技术创新水平差异程度 | 0. 793 | 0. 255 | 0. 231 | 1. 371 |
| dsenergy | 区域内能源消费结构差异程度 | 0. 269 | 0. 124 | 0. 026 | 0. 718 |

### （四）参数估计方法

内生性是面板数据选择参数估计方法的重要判断标准。当模型不存在内生性时，采用 OLS 估计即可；当模型存在内生性时，需要寻找工具变量并采用 TSLS 估计或矩估计等方法（赵志高等，2019）。由于本节模型的变量均为相对指标，因此绝对量指标之间产生的内生性关系被大大降低。在参数估计时，本节还采用固定效应缓解因遗漏变量导致的内生性。此外，解释变量和被解释变量之间可能还存在联立型内生性，本节通过豪斯曼检验来判定是否存在联立型内生性，检验结果见表 3－29。结果显示，核心解释变量与被解释变量之间不存在显著的联立型内生性，控制变量中，贸易开放差异度和能源消费结构差异度与被解释变量之间存在显著的联立型内生性，但其与核心解释变量之间没有显著的相关性，因此，这两个控制变量的内生性不会导致核心解释变量参数估计出现偏误。上述分析结果表明，模型不存在明显的内生性，可以直接采用 OLS 估计。

表 3－29　　变量联立型内生性检验

| 变量 | dmed | dmead | dmemd | dmesd | dsfd | dspdensity |
|---|---|---|---|---|---|---|
| 卡方值 | 0.06 | 1.93 | 0.08 | 0.00 | 0.00 | 0.35 |
| p 值 | 0.8099 | 0.1644 | 0.7786 | 0.9844 | 0.9838 | 0.5542 |
| 结论 | 非内生 | 非内生 | 非内生 | 非内生 | 非内生 | 非内生 |
| 变量 | dspgdp | dsindustry | dsurban | dsopen | dstech | dsenergy |
| 卡方值 | 1.93 | 0.34 | 0.23 | 3.32 | 0.16 | 11.02 |
| p 值 | 0.1651 | 0.5625 | 0.6318 | 0.0685 | 0.6901 | 0.0009 |
| 结论 | 非内生 | 非内生 | 非内生 | 内生 | 非内生 | 内生 |

### （五）环境财政事权划分对雾霾区域协同治理的回归结果分析

考虑到模型仍然可能存在异方差和自相关等问题，为了修正异方差和自相关，借鉴邵帅和齐中英（2009）的做法，采用 xtscc 对模型进行参数估计，估计结果见表 3－30 和表 3－31。

表 3－30　　环境财政事权划分对以二氧化硫为标的物的雾霾区域协同影响分析

| 变量 | (1) | (2) | (3) | (4) |
|---|---|---|---|---|
| 环境分权强度（dmed） | −33.14***<br>(−4.089) | | | |
| 环境行政分权强度（dmead） | | −31.24***<br>(−6.302) | | |
| 环境监察分权强度（dmemd） | | | 23.99**<br>(2.501) | |
| 环境监测分权强度（dmesd） | | | | −21.71**<br>(−2.170) |
| 财政自主度差异程度（dsfd） | 8.715<br>(0.957) | 22.78**<br>(2.708) | −1.469<br>(−0.174) | 7.022<br>(0.991) |
| 人口密度差异程度（dspdensity） | 18.64<br>(1.000) | 14.60<br>(0.675) | 2.183<br>(0.0818) | 14.71<br>(0.759) |
| 人均 GDP 差异程度（dspgdp） | 32.33<br>(1.677) | 11.19<br>(0.725) | 30.30<br>(1.702) | 34.12*<br>(1.838) |
| 产业结构差异程度（dsindustry） | 23.26***<br>(4.726) | 3.473<br>(0.531) | 8.411<br>(1.434) | 22.11***<br>(5.658) |
| 城镇化水平差异程度（dsurban） | −114.9***<br>(−3.429) | −76.28**<br>(−2.734) | −143.9***<br>(−4.120) | −128.8***<br>(−3.890) |
| 贸易开放差异程度（dsopen） | 15.15<br>(1.587) | 9.750<br>(1.164) | −4.465<br>(−0.322) | 9.109<br>(1.042) |

续表

| 变量 | (1) | (2) | (3) | (4) |
|---|---|---|---|---|
| 技术创新水平差异程度（dstech） | -17.68***<br>(-3.789) | -17.08***<br>(-3.321) | -17.41**<br>(-2.440) | -18.70***<br>(-3.543) |
| 能源消费结构差异程度（dsenergy） | 48.81***<br>(3.294) | 67.59***<br>(4.498) | 58.03***<br>(3.682) | 46.38***<br>(3.732) |
| 常数项 | 6.974<br>(0.452) | 3.552<br>(0.220) | 41.04*<br>(1.770) | 18.32<br>(1.139) |
| 样本量 | 126 | 126 | 126 | 126 |
| $R^2$ | 0.7566 | 0.8046 | 0.7531 | 0.7499 |

注：***、**、*分别表示在0.01、0.05、0.1的水平上显著。括号内数字为稳健性标准差，所有模型均为固定效应估计值。

**表3-31　环境财政事权划分对以烟（粉）尘为标的物的雾霾区域协同影响分析**

| 变量 | (5) | (6) | (7) | (8) |
|---|---|---|---|---|
| 环境分权强度（dmed） | -70.26***<br>(-3.027) | | | |
| 环境行政分权强度（dmead） | | -84.78***<br>(-4.449) | | |
| 环境监察分权强度（dmemd） | | | 65.76**<br>(2.227) | |
| 环境监测分权强度（dmesd） | | | | -48.97*<br>(-1.780) |
| 财政自主度差异程度（dsfd） | 26.00<br>(0.884) | 70.40**<br>(2.611) | 4.584<br>(0.171) | 23.60<br>(0.954) |
| 人口密度差异程度（dspdensity） | 17.25<br>(0.364) | 8.281<br>(0.164) | -25.78<br>(-0.348) | 8.849<br>(0.186) |
| 人均GDP差异程度（dspgdp） | 113.8<br>(1.705) | 52.77<br>(1.139) | 104.4*<br>(1.778) | 117.0*<br>(1.806) |
| 产业结构差异程度（dsindustry） | 59.50***<br>(4.813) | 9.222<br>(0.432) | 22.37<br>(0.960) | 57.69***<br>(4.391) |
| 城镇化水平差异程度（dsurban） | -294.1***<br>(-2.944) | -174.1**<br>(-2.265) | -357.8***<br>(-3.636) | -322.1***<br>(-3.323) |
| 贸易开放差异程度（dsopen） | 14.20<br>(0.570) | 6.358<br>(0.335) | -32.45<br>(-0.890) | 2.126<br>(0.0962) |
| 技术创新水平差异程度（dstech） | 11.58<br>(0.815) | 12.68<br>(1.016) | 11.75<br>(0.617) | 9.173<br>(0.600) |
| 能源消费结构差异程度（dsenergy） | 146.8**<br>(2.793) | 195.4***<br>(3.596) | 169.6***<br>(3.060) | 140.8***<br>(3.005) |
| 常数项 | -28.01<br>(-0.719) | -47.03<br>(-1.034) | 55.19<br>(0.963) | -4.632<br>(-0.116) |
| 样本量 | 126 | 126 | 126 | 126 |
| $R^2$ | 0.6934 | 0.7543 | 0.7008 | 0.6908 |

注：***、**、*分别表示在0.01、0.05、0.1的水平上显著。括号内数字为稳健性标准差，所有模型均为固定效应估计值。

表3－30中的模型（1）至模型（4）分别给出了环境分权及其分解项环境行政分权、监察分权和监测分权对二氧化硫表征的环境规制协同度的影响。结果表明，环境分权、环境行政分权和环境监察分权对二氧化硫表征的环境规制协同度的影响显著为负，说明上述三类分权程度越高，越不利于促进雾霾污染区域协同治理。环境监察分权对二氧化硫表征的环境规制协同度的影响显著为正。一个可能的解释是，环境监察是具体的、直接的、"微观"的环境保护执法行为，重点在现场执法，因此，环境监察人员更多集中在地方政府，有利于强化地方政府的执法能力，也有利于开展联防联控。

从控制变量看，城镇化和技术创新水平差异度的估计系数显著为负，表明在协同区内，省域之间城镇化水平和技术创新水平越大，雾霾污染协同的难度越大，这是因为一般而言城镇化水平越高，产生雾霾污染的可能性越高，处于同一城镇化水平的区域更有可能开展区域合作。同样，技术创新水平决定地区污染治理效率，而污染治理效率差异可能导致不同地区推行不同的污染治理政策，从而导致区域之间在政策上很难协同。能源消费结构差异度的估计系数显著为正，表明能源消费结构趋同的省份更容易开展雾霾协同治理。通过前一节的分析可以看出，能源消费结构对一个地区的雾霾污染水平具有显著的正向影响，表明协同区内能源消费结构差异会促进区域合作。产业结构差异度的系数估计值在模型（1）和模型（4）中显著为正，在模型（2）和模型（3）中为正但不显著，表明产业结构差异也会促进区域合作，财政自主度差异度和人均GDP差异度的估计系数在模型（2）和模型（4）中显著为正，也表明在某种程度上财政自主度和人均GDP差异可以促进地方开展雾霾污染区域协同治理。以上几个控制变量的回归结果似乎与理论预期不相吻合，一个可能的解释是，能源消费结构、产业结构、财政自主度和人均GDP的差异表明协同区内的省市在经济发展和产业结构上存在互补性，因此，协同区内省市不会为了追求经济增长在环境保护方面开展"逐底竞争"，反而会为了环境保护开展经济合作。一个现实的例子是京津冀区域，由于北京和河北在经济发展、产业结构和财力等方面的差异，北京为了改善空气质量，会通过横向转移的方式与河北协同开展大气污染治理。

表3－31中的模型（5）至模型（8）分别给出了环境分权及其分解项

环境行政分权、监察分权和监测分权对烟（粉）尘表征的环境规制协同度的影响。从回归结果看，核心解释变量和控制变量系数的符号和显著性与表3－30基本相同，表明环境分权及其分解项对烟（粉）尘表征的环境规制协同度的影响与二氧化硫相同，这也验证了回归模型估计的稳健性。

## 第六节　雾霾污染治理财政事权划分的国际经验

大气污染治理作为一种具有跨区域性质的特殊事权，一般被作为上下级政府间的共同事权来予以安排。在治理具有跨区域性质的大气污染时，相关国家更多地采用了一种“中央协调指导，地方负责实施”的央地事权划分方式。

### 一、美国雾霾污染治理财政事权划分

作为联邦制国家，美国各级政府相对独立，在法律规定的范围内独立行使各自的职权。大气环境质量是联邦政府和州政府共同事权，但在具体的事权划分中，不同层级政府又各有不同。联邦政府主要负责与大气质量相关的相关法规、政策的制定，如制定与大气污染相关的全国性法律、制定空气质量最低标准、解决全国范围内重大环境问题等。州政府全面负责辖区内的大气质量，在联邦环保署的指导下，州政府可以根据本州实际情况，制定相应的法律和政策应对大气污染。地方政府则主要完成州政府法律规定的大气质量相关的事务和州政府授权的事务。

大气环境质量作为联邦和州的共同事权，需要联邦政府和州政府共同参与，但由于联邦政府和州政府之间并无从属关系，在事权的履行中需要联邦政府和州政府相互协调，共同合作。在美国，联邦政府和州政府在大气污染治理上的合作主要是通过州大气实施计划（state implemetation plan, SIP）[①] 来体现的。按照《清洁空气法》规定，美国联邦环保署负责制定和修订全国统一的大气环境质量标准。为了保证按时达到大气环境质量标准

① 对SIP的详细介绍参见徐嘉忆，朱源，赵芮，李明君．构建多元参与的环境治理体系——美国经验与中国借鉴［R］．北京：世界资源研究所，2016。

的要求，各州应在规定时间内制定州 SIP，并报联邦环保署审批，联邦环保署主要运用区域大气环境质量预测和模拟等技术来验证 SIP 的有效性。如果州政府没有在规定的时间内上报 SIP 或 SIP 未被批准，则联邦环保署将直接为州制订联邦实施计划（federal implementation plan，FIP），同时，州可能会被制裁，制裁方式主要有削减联邦交通基金补助、增加州政府的补偿比例以抬高该地区发展工商业的环保审批门槛等（张俊伟，2014）。

SIP 实际上是州承诺将要实施的一揽子大气环境质量保护措施。在 SIP 得到批准后，州内大气环境管理主要由州执行，州政府对新旧污染源实施日常环境管理，并接受联邦环保署的监督，同时，联邦环保署为州政府提供资金和技术支持。根据《清洁空气法》，联邦环保署可以直接管理一定规模以上的新污染源，也可委托给州政府管理。联邦环保署通常通过资金和技术支持等形式支持州政府负责日常管理，但最终责任仍属于联邦政府。如果州政府不管理或管理不佳，联邦政府只能自己管理，而不能强迫州政府改变管理模式。但如果州政府管理不佳，会导致来自联邦政府的资金减少。由于联邦整体的拨款往往占了各州环保经费的较大部分，各州为了更多地获得联邦政府拨款，只能按照联邦政府的标准进行日常的环境管理。

州政府在制定和实施 SIP 时，可以结合本州的实际情况合理地考虑成本和技术，具有较大的自由裁量权。但在《清洁空气法》中也对 SIP 有一些强制规定，比如州不能通过高烟囱来排放大气污染物、本州 SIP 不能影响其他州以及新污染源要采取高技术标准等。

州政府与地方政府的关系类似于联邦政府与州政府之间的关系。一般而言，州政府负责移动污染源治理，对地方大气污染治理行为进行监管，并向地方政府提供技术支持。地方政府则主要负责固定污染源的控制与治理。

基于 SIP，美国建立了一种“中央政府牵头、地方政府主办”的联邦政府和州政府大气污染治理合作模式。美国联邦政府在大气环境治理中主要负责制定统一的政策标准，并对州政府给予资金和技术支持，同时保留 SIP 等重要事项上审查批准权，并对不按规定执行的州进行惩罚。州按照联邦统一的要求，主要负责日常管理事务，同时拥有一定的弹性管理空间。这种模式既能发挥地方政府的主动性，又能让中央政府实现整体大气环境质量目标，是一种成功的大气污染治理合作模式。

## 二、英国雾霾污染治理财政事权划分

英国作为曾经的欧盟成员，其环境政策受到欧盟环保法律法规的约束和影响。英国大气污染治理主要是通过制定空气质量战略的方式来实现的。为了达到欧盟主要大气污染排放限值，英国政府制定了“国家空气质量战略（NAQS）”，在 NAQS 中，英国中央政府制定全国统一的空气质量标准，提出全国空气质量的目标，规划审查和评估全国范围内空气质量的步骤，划分空气质量管理区域。地方政府则根据 NAQS 制定“地方空气质量管理（LAQM）”，NAQS 要求地方政府采取“整体式”大气污染防治政策，即地方政府必须从经济发展规划、交通规划、土地规划等政策整体的角度出发考虑大气污染治理。换言之，地方政府对其辖区的空气质量负责，限期达到 NAQS 确定的空气质量目标，而为了达到这一目标，地方政府可以综合施策。

## 三、德国雾霾污染治理财政事权划分

在德国，联邦、州和地方三级政府分别设置了相应的环境管理机构，各级政府具有不同的环境治理职能。联邦、州、地方政府在与大气污染相关的环境管理事务中各司其职，紧密配合。联邦政府负责与大气污染控制相关法律的制定，虽然州政府也享有环境管理方面的立法权，但在大气污染控制领域，联邦的法律要优先于州的法律。州政府在环境管理方面的职责主要包括部分环境法规、政策和规划的制定，环境政策的实施，对地方政府环境行为进行监督等。州政府不仅是环境政策法规的主要实施机构，而且是主要监督机构。这一特点体现在，州政府既要对地方环境执法决定进行审查，又要对地方环境政策的实施进行监督，不仅如此，州政府还需要对管辖范围内的部分企业进行直接监督。在地方层面，地方政府对当地的环境问题有适度的自决权，其主要职责包括对接联邦和州的环境政策、参与辖区内主要项目的环境影响评价、大气排污源监管以及大气环境监测等相关事务。

## 四、日本雾霾污染治理财政事权划分

日本作为单一制国家，中央政府和地方政府事权划分较为笼统，宪法仅对中央和地方事权作了一般性和概括性规定，日本的《地方自治法》对中央政府的事权有一定的限制性规定，对与居民息息相关的行政事务，则尽可能下放给地方政府（王浦劬等，2016），因此，日本地方政府自治程度较高，承担了大部分事权。在大气污染治理上，中央政府负责全国性法律及环境标准的制定与监督、大气污染物排放管制、大气污染相关信息的提供以及环境调查和环境监测等。地方政府按照中央环保相关政策，根据当地的环境污染情况，制定地方环境保护政策。地方政府无力承担的事务划归中央或由中央出面协调。若中央政府独立承担的事务最终发生在地方，则作为中央对地方的委托事项处理。

## 五、典型国家雾霾污染治理财政事权划分的经验总结

虽然不同国家在雾霾治理事权划分方面存在一定的差异，但在事权划分上仍有一些共同的做法，其经验值得我国借鉴。

### （一）大气污染治理事权划分相对清晰

从前述几个国家的大气污染治理事权划分来看，各个国家政府大气污染治理职责划分都有非常清晰的政府间职责划分，各级政府各司其职，形成合力。从环境管理体制上来看，各个国家的环境保护部门架构层次普遍较少，一般不超过三级，并且呈现扁平化趋势，这也有利于在不同层级政府之间清晰划分大气污染治理事权。

### （二）大气污染治理事权以州一级政府为主的治理模式

从前述国家的大气污染治理事权划分来看，事权主要集中在州一级的中观政府，特别是环境监测与监察等环境职能，基层政府的承担事权相对较少。比如，美国的大气质量管理事权主要由州一级政府承担，德国的大气污染环境管理事权集中于州级政府层面，日本也将环境管理的事权集中托付给都道府县政府。建立以中观政府为主的事权划分模式，既有利于发挥地方政府在大气污染治理中的信息优势，也有利于避免将事权授予基层政府导致的环境治理能力不足，同时，通过赋予中观政府自由裁量权，也有利调动地方政府治理环境的积极性。

### （三）大气污染治理事权划分注重区域合作共治

大气污染的跨区域性质决定其治理不仅需要政府的纵向联动，也需要

区域之间的合作与协同。从事权划分来看，不同国家在下放大气污染治理事权的过程中，都设置了鼓励区域合作的条款。比如，美国法律规定，州不能通过高烟囱来排放大气污染物，本州 SIP 不能影响其他州。英国也规定，地方政府制定本地区大气污染防治政策时应与邻近地区协商。为了促进不同区域开展合作，不同国家还通过划定大气污染控制区域的方式，实行区域联动。比如，美国先后建立了南加州海岸空气质量管理区、臭氧污染区管理区、能见度保护与区域灰霾管理区等大气污染控制区。英国也规定，无法达到国家空气质量标准的区域应该成立空气质量管理区。此外，在跨区域的协作治理中，中央政府广泛参与，许多国家设立了跨行政区域的、独立的、专门的公共机构，负责跨界范围内政府、企业和公众的全面协调与合作。

## 第七节　促进雾霾污染协同治理的财政事权划分建议

事权划分是现代财政体制运转的基础，是政府有效提供公共品的前提。要实现雾霾污染有效治理，需要理顺环境管理体制，合理划分政府间雾霾治理事权。事权划分的第一步是明确政府和市场的边界，确定政府的职责范围，第二步是在不同层级政府之间划分事权。楼继伟（2013）给出了政府间事权划分的三条标准，分别是外部性、信息复杂性和激励相容。外部性标准就是按照公共品的受益范围划分事权，信息复杂性标准是指划分事权应该考虑不同层级政府的信息优势，激励相容标准则是指在事权划分时要考虑激励问题，也就是说，上级政府要考虑下级政府的积极性。如果一项事权划分安排能够使各级政府在其职责范围内尽力履行自己的职责，就可以实现全局利益的最大化。根据楼继伟（2013）的观点，要保障政府间财政关系成功运行、实现激励相容，必须满足以下条件：一是地方政府自治条件，即地方政府能够自主决定公共品和公共服务的提供，并能根据自身的环境采用合适的政策来满足地方的需求；二是共同市场条件，中央政府应该为全国共同市场的形成提供保障，从而在地方政府之间形成有效竞争和约束；三是预算硬约束条件，所有层级政府，特别是地方政府，都必须面临硬化的预算约束，这是地方政府之间有效竞争的基本要求；四是权力的制度化，即政治权利的配置划分要制度化，上级政府不能随意地对地方政府自治权利进行调整或轻易地指派地方政府行使某项财政责任。

2016 年，国务院发布的《关于推进中央与地方财政事权和支出责任划分改革的指导意见》是我国当前事权划分的指导性文件。这一文件提出了划分事权的五大原则，即体现基本公共服务受益范围，兼顾政府职能和行政效率，实现权、责、利相统一，激励地方政府主动作为，做到支出责任与财政事权相适应。上述原则实际上是楼继伟（2013）提出的三个原则的细化。该文件还明确提出要将义务教育、高等教育、科技研发、公共文化、基本养老保险、基本医疗和公共卫生、城乡居民基本医疗保险、就业、粮食安全、跨省（区、市）重大基础设施项目建设和环境保护与治理等体现中央战略意图、跨省（区、市）且具有地域管理信息优势的基本公共服务确定为中央与地方共同财政事权，并明确各承担主体的职责。根据这一文件的规定，大气污染治理属于中央和地方共同事权，但要实现大气污染的有效治理，仍需要明晰不同层级政府的职责。结合理论分析和实证分析以及典型国家的经验，我们提出以下进一步优化政府间大气污染治理事权划分的建议。

## 一、明确雾霾污染治理政府和市场的界限

划分政府和市场的界限是事权划分的逻辑起点。合理划分政府间事权的前提是明确政府在市场经济运行中的职能（冯勤超，2006）。作为整体而言，政府事权范围应该是解决市场机制解决不了或解决不好的事情，政府事权范围过大（“越位”）或过小（“缺位”）都会导致效率损失（李森，1998）。当然，政府和市场之间并不存在一条一成不变的黄金分割线，政府的职能和作用一直处于变化之中，在不同的经济发展阶段和经济体制下，政府的职能也不尽相同。

具体到大气污染治理，我国目前仍然是政府主导的单一治理模式，企业、社会组织和公众只是被动参与，并没有充分发挥其在大气污染治理中的作用。政府把大量的环境责任揽到自己身上，导致政府管得过多，管得过死，导致政府在环境领域存在大量的寻租行为，存在严重的政府失灵。因此，政府单一主体的大气污染治理模式不仅扭曲了市场主体行为，不利

于调动市场主体参与大气污染治理的积极性。同时也增加了政府的负担。国外的经验也表明，构建有利于充分吸纳各类市场主体参与的多元化环境治理机制是有效解决环境问题的关键。因此，我们需要重新审视政府和市场在大气污染治理上关系，构建多元化协同治理模式。具体而言，首先，政府应该多使用基于激励的市场化环境规制工具和政策，充分发挥企业治理大气污染的主动性和积极性。其次，政府在环境治理中应该简政放权，加大对环境社会组织的扶持和培育力度，赋予社会组织适当的环境监督权利，通过降低社会组织登记门槛、采用第三方购买或财政补贴方式加大对社会组织的资助，鼓励社会组织开展环境技术研究、技术咨询等社会化服务，引导社会组织良性发展。唯有如此，才能使政府从纷繁复杂的环境管理事务中脱离出来，由环境的监管者转变为环境规制的制定者和环境问题的仲裁者。最后，加强环境信息公开和环境保护宣传，通过赋予公民环境知情权、监督权和诉讼求偿权等方式鼓励公众参与环境监督。

## 二、推动雾霾污染整体性治理

从我国雾霾污染来源来看，既有来自本地的污染，也有输入性污染，既有固定污染源，也有移动污染源，既有工业污染源，也有生活污染源。雾霾污染高度复杂性决定雾霾污染的治理应该采取综合施策的方式。我国雾霾治理可以借鉴英国和美国的经验，采取整体性治理的方式推进雾霾污染治理。具体而言，首先要制定全国性空气质量战略或实施计划，确定我国整体性大气污染治理控制性目标，并将这一目标分解到不同省（市），由省市制定地区空气质量战略或实施计划，同时，赋予省（市）一级政府采取一揽子政策实现空气质量目标的权利。整体性治理模式一方面有利于强化地方政府大气污染治理的责任，另一方面也有利于增加地方的自主性，地方政府可以根据自身的情况选择成本有效性的大气污染治理模式和政策，从而有利于实现激励相容。

## 三、构建以省一级政府为主体的雾霾污染治理事权划分模式

理论研究和实证研究表明，适度分权有利于促进雾霾污染治理。国外的经验也表明，雾霾污染治理的主体是地方政府，相关的职责主要集中在州一级这样的中观政府。将雾霾污染治理这样跨区域的事权主要赋予省

（市）一级政府，一方面，有利于开展区域合作治理，从我国当前的大气污染联防联控来看，区域性的联防联控都是以省为主；另一方面，相对于中央政府而言，省级政府由于离居民更近和离污染源更近，拥有大气污染治理的信息优势，而一省之内，一般而言，偏好异质性的问题也能得到极大的缓解。虽然地方政府相对于省级政府而言拥有更多的信息，但无法解决大气污染的外溢性问题。以省一级政府为主构建雾霾污染治理事权划分模式，主要是结合地区空气质量战略或计划，将与大气污染相关的空气质量标准、规划、监察和监测等事权集中到省一级，由省级环保部门行使，我国目前已经实现了监察和监测事权的上收，并致力于构建中央和省两级监察和监测体系，但重点污染源监测却下放到县（市）一级，我们认为县（市）并不具备重点污染源的监测能力，因此，也应将其上收到省一级。与此同时，与大气污染相关的环评也应该上收到省一级。

## 四、构建有利于区域协同的雾霾污染治理事权划分模式

实证研究表明，雾霾区域协同治理是有效解决雾霾污染问题的关键。在划分雾霾污染治理事权的过程中，要充分考虑协同治理的需求。一是要解决“条条”问题，对部门职能进行整合，优化环境审批流程，建立部门之间协商机制。可以借鉴英国的做法，通过法律要求各个部门在制定规划和相关政策时，必须与环境保护部门协商。二是解决“块块”问题，从法律上明确省级政府在区域协同治理中的权利和义务，也可以借鉴英国和美国的做法，设置负面清单，明确规定省级政府在制定大气污染治理相关政策不得影响邻近地区，并与邻近地区协商。

# 第四章
# 支出责任划分与雾霾污染协同治理

## 第一节　引言

支出责任是一个与财政事权相对应的概念，财政事权是支出责任的依据，支出责任是政府履行财政事权的支出义务和保障，是公共产品供给的实现载体和保障。财政事权划分是支出责任划分的前提，支出责任划分就是履行财政事权所需资金在各级政府之间的分配。财政权责配置的最为理想状态是“一级政府、一级事权、一级支出责任”，即确保权、事、责的一致性，党的十八届三中全会报告提出“要建立事权与支出责任相适应的制度”。在中央和地方支出责任划分中，中央事权、地方事权和中央委托地方事权的支出责任划分相对容易，即按照“谁的财政事权谁承担支出责任”和“谁委托的财政事权谁承担支出”的原则安排即可，比较难以处理的是中央和地方共同事权的支出责任划分。党的十八届三中全会提出部分社会保障、跨区域重大项目建设维护等作为中央和地方共同事权，中央与地方以一定比例共同承担支出责任。2016 年，国务院出台的《关于推进中央与地方财政事权和支出责任划分改革的指导意见》提出，对受益范围较广、信息相对复杂的财政事权，如跨省（区、市）重大基础设施项目建设、环境保护与治理、公共文化等，根据财政事权外溢程度，由中央和地方按比例或中央给予适当补助方式承担支出责任。

通过对已有文献的梳理，发现研究政府间环境保护支出责任划分的文献并不多见。对环境保护支出的研究主要集中在以下三个方面：一是从定性的角度研究环境保护支出问题，通过分析环境事权及其划分研究与之相关的支出责任及其划分问题（苏明和刘军民，2010；苏明和陈少强，2016）；二是基于财政“环境保护”支出科目及其变化，分析财政环境保护支出的现状及存在的问题（吴洋，2014；徐顺青等，2018）；三是以地方环境保护支出为对象，通过省级面板数据，分析环境保护支出的效率及其环境治理效应（金荣学和张迪，2012；田淑英等，2016；程承坪和陈志，2017；臧传琴和陈蒙，2018；刘建设，2018；平易和崔伟，2019；王华春等，2019）。

大气污染治理作为中央和地方共同事权，所对应的支出责任方为中央和地方政府。虽然当前的法规明确了大气污染治理是中央和地方的共同支出责任，但对中央和地方支出比例或中央补助规模并没有明确的规定，同时，对省以下如何划分大气污染治理支出责任也没有明确的规定。从2016年开始，我国开始推行省以下监测监察执法垂直管理改革，随着机构的调整，相应的事权和支出也作了调整，按照中共中央、国务院发布的《关于省以下环保机构监测监察执法垂直管理制度改革试点工作的指导意见》，环境监测事权上收到省一级，相应的人员和工作经费由省级承担，县级环境监测机构主要职能调整为执法监测，随县级环保局一并上收到市级，由市级承担人员和工作经费。但对其他事权的支出责任，目前还没有明确的规定，因此，有必要进一步研究支出责任划分的影响以及环保机构垂直管理后如何进一步合理划分中央、省和地（市）的支出责任。

## 第二节　环境支出责任划分影响雾霾污染治理的理论机制分析

雾霾污染治理的事权可以划分为大气污染管制和大气污染治理，与之对应的支出责任也可以划分为两类：一类是人员与工作经费，主要包括与政策制定、环境评价、环境监察和环境监测相关的各类支出；另一类是为了治理大气污染发生的项目投资性支出。政府的环境保护支出可以通过三个渠道影响雾霾污染治理。具体的作用机制如图4－1所示。

### 一、政府环境支出规模与结构对雾霾污染的影响

政府环境保护支出规模和结构对雾霾污染的影响主要是通过支出效率

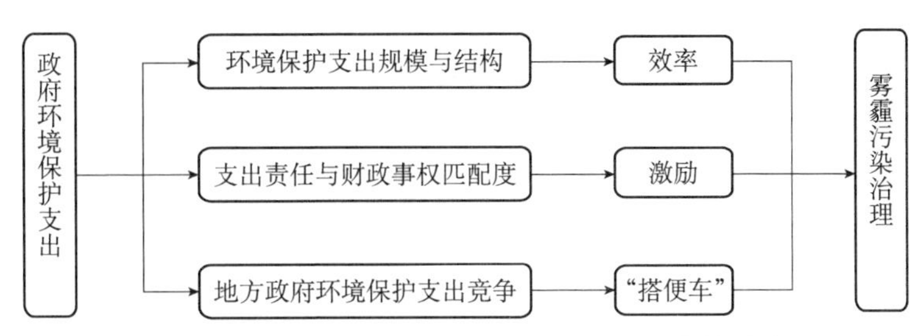


**图4－1　环境财政支出责任划分对雾霾污染的影响**

体现。一般而言，如果政府财政支出效率较高，扩大政府环境保护支出的规模将有利于环境质量的改善，反之，如果政府财政支出效率较低，扩大政府财政支出规模将难以改善环境质量。与此同时，政府环境保护支出的结构会影响财政支出效率，并进而影响环境治理效果。如果政府财政支出以“养人”为主而忽视环保设施的投资与运营，也必然会导致环境支出效率较低，不利于环境治理。另外，由于雾霾污染治理主要是通过管制市场主体排污行为的方式进行，环保部门的人员规模和结构也必然会对市场主体的排污行为产生影响。过多的人员集中于环保行政机构，有可能会导致环境的过度管制，扭曲市场主体行为，造成效率损失，同时，也可能由于环境监察执法人员和监测人员的不足，导致政府对市场主体监管不到位，形成市场主体“偷排”激励。

## 二、政府环境支出责任与事权匹配度对雾霾污染的影响

对于雾霾污染治理这一中央和地方的共同事权，划分其支出责任的前提是定量估算地区污染的外溢效应和地方大气污染治理努力带来的环境改善，在此基础上，结合受益的范围划分支出。政府环境支出责任与事权的匹配度实际上反映的是地方大气污染治理成本和收益的对称性。支出责任与事权匹配对越高，就意味着地方政府大气污染治理投入能够获得足额的回报，因而能够对地方政府产生足够的激励，引导地方政府强化环境管制，增加地方政府对大气污染治理的投入，鼓励地方政府提升环境支出绩效。

## 三、地方政府之间环境支出竞争对雾霾污染的影响

由于大气污染治理具有较强的正外部性，由此产生的空间效应会

导致“搭便车”行为。即地方政府在政府支出安排上采取机会主义行为，减少环境保护相关的支出，而增加与经济发展相关的支出。这会从两个方面对雾霾污染产生影响：一是环境保护支出的减少，会降低地方大气污染治理的力度；二是增加与经济发展相关的支出，会增加本地污染源的排放。

## 第三节　我国雾霾污染治理支出责任划分的演进路径

在我国现行的政府预算科目中，“节能环保”科目反映了政府用于环境保护方面的支出，其中，“污染防治”这一款有“大气”这一项支出，其他与雾霾污染治理相关的支出并没有通过“款”或“项”的方式体现出来，而是分散在“节能环保”支出科目其他的款项之中，因此，从我国现有预算支出统计中无法获得雾霾污染治理相关的全部统计数据。对于不同层级政府“节能环保”支出的分类数据也无从获得，鉴于此，本节将以“节能环保”这个科目为例，分析我们环境保护支出及其划分情况。

### 一、我国节能环保支出

在2007年政府收支分类改革以前，我国政府预算中并没有与环境保护相关的预算科目，环境保护支出分散在不同的预算科目中。财政部制定的《2007年政府收支分类科目》首次把环境保护支出从其他的预算科目中分列出来，设置了“环境保护”类这一预算科目，并分设了环境保护管理事务、环境监测与监察、污染防治、自然生态保护、天然林保护、退耕还林、风沙荒漠治理、退牧还草、已垦草原退耕还草、其他环境保护支出10款。2011年，“环境保护”类更名为“节能环保”类，并增加了能源节约利用、污染减排、可再生能源、循环经济、能源管理事务5款。除节能环保支出科目外，与雾霾污染治理相关的支出还散落在城乡社区支出（212类）、农林水支出（213类）、国土海洋气象支出（220类）三大类中。根据以上支出类别，雾霾污染治理相关的支出大致可以分为环境管制、污染治理、生态建设和保护、能源资源节约利用四个方面，具体内容见表4－1。

**表4－1　　与雾霾污染治理支出相关的款项及说明**

| 类别 | 款项名称及编号 | 支出说明 |
|---|---|---|
| 环境管制支出 | 环境保护管理事务（21101） | 反映环境保护管理事务支出 |
| | 环境监测与监察（21102） | 反映环境监测与监察支出，包括建设项目环评审查与监督、核与辐射安全监督 |
| | 城管执法（2120104） | 反映城市管理综合行政执法、加强城市市容和环境卫生管理等方面的支出 |
| | 市政公用行业市场监管（2120107） | 反映拟订城镇市政公用设施建设法规政策、组织跨区域污水垃圾及供水燃气管网等公共基础设施建设、对城乡基础社会建设过程中资源利用与环境保护实施监管等方面的支出 |
| | 气象事务（22005） | 反映用于气象事务方面的支出 |
| 环境污染治理支出 | 污染防治（21103） | 反映在治理大气、水体、噪声、固体废弃物、放射性物质等方面的支出 |
| | 污染减排（21111） | 反映用于环保部门监测、监督检查、减排、支持清洁生产等方面的支出 |
| | 城乡社会环境卫生（21205） | 反映城乡社区道路清扫、垃圾清运与处理、公厕建设与维护、园林绿化等方面的支出 |
| 生态建设和保护支出 | 退耕还林（21106） | 反映用于退耕还林工程的各项补助支出 |
| | 农业资源保护修复与利用（2130135） | 反映用于农业耕地保护、修复与建设，草原草场生态保护、改良、利用与建设，渔业水产及水生生物资源保护与利用等方面的支出 |
| | 天然林保护（21105） | 反映用于天然林资源保护工程的各项补助支出 |
| | 自然生态保护（21104） | 反映生态保护、生态修复、生物多样性保护、农村环境保护和生物安全管理等方面的支出 |
| | 风沙荒漠治理（21107） | 反映用于风沙荒漠治理方面的支出 |
| | 林业资源保护（21302） | 反映用于森林资源、动植物保护、湿地保护等方面的支出 |
| | 退牧还草（21108） | 反映退牧还草方面的支出 |
| | 水利生态保护（21303） | 反映水利系统用于江、河、湖、滩等治理工程、生态修复、预防监测、水源保护等方面的支出 |
| | 重点生态保护修复治理专项（22001） | 反映用于实施山水林田湖生态保护修复工程（以下简称“工程”），促进实施生态保护和修复的支出 |
| | 其他节能环保支出（21199） | 反映上述项目以外用于节能环保等方面的支出 |
| 能源资源节约利用支出 | 能源节约利用（21110） | 反映用于能源节约利用和能源管理事务方面的支出 |
| | 可再生能源（21112） | 反映用于可再生能源方面的支出 |
| | 资源综合利用（21113） | 反映用于资源综合利用、水资源节约管理等方面的支出 |

考虑到其他科目与生态环境相关的数据很难分离出来，本节仅以“节能环保”支出为例，分析我国环境保护支出的规模和变动趋势。从图4－2和图4－

3 可以看出，2007 ~2017 年，我国节能环保支出大幅增加，从 2007 年的 995.82 亿元增加到 2017 年的 5617.33 亿元，11 年间增加了 5 倍多。从增长率来看，2008 ~2010 年增长速度较快，增长率分别为 45.75%、33.26% 和 26.26%，2010 年以后，增幅出现波动，但除 2016 年出现负增长（-1.42%）外，总体的增幅均维持在 10% 以上。从节能环保支出占全部财政支出的比重来看，这一数字从 2007 年的 2% 上升到 2.77%，相对而言比较稳定。通过上述数据的分析可以看出，从绝对额来看，我国对环境保护的投入越来越大，从相对额来看，我国节能环保支出稳中有升，占财政支出的比重相对比较稳定。

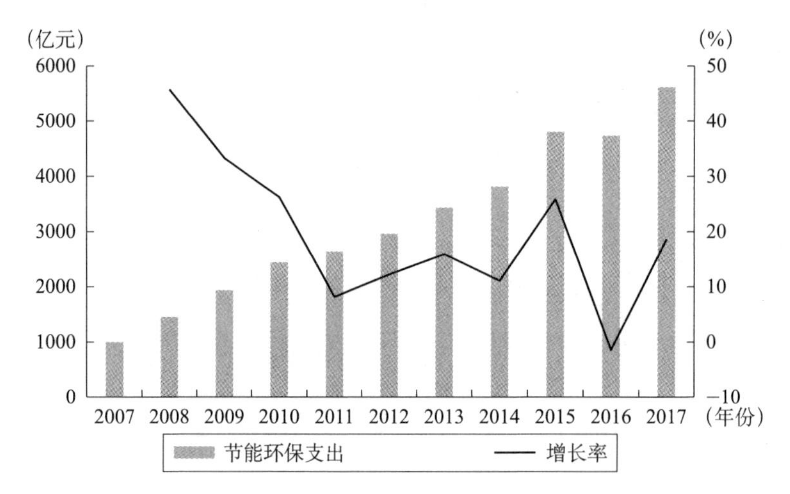


**图 4-2　我国节能环保支出规模及其变动趋势**

资料来源：财政部网站历年全国财政决算。

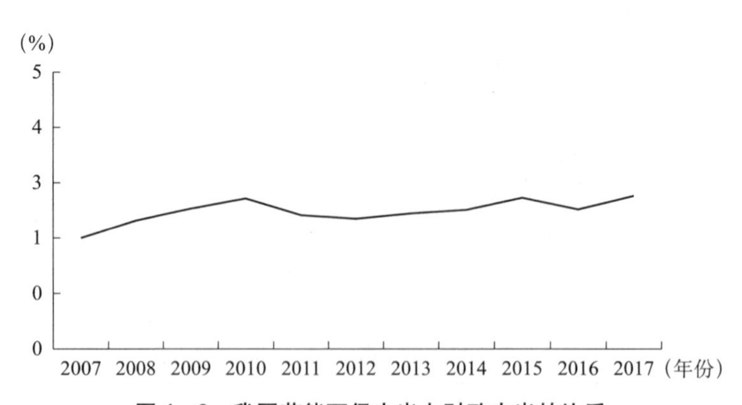


**图 4-3　我国节能环保支出占财政支出的比重**

资料来源：财政部网站历年全国财政决算。

从支出的类型来看（如图4－4所示），在节能环保支出中，最主要的支出类型是“污染防治”，2017年，全国污染防治支出为1883.02亿元，占比33.52%；其次是“其他节能环保支出”，为880.1亿元，占比为15.67%；之后分别为“能源节约利用”（668.28亿元，占比11.9%）、“自然生态保护”（537.1亿元，占比9.56%），“环境保护管理事务”（320.93亿元，占比为5.71%）。

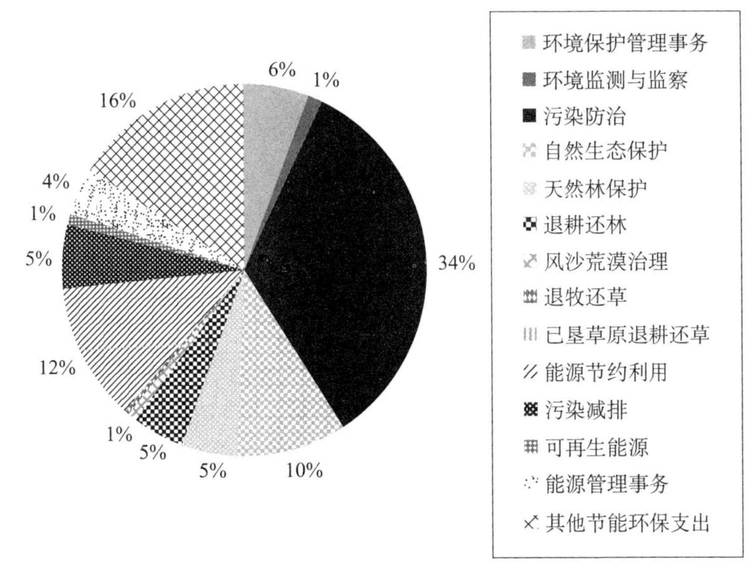


**图4－4　2017年我国节能环保支出结构**

资料来源：财政部网站2017年全国财政决算。

## 二、我国节能环保支出划分情况

1994年分税制改革后，中央开始通过转移支付的方式支持地方开展环境污染治理，由此导致中央环境保护方面的支出快速增加，但总体而言，并没有改变我国环境保护支出以地方为主体的格局。通过表4－2可以看出，2007～2017年，中央本级节能环保支出快速增加，11年间增加了10倍，同期，地方节能环保支出也在快速增加，增长了5倍多；从支出占比来看，最高时中央本级节能环保支出占全国节能环保支出的比重超过9%，而地方节能环保支出占比一直都稳定在90%以上。

表 4-2　　　全国、中央本级和地方节能环保支出

| 年份 | 支出金额（亿元） | | | 支出占比（%） | |
|---|---|---|---|---|---|
| | 全国 | 中央 | 地方 | 中央 | 地方 |
| 2007 | 995.82 | 34.59 | 961.23 | 3.47 | 96.53 |
| 2008 | 1451.36 | 66.21 | 1385.15 | 4.56 | 95.44 |
| 2009 | 1934.04 | 37.91 | 1896.13 | 1.96 | 98.04 |
| 2010 | 2441.98 | 69.48 | 2372.5 | 2.85 | 97.15 |
| 2011 | 2640.98 | 74.19 | 2566.79 | 2.81 | 97.19 |
| 2012 | 2963.46 | 63.65 | 2899.81 | 2.15 | 97.85 |
| 2013 | 3435.15 | 100.26 | 3334.89 | 2.92 | 97.08 |
| 2014 | 3815.64 | 344.74 | 3470.9 | 9.03 | 90.97 |
| 2015 | 4802.89 | 400.41 | 4402.48 | 8.34 | 91.66 |
| 2016 | 4734.82 | 295.49 | 4439.33 | 6.24 | 93.76 |
| 2017 | 5617.33 | 350.56 | 5266.66 | 6.24 | 93.76 |

资料来源：财政部网站历年全国财政决算。

从具体的节能环保支出结构来看（见表 4-3），中央支出占比较高的节能环保支出项目主要有能源管理事务（67.01%）、可再生能源（16.44%）、其他节能环保支出（9.84%）、天然林保护（8.96%）以及环境监测与监察（8.61%）。大部分节能环保支出项目地方占比都在 90% 以上，特别是与大气污染防治密切相关的一些支出项目，如环境保护管理事务、环境监测与监察、污染防治、污染减排等。

表 4-3　　　全国、中央本级和地方节能环保支出结构

| 项目 | 支出金额（亿元） | | | 支出占比（%） | |
|---|---|---|---|---|---|
| | 全国 | 中央 | 地方 | 中央 | 地方 |
| 环境保护管理事务 | 320.93 | 7.86 | 313.07 | 2.45 | 97.55 |
| 环境监测与监察 | 71.79 | 6.18 | 65.61 | 8.61 | 91.39 |
| 污染防治 | 1883.02 | 2.97 | 1880.05 | 0.16 | 99.84 |
| 自然生态保护 | 537.10 | 2.51 | 534.59 | 0.47 | 99.53 |
| 天然林保护 | 273.65 | 24.51 | 249.14 | 8.96 | 91.04 |
| 退耕还林 | 251.95 | 3.29 | 248.66 | 1.31 | 98.69 |
| 风沙荒漠治理 | 45.25 | — | 45.25 | — | 100.00 |
| 退牧还草 | 20.88 | 0.23 | 20.65 | 1.10 | 98.90 |

续表

| 项目 | 支出金额（亿元） | | | 支出占比（%） | |
|---|---|---|---|---|---|
| | 全国 | 中央 | 地方 | 中央 | 地方 |
| 已垦草原退耕还草 | 3.97 | — | 3.97 | — | 100.00 |
| 能源节约利用 | 668.28 | 35.24 | 633.04 | 5.27 | 94.73 |
| 污染减排 | 306.52 | 15.68 | 290.84 | 5.12 | 94.88 |
| 可再生能源 | 52.99 | 8.71 | 44.28 | 16.44 | 83.56 |
| 能源管理事务 | 233.58 | 156.53 | 77.05 | 67.01 | 32.99 |
| 其他节能环保支出 | 880.10 | 86.58 | 793.52 | 9.84 | 90.16 |

资料来源：财政部网站历年全国财政决算。

通过以上分析可以看出，相对环境财政事权而言，支出责任下移的情况更为突出。总体而言，我国地方政府环境支出与环境财政事权之间不匹配。2016 年，我国开始实施空气质量监测国控点上收，从环境监测与监察支出中央和地方占比来看，如图 4－5 所示，中央 2017 年环境监测与监察支出占比相对于 2016 年反而下降，当然，这与国控点上收并没有全部完成有关。

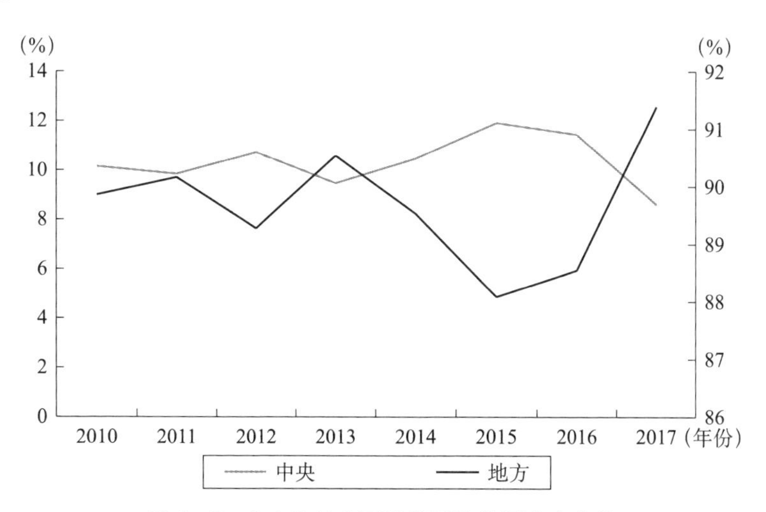


**图 4－5 中央和地方环境监测和监测支出占比**

资料来源：财政部网站历年全国财政决算。

# 第四节　环境支出责任划分影响雾霾污染的实证检验

## 一、研究设计

### （一）空间计量模型设定

第三章的空间自相关检验表明，在地理邻接权重矩阵（W1）和地理距离权重矩阵（W2）下，雾霾污染在中国省际之间存在明显的正向空间相关性，因此，考察环境支出责任划分对雾霾污染的影响，也应该引入空间计量模型进行估计。不同类型的空间计量模型所假定的空间传导机制并不相同，其所代表的经济含义也有所区别。空间误差模型（SEM）假定雾霾污染空间效应产生的原因是随机冲击的结果，其空间效应主要通过误差项传导。空间滞后模型（SAR）模型则假设被解释变量均会通过空间相互作用对其他地区的经济产生影响。空间杜宾模型（SDM）和广义空间模型（SAC）则同时考虑这两类空间传导机制。SDM 模型和 SAC 模型不同之处在于，前者同时考虑被解释变量和解释变量的空间效应，而后者同时考虑被解释变量和误差项的空间效应。因此，SAC 模型可以理解为 SAR 模型和 SEM 模型的综合。为了选择合适的空间面板模型，本节首先利用（robust）LM 检验对空间面板滞后模型（SAR）和空间面板误差模型（SEM）这两个模型进行比选，由表 4－4 可以看出，在地理邻接权重矩阵（W1）的设定下①，对于环境支出责任划分和环境支出责任与财政事权的偏离两个变量，PM2.5、二氧化硫排放量和烟（粉）尘排放量针对空间误差模型（SEM）的稳健 LM 检验值在 10% 的水平上显著，与此同时，PM2.5 和烟（粉）尘排放量针对空间滞后模型（SAR）的稳健 LM 检验值基本上在 10% 的水平上显著，而二氧化硫排放量并不显著。

基于 LM 检验结果，可以判定环境支出责任划分对雾霾污染的影响同时存在两种空间传导机制。因此，在空间计量模型设定上，采用更为一般的广义空间模型（SAC）来刻画环境支出责任划分对雾霾污染的影响，完

---

① 地理距离权重矩阵（W2）的检验结果与地理邻接权重矩阵（W1）的检验结果相似。

整模型如下：

**表4-4　　空间面板模型的LM检验**

| LM检验 | 环境支出责任划分（lnee） | | | | | |
|---|---|---|---|---|---|---|
| | PM2.5 | | 二氧化硫 | | 烟（粉）尘 | |
| | $\chi^2$ | p值 | $\chi^2$ | p值 | $\chi^2$ | p值 |
| no lag | 16.662 | 0.000 | 0.561 | 0.454 | 3.737 | 0.053 |
| no lag（robust） | 20.477 | 0.000 | 2.593 | 0.107 | 1.113 | 0.292 |
| no error | 10.723 | 0.001 | 5.614 | 0.018 | 17.087 | 0.000 |
| no error（robust） | 14.538 | 0.000 | 7.646 | 0.006 | 14.462 | 0.000 |
| LM检验 | 环境支出责任划分与财政事权偏离（lnmeeed） | | | | | |
| | PM2.5 | | 二氧化硫 | | 烟（粉）尘 | |
| | $\chi^2$ | p值 | $\chi^2$ | p值 | $\chi^2$ | p值 |
| no lag | 17.307 | 0.000 | 0.007 | 0.934 | 6.297 | 0.012 |
| no lag（robust） | 20.597 | 0.000 | 0.287 | 0.592 | 3.814 | 0.051 |
| no error | 7.471 | 0.006 | 3.032 | 0.082 | 7.643 | 0.006 |
| no error（robust） | 10.761 | 0.001 | 3.312 | 0.069 | 5.161 | 0.023 |

$$Y_{it} = \alpha + \rho W \times Y_{it} + \beta_1 env_{it} + \beta_2 X_{it} + \varepsilon_{it} \quad (4-1)$$

$$\varepsilon_{it} = \lambda W \varepsilon_{it} + u_{it}$$

其中，$Y_{it}$为雾霾污染水平，$env_{it}$为雾霾治理支出责任划分情况，$X_{it}$为控制变量，$W$为空间权重矩阵，$\varepsilon_{it}$和$u_{it}$为随机误差性。

### （二）变量说明与描述性统计

1. 被解释变量

本节实证分析的被解释变量（$Y$）为省市雾霾污染程度，其替代变量的选择与第二章第四节相同，即用PM2.5、二氧化硫排放量、烟（粉）尘排放量度量各省市的雾霾污染程度。同样，为了考察环境支出责任划分对不同类型雾霾污染的影响，进一步把二氧化硫排放量区分为工业二氧化硫排放量和生活二氧化硫排放量，把烟（粉）尘区分为工业烟（粉）尘和生活烟（粉）尘，作为被解释变量纳入模型。

2. 核心解释变量

本节实证分析的核心解释变量（$env$）为雾霾治理支出责任划分指标

（*ee*）和雾霾治理支出责任与事权的匹配情况（*meeed*）。对于政府间财政支出划分的度量，已有的文献通常采用两种类似的指标：一是用地方预算内财政支出除以全国预算内财政支出；二是用地方预算内财政支出除以地方和中央预算内财政支出之和（孙开和王冰，2019）。本节采用第一类指标衡量雾霾治理支出责任划分情况。在具体指标选取上，比较合适的做法是选取政府财政支出中与大气污染相关的环境管理、监察、监测和防治方面的支出来计算。但现有的统计资料仅公布了“环境保护”这一大类的支出数据[①]，“环境保护”支出包括了与大气污染相关的各项支出，因此，本节采用环境支出的划分情况作为雾霾治理支出责任划分的替代指标，具体的计算公式为：各省市环境保护支出/全国环境保护支出，这一指标的值越大，表明更多的支出责任由省市承担。对于雾霾治理支出责任和事权的匹配情况，如果环境财政事权划分指标（*ed*）除以支出责任划分指标等于1，则表明支出责任与事权相匹配，如果不等于1，则表明支出责任与事权不匹配。度量雾霾治理支出责任与事权的匹配情况，实际上就是要计算环境财政事权与支出责任比值对1的偏离程度。因此，本节用事权与支出责任的比值减1并取绝对值来度量支出责任与事权的匹配情况[②]，取值越大，则表明支出责任与事权越不匹配。

3. 控制变量

财政分权（*fd*）依然采用财政自主度指标测度地方财政状况。地方经济发展水平（*pgdp*）采用人均GDP度量地方经济发展水平，并采用GDP平减指数消除价格因素的影响。人口密度（*pdensity*）以该地区年末人口数除以该地区行政区划面积计算而得。产业结构（*industry*）用第二产业占GDP的比重度量。贸易开放度（*open*）用进出口总额占GDP的比重度量，对进出口总额按照当年人民币兑美元平均汇率折算成人民币。城镇化水平（*urban*）用地区年末城镇人口占总人口的比重度量，计算方法

---

① 2011年，我国将“环境保护”类级科目更名为“节能环保”，本节将2011年之前的环境保护支出和2011年之后的节能环保支出作为同一类支出处理。实际上，原“环境保护”类级科目下也包括“能源节约利用”“可再生能源”等项级科目，2011年的改革仅仅是进一步明确了此类支出的功能，并没有改变此类支出的统计口径（王猛，2015）。

② 为了与支出责任指标具有可比性，此处环境财政事权划分的计算方法与支出责任划分的计算方法相同，即用各省市环保人员总数除以全国环保人员总值。

与第二章第四节相同。能源消费结构（*energy*）用地区煤炭消费量占能源消费总量的比重度量。技术创新水平（*tech*）用专利授权数量来衡量地区技术创新水平。

4. 数据说明与描述性统计

基于数据的可得性，本节的研究对象包括除西藏和港澳台以外的30个省市，样本期为2007~2015年[①]。二氧化硫排放量、烟（粉）尘排放量以及环保系统人员数量来自《中国环境年鉴》，环境支出责任划分和财政分权数据来自《中国财政年鉴》，能源消费结构数据来自《中国能源统计年鉴》，其他数据来自《中国统计年鉴》。为了缓解异方差带来的影响，所有的变量均取对数。变量的描述性统计结果见表4-5。

**表4-5　　描述性统计结果**

| 变量 | 均值 | 标准差 | 最小值 | 最大值 |
|---|---|---|---|---|
| PM2.5（lnpm25） | 3.314 | 0.637 | 1.569 | 4.412 |
| 二氧化硫排放量（lnso2） | 3.845 | 1.261 | -1.665 | 5.208 |
| 工业二氧化硫排放量（lniso2） | 3.867 | 0.895 | 0.752 | 5.093 |
| 生活二氧化硫排放量（lndso2） | 1.752 | 1.177 | -2.817 | 4.011 |
| 烟（粉）尘排放量（lndust） | 3.574 | 0.917 | 0.384 | 5.192 |
| 工业烟（粉）尘排放量（lnidust） | 3.409 | 0.965 | 0.270 | 5.008 |
| 生活烟（粉）尘排放量（lnddust） | 1.273 | 1.259 | -3.202 | 3.736 |
| 支出责任划分（lnee） | -3.585 | 0.548 | -5.362 | -2.323 |
| 支出责任与财政事权偏离（lnmeeed） | -1.337 | 1.056 | -5.735 | 0.818 |
| 财政自主度（lnfd） | 3.878 | 0.392 | 2.696 | 4.555 |
| 人口密度（lnpdensity） | 5.431 | 1.270 | 2.034 | 8.249 |
| 经济发展水平（lnpgdp） | 10.419 | 0.548 | 8.841 | 11.590 |
| 产业结构（lnindustry） | 3.678 | 0.248 | 2.574 | 3.981 |
| 城镇化水平（lnurban） | 3.939 | 0.243 | 3.341 | 4.495 |
| 贸易开放度（lnopen） | 2.924 | 0.978 | 1.273 | 5.148 |
| 技术创新水平（lntech） | 9.242 | 1.540 | 5.403 | 12.506 |
| 能源消费结构（lnenergy） | 4.151 | 0.406 | 2.497 | 4.958 |

① 西藏的数据缺失较多，故将西藏从样本中删去。由于我国从2007年才开始有专门的科目统计“环境保护”支出，因此，样本期从2007开始，又由于2015年以后不再统计环保系统人员，因此，所有样本期截至2015年。

## 二、环境支出责任划分对雾霾污染影响的回归结果分析

为了更为详细考察支出责任划分对雾霾污染的影响，本节以环境支出责任划分（lnee）作为核心解释变量，在地理邻接权重矩阵（W1）和地理距离权重矩阵（W2）设定下对被解释变量（PM2.5、二氧化硫排放量和烟（粉）尘排放量）进行回归。在此基础上，采取莱萨基和佩斯（LeSage & Pace，2009）与埃洛斯特（Elhorst，2010a）的做法，对包括控制变量的回归结果进行分解，得到不同解释变量对雾霾污染的直接效应、间接效应和总效应。

### （一）环境支出责任划分对雾霾污染的影响及其空间效应

1. 环境支出责任划分对雾霾污染的影响

环境支出责任划分对雾霾污染影响的回归结果见表4-6。结果表明，不管是地理邻接权重矩阵（W1）还是地理距离权重矩阵（W2），把更多的环境支出责任赋予省级政府将会显著增加以二氧化硫和烟（粉）尘表征的雾霾污染，以PM2.5表征的雾霾污染的系数估计值为正但不显著。因此，总体而言，过度下划环境支出责任并不利于雾霾污染治理，这是由雾霾污染的跨界特征所决定，在现行的环境管理体制下，地方政府没有办法控制输入型雾霾污染。如果中央政府要求地方政府承担更多的环境支出责任，一方面会增加地方财政支出，另一方面也会导致地方政府没有足够的激励控制辖区内的雾霾污染，因为严格控制辖区内雾霾污染会导致地方财政收入减少，从而给地方带来更大的财政压力。从控制变量来看，地方的产业结构和能源结构会显著增加以PM2.5、二氧化硫和烟（粉）尘表征的雾霾污染，这一回归结果与预期相吻合，因为在大多数地方，雾霾污染的主要来源是工业污染和燃煤。贸易开放度的系数估计值均在1%的水平显著为负，表明不存在境外向境内污染转移。财政自主度对PM2.5回归的系数估计值显著为负，而对二氧化硫和烟（粉）尘排放回归的系数估计值显著为正，表明地方财政自主对雾霾污染的结果变量和输入变量有不同的影响，这一差异可能是由雾霾污染结果变量和输入变量的特征差异所导致，二氧化硫和烟（粉）尘均为辖区内产生的污染，而PM2.5作为雾霾污染的结果指标，其浓度水平既取决于辖区内污染，也取决于辖区外污染转移。

同时，作为省域的 PM2.5 指数具有很强的平均效应，城市的高污染可能会被农村或山区的低污染所综合。技术创新水平对 PM2.5 和二氧化硫的回归系数均不显著，对烟（粉）尘的回归系数显著为正，即技术进步会增加烟（粉）尘的排放。对这一结果的解释可以参照邵帅等（2016），技术可被分为生产技术和减排技术两类，前者主要影响要素生产率，后者主要影响污染强度。如果技术创新更多被用于生产而不是减排，则技术创新有可能通过扩大生产而增加排放。人口密度、人均 GDP 和城镇化水平在不同空间矩阵设定下的系数正负不一致，且显著性水平差别也比较大，互相矛盾的结果可能是这些因素影响不同污染物的机制不一样。

**表 4－6　　环境支出责任划分影响雾霾污染的空间面板回归结果**

| 变量 | PM2.5 | | 二氧化硫 | | 烟（粉）尘 | |
|---|---|---|---|---|---|---|
| | W1 | W2 | W1 | W2 | W1 | W2 |
| 环境支出责任（lnee） | 0.0238<br>(0.697) | 0.0158<br>(0.488) | 0.541***<br>(6.233) | 0.839***<br>(6.659) | 0.477***<br>(7.831) | 0.499***<br>(7.732) |
| 财政自主度（lnfd） | −0.388***<br>(−4.188) | −0.196**<br>(−2.166) | 0.153<br>(0.572) | 0.780*<br>(1.935) | 0.769***<br>(4.795) | 0.958***<br>(5.118) |
| 人口密度（lnpdensity） | 0.576***<br>(29.49) | 0.583***<br>(30.54) | 0.486***<br>(10.21) | 0.505***<br>(4.852) | −0.253***<br>(−7.284) | −0.248***<br>(−6.485) |
| 经济发展水平（lnpgdp） | 0.118<br>(1.314) | 0.0407<br>(0.482) | 0.418<br>(1.616) | −0.820**<br>(−2.294) | −0.793***<br>(−5.233) | −0.842***<br>(−4.771) |
| 产业结构（lnindustry） | 0.268***<br>(4.216) | 0.328***<br>(6.143) | 0.556***<br>(2.753) | 1.678***<br>(5.730) | 0.996***<br>(8.000) | 1.146***<br>(9.941) |
| 城镇化水平（lnurban） | 0.0660<br>(0.402) | −0.0359<br>(−0.224) | −0.627<br>(−1.504) | 1.270**<br>(2.022) | 0.452<br>(1.555) | 0.291<br>(0.845) |
| 贸易开放度（lnopen） | −0.0752***<br>(−2.601) | −0.0897***<br>(−3.431) | −0.682***<br>(−8.577) | −0.804***<br>(−7.344) | −0.173***<br>(−3.240) | −0.175***<br>(−2.955) |
| 技术创新水平（lntech） | 0.0105<br>(0.451) | −0.0237<br>(−1.091) | 0.0512<br>(0.802) | 0.00441<br>(0.0426) | 0.201***<br>(5.152) | 0.172***<br>(4.043) |
| 能源消费结构（energy） | 0.289***<br>(6.854) | 0.222***<br>(5.845) | 0.313***<br>(2.846) | 0.0766<br>(0.298) | 0.559***<br>(7.143) | 0.598***<br>(7.430) |
| W×Y | 0.117**<br>(2.473) | 0.165***<br>(4.108) | −0.796***<br>(−11.47) | −0.579<br>(−1.148) | 0.399***<br>(9.406) | 0.344***<br>(10.15) |
| λ | −0.721***<br>(−7.198) | −2.785***<br>(−13.24) | 0.839***<br>(18.52) | 0.404<br>(1.413) | −0.712***<br>(−5.924) | −1.420***<br>(−4.659) |
| $R^2$ | 0.871 | 0.879 | 0.714 | 0.680 | 0.766 | 0.748 |
| 样本量 | 270 | 270 | 270 | 270 | 270 | 270 |

注：***、**、*分别表示在 0.01、0.05、0.1 的水平上显著。括号内数字为稳健性标准差。

2. 环境支出责任划分对雾霾污染的空间影响

表4-7给出了环境支出责任划分对PM2.5的空间效应。可以看出，不论是在W1权重矩阵下还是在W2权重矩阵下，环境支出责任划分对PM2.5的直接效应、间接效应和总效应都为正但不显著。表明环境支出划分对PM2.5的空间效应不确定。在两种权重矩阵下，人口密度、产业结构和能源结构的直接效应、间接效应和总效应均显著为正，表明这三个因素不仅会增加本地区的PM2.5的浓度水平，同时也会增加邻近地区和所有地区的PM2.5浓度水平。财政自主度和贸易开放度在两种权重矩阵下的直接效应、间接效应和总效应均显著为负，表明这两个因素不仅会降低本地区的PM2.5浓度水平，同时也具有空间溢出效应，会降低邻近地区和所有地区的PM2.5浓度水平。城镇化水平在两种权重下的三种效应均不显著，表明城镇化水平的空间效应不确定。

**表4-7 环境支出责任划分对PM2.5浓度水平的空间影响：直接、间接和总效应**

| 变量 | W1 | | | W2 | | |
|---|---|---|---|---|---|---|
| | 直接效应 | 间接效应 | 总效应 | 直接效应 | 间接效应 | 总效应 |
| 环境支出责任 | 0.0252 | 0.00334 | 0.0285 | 0.0171 | 0.00340 | 0.0205 |
| (lnee) | (0.715) | (0.623) | (0.711) | (0.511) | (0.491) | (0.511) |
| 财政自主度 | -0.394*** | -0.0515** | -0.445*** | -0.202** | -0.0390* | -0.241** |
| (lnfd) | (-4.395) | (-2.181) | (-4.508) | (-2.273) | (-1.953) | (-2.280) |
| 人口密度 | 0.581*** | 0.0775** | 0.658*** | 0.590*** | 0.115*** | 0.705*** |
| (lnpdensity) | (30.94) | (2.348) | (17.58) | (31.79) | (3.642) | (18.10) |
| 经济发展水平 | 0.120 | 0.0163 | 0.136 | 0.0435 | 0.00855 | 0.0520 |
| (lnpgdp) | (1.351) | (1.102) | (1.348) | (0.517) | (0.504) | (0.518) |
| 产业结构 | 0.272*** | 0.0372* | 0.309*** | 0.332*** | 0.0657*** | 0.398*** |
| (lnindustry) | (4.287) | (1.855) | (3.993) | (6.237) | (2.751) | (5.516) |
| 城镇化水平 | 0.0674 | 0.00985 | 0.0773 | -0.0348 | -0.00486 | -0.0397 |
| (lnurban) | (0.406) | (0.394) | (0.409) | (-0.213) | (-0.148) | (-0.203) |
| 贸易开放度 | -0.0756** | -0.0102* | -0.0858** | -0.0905*** | -0.0176** | -0.108*** |
| (lnopen) | (-2.572) | (-1.676) | (-2.543) | (-3.406) | (-2.473) | (-3.369) |
| 技术创新水平 | 0.00891 | 0.000792 | 0.00970 | -0.0255 | -0.00540 | -0.0309 |
| (lntech) | (0.363) | (0.219) | (0.348) | (-1.123) | (-1.004) | (-1.110) |
| 能源消费结构 | 0.292*** | 0.0390** | 0.331*** | 0.225*** | 0.0440*** | 0.269*** |
| (energy) | (6.807) | (2.183) | (6.424) | (5.790) | (2.994) | (5.537) |

注：***、**、*分别表示在0.01、0.05、0.1的水平上显著。括号内数字为稳健性标准差。

环境支出责任划分对二氧化硫的空间效应的回归结果见表4-8。在W1和W2权重矩阵下，环境支出责任划分对二氧化硫排放的直接效应均在

1% 水平显著为正，表明环境支出责任下划会显著增加本地区二氧化硫排放水平；间接效应为负但不显著，表明环境支出责任下划对邻近地区的二氧化硫排放水平的影响不确定；总效应为正，在 W1 权重矩阵下显著，但在 W2 权重矩阵下不显著，这一结果表明，总体而言，环境支出责任下划会增加所有地区的二氧化硫的排放。从控制变量来看，在两种权重矩阵下，人口密度、产业结构和能源消费结果的直接效应显著为正，表明上述因素会显著增加本地区的二氧化硫排放。上述因素的间接效应和总效应在 W1 权重矩阵下分别显著为负和为正，表明其对邻近地区和所有地区的二氧化硫排放分别有负向和正向的影响。财政自主度、经济发展水平、城镇化水平和技术创新水平仅个别效应显著，且在符号上有差异，这一相互矛盾的结果增加了解释这些因素空间效应的难度。

**表 4-8　环境支出责任划分对二氧化硫排放的空间影响：直接、间接和总效应**

| 变量 | W1 | | | W2 | | |
|---|---|---|---|---|---|---|
| | 直接效应 | 间接效应 | 总效应 | 直接效应 | 间接效应 | 总效应 |
| 环境支出责任 | 0.624*** | -0.319 | 0.305*** | 0.859*** | -0.217 | 0.642 |
| (lnee) | (6.411) | (-6.569) | (5.522) | (6.667) | (-0.489) | (1.351) |
| 财政自主度 | 0.163 | -0.0807 | 0.0825 | 0.782* | -0.241 | 0.541* |
| (lnfd) | (0.553) | (-0.533) | (0.570) | (1.918) | (-0.711) | (1.708) |
| 人口密度 | 0.564*** | -0.289*** | 0.275*** | 0.526*** | -0.121 | 0.404 |
| (lnpdensity) | (11.07) | (-9.373) | (9.121) | (5.410) | (-0.359) | (1.082) |
| 经济发展水平 | 0.487 | -0.253 | 0.235* | -0.826** | 0.239 | -0.588 |
| (lnpgdp) | (1.621) | (-1.573) | (1.655) | (-2.246) | (0.675) | (-1.541) |
| 产业结构 | 0.643*** | -0.327*** | 0.316*** | 1.709*** | -0.477 | 1.232* |
| (lnindustry) | (2.817) | (-2.943) | (2.625) | (5.489) | (-0.672) | (1.856) |
| 城镇化水平 | -0.718 | 0.372 | -0.346 | 1.315** | -0.298 | 1.018 |
| (lnurban) | (-1.475) | (1.454) | (-1.481) | (2.065) | (-0.328) | (0.921) |
| 贸易开放度 | -0.785*** | 0.402*** | -0.383*** | -0.821*** | 0.220 | -0.601 |
| (lnopen) | (-8.753) | (7.859) | (-7.678) | (-6.958) | (0.575) | (-1.556) |
| 技术创新水平 | 0.0561 | -0.0295 | 0.0266 | -0.00433 | -0.0143 | -0.0186 |
| (lntech) | (0.724) | (-0.729) | (0.714) | (-0.0393) | (-0.183) | (-0.160) |
| 能源消费结构 | 0.370*** | -0.190*** | 0.180*** | 0.103 | 0.0218 | 0.125 |
| (energy) | (2.922) | (-2.856) | (2.897) | (0.391) | (0.0744) | (0.343) |

注：***、**、*分别表示在 0.01、0.05、0.1 的水平上显著。括号内数字为稳健性标准差。

表 4-9 列出了环境支出责任划分对烟（粉）尘的空间效应的回归结果。在 W1 和 W2 权重矩阵下，环境支出责任划分对烟（粉）尘排放的直接效应、间接效应和总效应均在 1% 水平显著为正，表明环境支出责任下划会同时显著增加本地区、邻近地区和所有地区烟（粉）尘排放水平。财

政自主度、产业结构、技术创新水平和能源消费结构的直接效应、间接效应和总效应同样在1%的水平显著为正，表明上述因素会显著增加本地区、邻近地区和所有地区的烟（粉）尘排放水平。而人口密度、经济发展水平和贸易开放度的直接效应、间接效应和总效应均显著为负，表明上述因素会显著减少本地区、邻近地区和所有地区的烟粉尘排放。城镇化水平的所有效应在两种权重矩阵下同样都不显著，表明城镇化的空间效应不明显。

**表4-9　环境支出责任划分对烟（粉）尘排放的空间影响：直接、间接和总效应**

| 变量 | W1 | | | W2 | | |
|---|---|---|---|---|---|---|
| | 直接效应 | 间接效应 | 总效应 | 直接效应 | 间接效应 | 总效应 |
| 环境支出责任 | 0.501*** | 0.296*** | 0.797*** | 0.518*** | 0.247*** | 0.765*** |
| (lnee) | (7.801) | (5.332) | (7.601) | (7.629) | (5.484) | (7.484) |
| 财政自主度 | 0.798*** | 0.477*** | 1.274*** | 0.981*** | 0.472*** | 1.453*** |
| (lnfd) | (4.888) | (3.536) | (4.482) | (5.198) | (3.844) | (4.858) |
| 人口密度 | -0.261*** | -0.156*** | -0.417*** | -0.252*** | -0.121*** | -0.373*** |
| (lnpdensity) | (-7.195) | (-3.984) | (-5.824) | (-6.487) | (-4.201) | (-5.780) |
| 经济发展水平 | -0.826*** | -0.492*** | -1.317*** | -0.865*** | -0.417*** | -1.283*** |
| (lnpgdp) | (-5.236) | (-3.811) | (-4.867) | (-4.752) | (-3.548) | (-4.428) |
| 产业结构 | 1.047*** | 0.617*** | 1.665*** | 1.187*** | 0.568*** | 1.755*** |
| (lnindustry) | (8.441) | (6.497) | (9.289) | (10.20) | (6.127) | (9.699) |
| 城镇化水平 | 0.475 | 0.285 | 0.760 | 0.306 | 0.151 | 0.457 |
| (lnurban) | (1.547) | (1.452) | (1.525) | (0.850) | (0.839) | (0.850) |
| 贸易开放度 | -0.182*** | -0.109*** | -0.291*** | -0.182*** | -0.0878*** | -0.270*** |
| (lnopen) | (-3.219) | (-2.649) | (-3.054) | (-2.930) | (-2.546) | (-2.843) |
| 技术创新水平 | 0.207*** | 0.124*** | 0.331*** | 0.175*** | 0.0845*** | 0.259*** |
| (lntech) | (4.876) | (3.418) | (4.384) | (3.821) | (3.048) | (3.620) |
| 能源消费结构 | 0.589*** | 0.348*** | 0.937*** | 0.621*** | 0.297*** | 0.919*** |
| (energy) | (7.221) | (5.322) | (7.286) | (7.430) | (5.286) | (7.222) |

注：***表示在0.01的水平上显著。括号内数字为稳健性标准差。

### （二）环境支出责任划分对不同类型二氧化硫和烟（粉）尘排放的影响及其空间效应

为了进一步考察环境支出责任划分对不同类型二氧化硫和烟（粉）尘排放的影响，本节同样以工业和生活二氧化硫及烟（粉）尘的排放量作为被解释变量，以环境支出划分情况作为解释变量进行回归分析。

1. 环境支出责任划分对不同类型二氧化硫和烟（粉）尘排放的影响

表4-10给出了环境支出责任划分对工业和生活二氧化硫排放的回归

结果。结果显示，环境支出责任划分对两类二氧化硫排放的影响并没有差异，其回归系数均在1%水平显著为正。环境支出责任划分对生活二氧化硫的回归结果与环境财政事权划分对生活二氧化硫的回归结果明显不同，表明环境财政事权划分和支出责任划分对生活二氧化硫排放有着不同的影响。对于这种不同的影响，一个可能的解释是地方政府对生活二氧化硫排放的控制更多是通过行政管制的方式来实现①。而对于支出而言，地方政府更多将其用于行政管理，而不会用于与生活二氧化硫相关的督察和监测。从控制变量来看，财政自主度、人口密度、经济发展水平、产业结构和城镇化水平对工业和生活二氧化硫的回归系数符号相反，且前者显著后者不显著，表明这些因素对工业和生活二氧化硫排放有着不同的影响。技术创新水平和能源消费结构对两类二氧化硫的回归系数均显著为正，技术创新水平系数估计值为正，表明技术创新更多侧重于生产技术创新而不是减排技术创新，能源消费结构系数估计值为正，则是因为燃煤是生产生活最重要的能源。

**表4-10　环境支出责任划分影响不同类型二氧化硫排放的空间面板回归结果**

| 变量 | 工业二氧化硫 | | 生活二氧化硫 | |
|---|---|---|---|---|
| | W1 | W2 | W1 | W2 |
| 环境支出责任<br>(lnee) | 0.281***<br>(5.052) | 0.321***<br>(5.465) | 0.810***<br>(6.116) | 0.861***<br>(6.830) |
| 财政自主度<br>(lnfd) | 0.864***<br>(5.701) | 0.979***<br>(5.694) | -0.674*<br>(-1.940) | -0.537<br>(-1.558) |
| 人口密度<br>(lnpdensity) | -0.169***<br>(-5.258) | -0.147***<br>(-4.374) | 0.0440<br>(0.589) | -0.0540<br>(-0.707) |
| 经济发展水平<br>(lnpgdp) | -0.410***<br>(-2.744) | -0.175<br>(-1.018) | 0.119<br>(0.379) | -0.361<br>(-1.101) |
| 产业结构<br>(lnindustry) | 1.420***<br>(12.64) | 1.565***<br>(13.75) | -0.352<br>(-1.551) | 0.00274<br>(0.0139) |
| 城镇化水平<br>(lnurban) | -0.862***<br>(-3.003) | -1.463***<br>(-4.902) | 0.0546<br>(0.0908) | -0.213<br>(-0.338) |
| 贸易开放度<br>(lnopen) | -0.0351<br>(-0.729) | -0.0249<br>(-0.455) | -0.232**<br>(-2.156) | 0.0855<br>(0.812) |
| 技术创新水平<br>(lntech) | 0.213***<br>(5.686) | 0.153***<br>(3.867) | 0.284***<br>(3.464) | 0.245***<br>(3.066) |

① 比如对城市和农村居民实施“煤改气”，禁止燃烧秸秆等。

续表

| 变量 | 工业二氧化硫 | | 生活二氧化硫 | |
|---|---|---|---|---|
| | W1 | W2 | W1 | W2 |
| 能源消费结构 (energy) | 0.648 ***<br>(9.289) | 0.673 ***<br>(8.600) | 1.139 ***<br>(6.961) | 1.639 ***<br>(10.63) |
| W × Y | 0.111 ***<br>(2.633) | 0.00458<br>(0.136) | 0.212 ***<br>(2.498) | 0.0171<br>(0.334) |
| λ | -0.619 ***<br>(-5.833) | -0.708 **<br>(-2.255) | -0.820 ***<br>(-7.024) | -2.685 ***<br>(-12.10) |
| $R^2$ | 0.856 | 0.862 | 0.447 | 0.478 |
| 样本量 | 270 | 270 | 270 | 270 |

注：***、**、* 分别表示在 0.01、0.05、0.1 的水平上显著。括号内数字为稳健性标准差。

对于不同类型烟（粉）尘的回归结果（见表 4－11）显示，环境支出责任划分的系数估计值均显著为正，表明环境支出下划会显著增加工业和生活烟（粉）尘的排放。从控制变量来看，虽然两种权重矩阵下，不同控制变量的显著性与二氧化硫的回归结果有差异，但系数符号基本一致。

**表 4－11 环境支出责任划分影响不同类型烟（粉）的空间面板回归结果**

| 变量 | 工业烟（粉）尘 | | 生活烟（粉）尘 | |
|---|---|---|---|---|
| | W1 | W2 | W1 | W2 |
| 环境支出责任 (lnee) | 0.399 ***<br>(6.212) | 0.393 ***<br>(5.950) | 0.708 ***<br>(4.905) | 1.064 ***<br>(7.021) |
| 财政自主度 (lnfd) | 1.027 ***<br>(5.768) | 1.184 ***<br>(6.146) | -0.273<br>(-0.792) | -0.657<br>(-1.459) |
| 人口密度 (lnpdensity) | -0.257 ***<br>(-7.052) | -0.258 ***<br>(-6.792) | -0.296 ***<br>(-3.846) | -0.209 **<br>(-2.070) |
| 经济发展水平 (lnpgdp) | -0.938 ***<br>(-5.538) | -0.953 ***<br>(-5.202) | -0.470<br>(-1.481) | -0.261<br>(-0.621) |
| 产业结构 (lnindustry) | 1.403 ***<br>(10.73) | 1.456 ***<br>(11.82) | -0.322<br>(-1.347) | -0.0784<br>(-0.291) |
| 城镇化水平 (lnurban) | 0.212<br>(0.672) | 0.0533<br>(0.154) | 1.980 ***<br>(3.190) | 2.064 ***<br>(2.674) |
| 贸易开放度 (lnopen) | -0.182 ***<br>(-3.125) | -0.193 ***<br>(-3.226) | -0.300 ***<br>(-2.682) | -0.217<br>(-1.634) |
| 技术创新水平 (lntech) | 0.193 ***<br>(4.497) | 0.182 ***<br>(4.070) | 0.322 ***<br>(3.729) | 0.144<br>(1.434) |
| 能源消费结构 (energy) | 0.531 ***<br>(6.386) | 0.529 ***<br>(6.288) | 1.302 ***<br>(7.589) | 1.330 ***<br>(6.848) |
| W × Y | 0.328 ***<br>(8.572) | 0.315 ***<br>(9.091) | 0.450 ***<br>(6.440) | 0.242 ***<br>(3.202) |

续表

| 变量 | 工业烟（粉）尘 | | 生活烟（粉）尘 | |
|---|---|---|---|---|
| | W1 | W2 | W1 | W2 |
| λ | -0.475***<br>(-4.168) | -1.081***<br>(-3.596) | -0.899***<br>(-7.810) | -1.216***<br>(-2.858) |
| $R^2$ | 0.735 | 0.726 | 0.423 | 0.470 |
| 样本量 | 270 | 270 | 270 | 270 |

注：***、** 分别表示在0.01、0.05的水平上显著。括号内数字为稳健性标准差。

2. 环境支出责任划分对不同类型二氧化硫和烟（粉）尘排放的空间影响

表4-12给出了环境支出责任划分对不同类型二氧化硫和烟（粉）尘排放分解效应。结果显示，在W1和W2权重矩阵下，两种类型二氧化硫和烟（粉）尘的直接效应和总效应均在1%水平显著为正，表明环境支出责任划分会显著增加本地区和所有地区的工业和生活二氧化硫及烟（粉）尘排放。对于间接效应，工业和生活二氧化硫在W1权重矩阵下显著为正，而在W2权重矩阵下不显著，表明环境支出责任划分会显著增加邻近地区的工业和生活二氧化硫的排放，但是否会增加距离相近地区的二氧化硫排放不确定。工业和生活烟（粉）尘在两种权重矩阵下的间接效应都显著为正，表明环境支出责任会显著增加邻近地区和距离相近地区的工业和生活烟（粉）尘排放。

**表4-12　环境支出责任划分对不同类型污染物排放的空间影响：直接、间接和总效应**

| 变量 | W1 | | | W2 | | |
|---|---|---|---|---|---|---|
| | 直接效应 | 间接效应 | 总效应 | 直接效应 | 间接效应 | 总效应 |
| 工业二氧化硫 | 0.284***<br>(4.967) | 0.0342**<br>(2.252) | 0.319***<br>(5.022) | 0.323***<br>(5.360) | 0.00188<br>(0.168) | 0.325***<br>(5.343) |
| 生活二氧化硫 | 0.181***<br>(4.151) | 0.0347*<br>(1.723) | 0.216***<br>(4.328) | 0.125***<br>(2.623) | -0.00147<br>(-0.206) | 0.124***<br>(2.634) |
| 工业烟（粉）尘 | 0.413***<br>(6.116) | 0.184***<br>(4.516) | 0.598***<br>(5.984) | 0.406***<br>(5.861) | 0.172***<br>(4.604) | 0.577***<br>(5.826) |
| 生活烟（粉）尘 | 0.757***<br>(4.897) | 0.549***<br>(3.147) | 1.306***<br>(4.502) | 1.087***<br>(6.921) | 0.334**<br>(2.377) | 1.421***<br>(5.926) |
| 控制变量 | Yes | Yes | Yes | Yes | Yes | Yes |

注：***、**、*分别表示在0.01、0.05、0.1的水平上显著。括号内数字为稳健性标准差。

## 三、环境支出责任与财政事权匹配情况对雾霾污染影响的回归结果分析

为了更为详细考察环境财政事权和支出责任匹配情况对雾霾污染的影响，本节以环境支出责任与财政事权的偏离（lnmeeed）作为核心解释变量，在地理邻接权重矩阵（W1）和地理距离权重矩阵（W2）设定下对被解释变量（PM2.5、二氧化硫排放量和烟（粉）尘排放量）进行回归，并对包括控制变量的回归结果进行分解，得到不同解释变量对雾霾污染的直接效应、间接效应和总效应。

### （一）环境财政事权与支出责任匹配情况对雾霾污染的影响及其空间效应

#### 1. 环境财政事权与支出责任匹配情况对雾霾污染的影响

环境财政事权与支出责任匹配情况对雾霾污染影响的回归结果见表4－13。结果显示，在两种权重矩阵下，环境财政事权与支出责任的偏离度对以二氧化硫和烟（粉）尘表征的雾霾污染的回归系数显著为正，表明一个地区的环境财政事权与支出责任越不匹配（即偏离度越大），该地区的二氧化硫和烟（粉）尘的排放量越大。以PM2.5表征的雾霾污染的系数估计值为负，在W1权重矩阵下不显著但在W2权重矩阵下显著。导致PM2.5与二氧化硫和烟（粉）尘回归系数符号相反的原因可能还是这两类变量的特征差异。从控制变量来看，产业结构、技术创新水平和能源结构对PM2.5、二氧化硫和烟（粉）尘的回归系数基本上都显著为正，表明这些因素会显著增加PM2.5的浓度水平和二氧化硫与烟（粉）尘的排放。贸易开放度的系数估计值均在1%的水平显著为负，表明不存在境外向境内污染转移。财政自主度对PM2.5回归的系数估计值显著为负，而对二氧化硫和烟（粉）尘排放回归的系数估计值显著为正，这一差异可能是由雾霾污染结果变量和输入变量的特征差异所导致。人口密度、人均GDP和城镇化水平在不同空间矩阵设定下的系数正负不一致，且显著性水平差别也比较大，互相矛盾的结果可能是这些因素影响不同污染物的机制不一样。

表4-13　　环境财政事权与支出责任匹配情况影响雾霾污染的空间面板回归结果

| 变量 | PM2.5 | | 二氧化硫 | | 烟（粉）尘 | |
|---|---|---|---|---|---|---|
| | W1 | W2 | W1 | W2 | W1 | W2 |
| 事权与支出责任偏离度（lnmeeed） | -0.0140<br>(-1.280) | -0.0263**<br>(-2.463) | 0.0899***<br>(2.647) | 0.0949*<br>(1.711) | 0.115***<br>(5.457) | 0.114***<br>(4.579) |
| 财政自主度（lnfd） | -0.381***<br>(-4.141) | -0.157*<br>(-1.822) | -0.0331<br>(-0.118) | 1.092***<br>(2.963) | 0.713***<br>(4.216) | 1.077***<br>(5.029) |
| 人口密度（lnpdensity） | 0.574***<br>(30.93) | 0.587***<br>(32.85) | 0.373***<br>(7.526) | 0.262***<br>(3.321) | -0.355***<br>(-10.63) | -0.379***<br>(-9.797) |
| 经济发展水平（lnpgdp） | 0.129<br>(1.447) | 0.0605<br>(0.730) | 0.550**<br>(1.961) | -1.006***<br>(-2.850) | -0.858***<br>(-5.348) | -0.926***<br>(-4.865) |
| 产业结构（lnindustry） | 0.270***<br>(4.301) | 0.348***<br>(6.612) | 0.249<br>(1.221) | 1.484***<br>(4.888) | 0.864***<br>(6.952) | 1.009***<br>(7.936) |
| 城镇化水平（lnurban） | 0.0381<br>(0.235) | -0.107<br>(-0.691) | -0.823*<br>(-1.853) | 1.143*<br>(1.831) | 0.386<br>(1.267) | 0.114<br>(0.297) |
| 贸易开放度（lnopen） | -0.0810***<br>(-2.860) | -0.0946***<br>(-3.754) | -0.816***<br>(-9.963) | -1.090***<br>(-10.18) | -0.223***<br>(-3.903) | -0.248***<br>(-3.802) |
| 技术创新水平（lntech） | 0.0167<br>(0.875) | -0.0316<br>(-1.639) | 0.361***<br>(7.668) | 0.470***<br>(6.787) | 0.426***<br>(12.44) | 0.417***<br>(10.38) |
| 能源消费结构（energy） | 0.290***<br>(6.952) | 0.215***<br>(5.785) | 0.364***<br>(3.064) | -0.00574<br>(-0.0234) | 0.671***<br>(8.158) | 0.674***<br>(7.751) |
| W×Y | 0.112**<br>(2.336) | 0.162***<br>(4.086) | -0.847***<br>(-11.69) | -0.651<br>(-1.578) | 0.387***<br>(8.747) | 0.336***<br>(9.100) |
| $\lambda$ | -0.742***<br>(-7.480) | -2.891***<br>(-14.65) | 0.817***<br>(16.51) | 0.619***<br>(4.518) | -0.731***<br>(-5.971) | -1.446***<br>(-3.836) |
| $R^2$ | 0.868 | 0.875 | 0.661 | 0.588 | 0.804 | 0.791 |
| 样本量 | 270 | 270 | 270 | 270 | 270 | 270 |

注：***、**、*分别表示在0.01、0.05、0.1的水平上显著。括号内数字为稳健性标准差。

2. 环境支出责任与财政事权匹配情况对雾霾污染的空间影响

从空间效应来看，表4-14的结果显示，在W1权重矩阵下，环境财政事权与支出责任匹配对PM2.5的直接效应、间接效应和总效应均不显著，而在W2权重矩阵下，均显著为负，这一结果与预期不太吻合，可能的解释是PM2.5不是一个度量省域污染水平的良好指标。对于二氧化硫，环境财政事权和支出责任匹配的直接效应在两种权重矩阵下均显著为正，表明环境财政事权与支出责任的不匹配会显著增加本地区的二氧化硫排放；总效应在W1权重矩阵下显著为正，而在W2权重矩阵下为正但不显著，表明环境财政事权和支出责任不匹配会增加所有地区二氧化硫的排放；间接效应在两种权重矩阵下均不显著，表明环境财政事权与支出责任不匹配是否会增加其他地区的二氧化硫排放不确定。对于烟（粉）尘，环境财政事权和支出责任匹配的直接效应、间接效应和总效应均显著为正，表明环境事权和支出责任不匹配不仅会增加本地区烟（粉）尘的排放，还会增加其他地区和所有地区的烟（粉）尘排放。

**表 4-14　　环境财政事权与支出责任匹配情况对雾霾污染的空间影响：直接、间接和总效应**

| 变量 | W1 | | | W2 | | |
|---|---|---|---|---|---|---|
| | 直接效应 | 间接效应 | 总效应 | 直接效应 | 间接效应 | 总效应 |
| PM2.5 | -0.0137<br>(-1.212) | -0.00167<br>(-0.984) | -0.0154<br>(-1.208) | -0.0261**<br>(-2.364) | -0.00494*<br>(-1.956) | -0.0310**<br>(-2.355) |
| 二氧化硫 | 0.107***<br>(2.660) | -0.0567<br>(-2.707) | 0.0498**<br>(2.535) | 0.0984*<br>(1.716) | -0.0252<br>(-0.791) | 0.0731<br>(1.204) |
| 烟（粉）尘 | 0.121***<br>(5.450) | 0.0680***<br>(4.731) | 0.189***<br>(5.695) | 0.118***<br>(4.532) | 0.0543***<br>(4.102) | 0.172***<br>(4.639) |
| 控制变量 | Yes | Yes | Yes | Yes | Yes | Yes |

注：***、**、*分别表示在0.01、0.05、0.1的水平上显著。括号内数字为稳健性标准差。

### （二）环境支出责任与财政事权匹配情况对不同类型二氧化硫和烟（粉）尘排放的影响及其空间效应

1. 环境支出责任与财政事权匹配情况对不同类型二氧化硫和烟（粉）尘排放的影响

表4-15列示了环境财政事权与支出责任匹配对工业和生活二氧化硫排放的回归结果。结果显示，环境财政事权与支出责任不匹配会显著增加两类二氧化硫的排放，表明环境财政事权和支出责任匹配对工业和生活二氧化硫排放有着相同的影响。从控制变量来看，回归的结果与前面的回归结果没有太大的差异。

**表 4-15　　环境财政事权与支出责任匹配情况影响不同类型二氧化硫排放的空间面板回归结果**

| 变量 | 工业二氧化硫 | | 生活二氧化硫 | |
|---|---|---|---|---|
| | W1 | W2 | W1 | W2 |
| 环境支出责任<br>(lnee) | 0.0476**<br>(2.533) | 0.0665***<br>(3.088) | 0.178***<br>(4.184) | 0.123***<br>(2.656) |
| 财政自主度<br>(lnfd) | 0.847***<br>(5.425) | 1.011***<br>(5.552) | -0.762**<br>(-2.183) | -0.0527<br>(-0.144) |
| 人口密度<br>(lnpdensity) | -0.230***<br>(-7.523) | -0.227***<br>(-6.822) | -0.110<br>(-1.593) | -0.261***<br>(-3.479) |

续表

| 变量 | 工业二氧化硫 | | 生活二氧化硫 | |
|---|---|---|---|---|
| | W1 | W2 | W1 | W2 |
| 经济发展水平<br>(lnpgdp) | -0.452***<br>(-2.971) | -0.205<br>(-1.124) | 0.0160<br>(0.0502) | -0.468<br>(-1.326) |
| 产业结构<br>(lnindustry) | 1.334***<br>(11.77) | 1.446***<br>(11.87) | -0.567**<br>(-2.496) | -0.117<br>(-0.545) |
| 城镇化水平<br>(lnurban) | -0.869***<br>(-2.969) | -1.527***<br>(-4.977) | -0.160<br>(-0.263) | -0.911<br>(-1.363) |
| 贸易开放度<br>(lnopen) | -0.0731<br>(-1.496) | -0.0903<br>(-1.610) | -0.296***<br>(-2.711) | -0.0187<br>(-0.165) |
| 技术创新水平<br>(lntech) | 0.345***<br>(11.67) | 0.317***<br>(9.745) | 0.652***<br>(9.201) | 0.602***<br>(8.136) |
| 能源消费结构<br>(energy) | 0.704***<br>(9.793) | 0.715***<br>(8.775) | 1.365***<br>(8.138) | 1.742***<br>(10.70) |
| W×Y | 0.115***<br>(2.580) | 0.00449<br>(0.126) | 0.167**<br>(1.969) | -0.0133<br>(-0.244) |
| $\lambda$ | -0.661***<br>(-5.866) | -0.622*<br>(-1.767) | -0.883***<br>(-7.874) | -2.696***<br>(-11.63) |
| $R^2$ | 0.854 | 0.858 | 0.327 | 0.384 |
| 样本量 | 270 | 270 | 270 | 270 |

注：***、**、*分别表示在0.01、0.05、0.1的水平上显著。括号内数字为稳健性标准差。

表4-16报告了环境财政事权与支出责任匹配对工业和生活烟（粉）尘排放的回归结果。回归结果与二氧化硫的排放相同，表明环境财政事权和支出责任不匹配会显著增加工业和生活烟（粉）尘排放有着相同的影响。

**表4-16　环境财政事权支出责任与匹配情况影响不同类型烟（粉）的空间面板回归结果**

| 变量 | 工业烟（粉）尘 | | 生活烟（粉）尘 | |
|---|---|---|---|---|
| | W1 | W2 | W1 | W2 |
| 环境支出责任<br>(lnee) | 0.0938***<br>(4.154) | 0.0912***<br>(3.754) | 0.235***<br>(5.497) | 0.307***<br>(5.205) |
| 财政自主度<br>(lnfd) | 1.011***<br>(5.438) | 1.253***<br>(6.018) | -0.414<br>(-1.245) | -0.793<br>(-1.416) |
| 人口密度<br>(lnpdensity) | -0.350***<br>(-9.862) | -0.361***<br>(-9.558) | -0.433***<br>(-6.331) | -0.440***<br>(-4.351) |
| 经济发展水平<br>(lnpgdp) | -1.000***<br>(-5.637) | -1.017***<br>(-5.296) | -0.649**<br>(-2.092) | -0.295<br>(-0.637) |
| 产业结构<br>(lnindustry) | 1.269***<br>(9.503) | 1.331***<br>(10.23) | -0.490**<br>(-2.174) | -0.450<br>(-1.530) |

续表

| 变量 | 工业烟（粉）尘 | | 生活烟（粉）尘 | |
|---|---|---|---|---|
| | W1 | W2 | W1 | W2 |
| 城镇化水平（lnurban） | 0.184<br>(0.561) | -0.0502<br>(-0.137) | 1.851***<br>(3.093) | 1.878**<br>(2.329) |
| 贸易开放度（lnopen） | -0.244***<br>(-4.084) | -0.257***<br>(-4.169) | -0.318***<br>(-2.889) | -0.396***<br>(-2.883) |
| 技术创新水平（lntech） | 0.393***<br>(11.19) | 0.379***<br>(9.883) | 0.657***<br>(9.637) | 0.697***<br>(8.456) |
| 能源消费结构（energy） | 0.617***<br>(7.178) | 0.592***<br>(6.685) | 1.564***<br>(9.282) | 1.522***<br>(7.546) |
| W×Y | 0.320***<br>(8.194) | 0.312***<br>(8.466) | 0.378***<br>(5.429) | 0.122<br>(1.297) |
| $\lambda$ | -0.449***<br>(-3.855) | -1.081***<br>(-3.185) | -0.970***<br>(-10.02) | -0.710<br>(-1.310) |
| $R^2$ | 0.789 | 0.776 | 0.353 | 0.328 |
| 样本量 | 270 | 270 | 270 | 270 |

注：***、** 分别表示在 0.01、0.05 的水平上显著。括号内数字为稳健性标准差。

2. 环境财政事权与支出责任匹配情况对不同类型二氧化硫和烟（粉）尘排放的空间影响

表 4-17 给出了环境财政事权与支出责任匹配对不同类型二氧化硫和烟（粉）尘排放分解效应。结果显示，在两种权重矩阵下，工业和生活二氧化硫及烟（粉）尘的直接效应和总效应均显著为正，表明环境财政事权与支出责任不匹配会显著增加本地区和所有地区的工业和生活二氧化硫及烟（粉）尘排放。对于间接效应，工业和生活二氧化硫在 W1 权重矩阵下显著为正，而在 W2 权重矩阵下不显著，表明环境财政事权与支出责任不匹配会显著增加邻近地区的工业和生活二氧化硫的排放，但是否会增加距离相近地区的工业和生活二氧化硫排放不确定。工业和生活烟（粉）尘在两种权重矩阵下的间接效应都显著为正，表明环境财政事权与支出责任不匹配会显著增加邻近地区和距离相近地区的工业和生活烟（粉）尘排放。

**表 4-17　支出责任与事权匹配情况对工业二氧化硫排放的空间影响：直接、间接和总效应**

| 变量 | W1 | | | W2 | | |
|---|---|---|---|---|---|---|
| | 直接效应 | 间接效应 | 总效应 | 直接效应 | 间接效应 | 总效应 |
| 工业二氧化硫 | 0.0484**<br>(2.506) | 0.00586*<br>(1.801) | 0.0543**<br>(2.548) | 0.0673***<br>(3.044) | 0.000343<br>(0.136) | 0.0676***<br>(3.054) |

续表

| 变量 | W1 | | | W2 | | |
|---|---|---|---|---|---|---|
| | 直接效应 | 间接效应 | 总效应 | 直接效应 | 间接效应 | 总效应 |
| 生活二氧化硫 | 0.181***<br>(4.151) | 0.0347*<br>(1.723) | 0.216***<br>(4.328) | 0.125***<br>(2.623) | -0.00147<br>(-0.206) | 0.124***<br>(2.634) |
| 工业烟（粉）尘 | 0.0972***<br>(4.105) | 0.0418***<br>(3.647) | 0.139***<br>(4.157) | 0.0945***<br>(3.708) | 0.0393***<br>(3.382) | 0.134***<br>(3.750) |
| 生活烟（粉）尘 | 0.246***<br>(5.547) | 0.135***<br>(3.455) | 0.381***<br>(5.543) | 0.311***<br>(5.166) | 0.0419<br>(1.160) | 0.353***<br>(5.359) |
| 控制变量 | Yes | Yes | Yes | Yes | Yes | Yes |

注：***、**、*分别表示在0.01、0.05、0.1的水平上显著。括号内数字为稳健性标准差。

## 第五节 环境支出责任划分影响雾霾污染协同治理的实证检验

### 一、研究设计

#### （一）模型设定

为了分析环境支出责任划分对雾霾协同治理的影响，本节以第三章第五节测算的环境规制协同度作为雾霾协同治理的替代变量，分别考察环境支出责任划分和环境财政事权与支出责任匹配对雾霾协同治理的影响。环境支出责任划分影响雾霾协同治理的模型如下：

$$C_{jt} = \phi + \theta_0(\overline{ee_{jt}} - \overline{ee_t}) + \sum_{k=1}^{n} \theta_k \frac{\sigma_{X_{jt}^k}}{\overline{X_{jt}}} + \mu_j + \eta_t + \varepsilon_{jt} \qquad (4-2)$$

环境财政事权与支出责任匹配影响雾霾协同治理的模型为：

$$C_{jt} = \alpha + \beta_0 dmmeeed + \sum_{k=1}^{n} \beta_k \frac{\sigma_{X_{jt}^k}}{\overline{X_{jt}}} + \mu_j + \eta_t + \varepsilon_{jt} \qquad (4-3)$$

其中，$C$ 为环境规制协同度，$\overline{ee_{jt}}$ 和 $\overline{ee_t}$ 分别为某一年协同区内和所有省份的环境支出责任下划程度的均值，$dmmeeed$ 为协同区内环境财政事权与支出责任匹配的均值，$\sigma_{X_{jt}^k}$ 表示控制变量某一年在协同区内的标准差，$\overline{X_{jt}}$ 为控制变量某一年在协同区内的均值。$\phi$ 为常数项，$\mu_i$ 为个体效应，$\eta_t$ 为时间效应，$\varepsilon_{jt}$ 为随机扰动项，$j$ 表示协同区。

### （二）变量选择

环境规制协同度（ $C$ ）。环境规制强度的度量方法与第三章第五节相同，即分别采取以二氧化硫和烟（粉）尘表征的环境规制协同度作为被解释变量。

协同区环境支出责任下划程度（ $dmee$ ）。环境支出划分情况的度量方法与前一节相同。为了考察环境支出责任下划程度对环境规制协同度影响，采用协同区内省份的环境支出责任下划程度均值减去所有省份的环境支出责任下划程度均值来度量协同区环境支出责任下划程度。

协同区环境财政事权与支出责任匹配度（ $dmmeeed$ ）。环境财政事权与支出责任匹配度的度量方法与前一节相同，计算的方法与协同区环境支出责任下划程度相同，即用协同区内省份的环境财政事权与支出责任匹配度均值减去所有省份的环境财政事权与支出责任匹配度均值。

控制变量（ $X$ ）。为了保证分析结果的前后连续性和可比性，本节模型引入的控制变量类型与第三章第五节完全相同，采用协同区内控制变量的标准差除以控制变量的均值度量控制变量的差异度。

### （三）数据来源和描述性统计

基于数据的可得性，本节研究的样本期为2007～2015年。二氧化硫排放量、烟（粉）尘排放量来自《中国环境年鉴》，环境支出责任划分和财政分权数据来自《中国财政年鉴》，能源消费结构数据来自《中国能源统计年鉴》，其他数据来自《中国统计年鉴》。变量的描述性统计结果见表4－18。

表4－18　描述性统计

| 变量 | 变量说明 | 均值 | 标准差 | 最小值 | 最大值 |
| --- | --- | --- | --- | --- | --- |
| corpso2 | 二氧化硫为标的物的环境规制协同 | 31.414 | 31.043 | 10.696 | 168.408 |
| corpdust | 烟（粉）尘为标的物的环境规制协同 | 56.571 | 60.686 | 10.278 | 324.282 |
| dmee | 区域环境支出责任下划程度 | 0.004 | 0.025 | －0.027 | 0.137 |
| dmmeeed | 区域内财政事权与支出责任匹配度 | －0.004 | 0.231 | －0.346 | 0.678 |
| dsfd | 区域内财政自主度差异程度 | 0.254 | 0.100 | 0.006 | 0.388 |
| dspdensity | 区域内人口密度差异程度 | 0.612 | 0.306 | 0.079 | 1.184 |
| dspgdp | 区域内人均GDP差异程度 | 0.310 | 0.109 | 0.124 | 0.596 |
| dsindustry | 区域内产业结构差异程度 | 0.130 | 0.103 | 0.032 | 0.369 |

续表

| 变量 | 变量说明 | 均值 | 标准差 | 最小值 | 最大值 |
| --- | --- | --- | --- | --- | --- |
| dsurban | 区域内城镇化水平差异程度 | 0. 181 | 0. 093 | 0. 037 | 0. 354 |
| dsopen | 区域内贸易开放差异程度 | 0. 691 | 0. 255 | 0. 239 | 1. 181 |
| dstech | 区域内技术创新水平差异程度 | 0. 836 | 0. 265 | 0. 231 | 1. 371 |
| dsenergy | 区域内能源消费结构差异程度 | 0. 296 | 0. 179 | 0. 072 | 0. 834 |

### （四）参数估计方法

本节同样使用豪斯曼检验来判定是否存在联立型内生性，检验结果见表4－19。结果显示，核心解释变量环境支出责任划分与被解释变量之间存在显著的内生性，而核心解释变量环境财政事权与支出责任匹配度与被解释变量之间不存在显著的内生性。为了克服环境支出责任划分这一核心解释变量的内生性，以环境支出责任划分滞后一期作为工具变量。控制变量中，能源消费结构差异度与被解释变量之间存在显著的联立型内生性，但其与核心解释变量之间没有显著的相关性，因此，其内生性不会导致核心解释变量参数估计出现偏误。

**表4－19　　　　变量联立型内生性检验**

| 变量 | dmee | dmeeed | dsfd | dspdensity | dspgdp |
| --- | --- | --- | --- | --- | --- |
| 卡方值 | 5. 06 | 1. 08 | 0. 97 | 0. 00 | 0. 22 |
| p 值 | 0. 0245 | 0. 2991 | 0. 3242 | 0. 9611 | 0. 6419 |
| 结论 | 内生 | 非内生 | 非内生 | 非内生 | 非内生 |
| 变量 | dsindustry | dsurban | dsopen | dstech | dsenergy |
| 卡方值 | 0. 55 | 0. 01 | 0. 19 | 2. 31 | 3. 29 |
| p 值 | 0. 4582 | 0. 9349 | 0. 6625 | 0. 1286 | 0. 0697 |
| 结论 | 非内生 | 非内生 | 非内生 | 非内生 | 内生 |

## 二、环境支出责任划分影响雾霾区域协同治理的回归结果分析

表4－20中的模型（1）和模型（2）分别给出了环境支出责任划分对二氧化硫和烟（粉）尘表征的环境规制协同度的影响。结果表明，环境支出责任划分对二氧化硫和烟（粉）尘表征的环境规制协同度的影响均显著为负，说明环境支出责任下划程度越高，越不利于促进雾霾污染区域协同

治理。从控制变量看，能源消费结构差异度的估计系数显著为正，表明能源消费结构趋同的省市更容易开展雾霾协同治理。通过前一节的分析可以看出，能源消费结构对一个地区的雾霾污染水平具有显著的正向影响，表明协同区内能源消费结构差异会促进区域合作。其他控制变量的系数估计值均不显著。

表4-20中的模型（3）和模型（4）分别给出了环境财政事权与支出责任匹配对以二氧化硫和烟（粉）尘表征的环境规制协同度的影响。从回归结果看，环境财政事权与支出责任匹配度对以二氧化硫和烟（粉）尘表征的环境规制协同度的影响显著为正，表明环境财政事权与支出责任的匹配度越高，越有利于促进区域之间的雾霾协同治理。

**表4-20　环境支出责任划分对以二氧化硫为标的物的雾霾区域协同影响分析**

| 变量 | (1) | (2) | (3) | (4) |
|---|---|---|---|---|
| 环境支出责任下划程度（dmee） | -74.98*<br>(-2.065) | -240.2**<br>(-2.734) | — | — |
| 区域内财政事权与支出责任匹配度（dmmeeed） | — | — | 14.33**<br>(-3.350) | 24.01**<br>(-2.941) |
| 财政自主度差异程度（dsfd） | 20.17<br>(0.283) | 7.336<br>(0.0579) | -4.476<br>(-0.0570) | -74.88<br>(-0.557) |
| 人口密度差异程度（dspdensity） | 50.99<br>(0.477) | 103.1<br>(0.654) | -43.09<br>(-0.660) | -9.779<br>(-0.0809) |
| 人均GDP差异程度（dspgdp） | 10.24<br>(0.187) | 93.24<br>(0.991) | -14.41<br>(-0.197) | 96.29<br>(0.591) |
| 产业结构差异程度（dsindustry） | 15.97<br>(0.370) | -3.811<br>(-0.0463) | -5.358<br>(-0.131) | -64.41<br>(-0.733) |
| 城镇化水平差异程度（dsurban） | -128.1<br>(-1.693) | -138.6<br>(-1.035) | -102.0<br>(-1.142) | -131.5<br>(-0.758) |
| 贸易开放差异程度（dsopen） | -31.64<br>(-1.364) | -45.56<br>(-1.198) | -37.42<br>(-1.635) | -54.70<br>(-1.381) |
| 技术创新水平差异程度（dstech） | 17.54<br>(0.799) | 56.79<br>(1.802) | 7.632<br>(0.407) | 34.05<br>(1.272) |
| 能源消费结构差异程度（dsenergy） | 219.9**<br>(3.661) | 396.0***<br>(4.010) | 210.7***<br>(4.063) | 343.4***<br>(4.128) |
| 常数项 | -45.23<br>(-0.606) | -145.4<br>(-1.548) | 45.32<br>(0.973) | 1.020<br>(0.0131) |
| 样本量 | 56 | 56 | 63 | 63 |
| $R^2$ | 0.799 | 0.728 | 0.799 | 0.673 |

注：***、**、*分别表示在0.01、0.05、0.1的水平上显著。括号内数字为稳健性标准差，所有模型均为固定效应估计值。

# 第六节　雾霾污染治理支出责任划分的国际经验

由于不同国家对政府环境保护支出的统计口径不一致，有关环境保护的支出项目同样也分散在不同的预算科目，因此，难以获得与雾霾治理相关的政府支出数据，同样，在环境保护支出数据获取上也有一定困难。通过对已有文献的梳理，本节选择美国、欧盟和日本进行粗略的国际比较。

## 一、美国环境保护支出责任划分

美国联邦政府的环境保护支出主要体现在联邦环保署的预算支出上。从支出规模来看，美国联邦环保署成立后，其预算支出从绝对额来看整体稳步上升，从1970年10.04亿美元上升2019年的88.49亿美元，美国联邦政府用于环境保护的支出占联邦支出的比重长期维持0.4%左右。①

从联邦环保署的职能来看，主要有三个：第一个是核心任务，即为美国人民提供清洁的空气、土地和水，并确保化学品安全；第二个是府际合作，即协调联邦政府与州政府之间的关系，为美国人民创造良好的环境；第三个是法治和程序，即执行国会颁布的环保法律，履行联邦环境署法定职责。从2019年的联邦环保署的预算来看（如图4－6所示），与第一项职能相关的预算支出占比最高，其次是第三项职能。

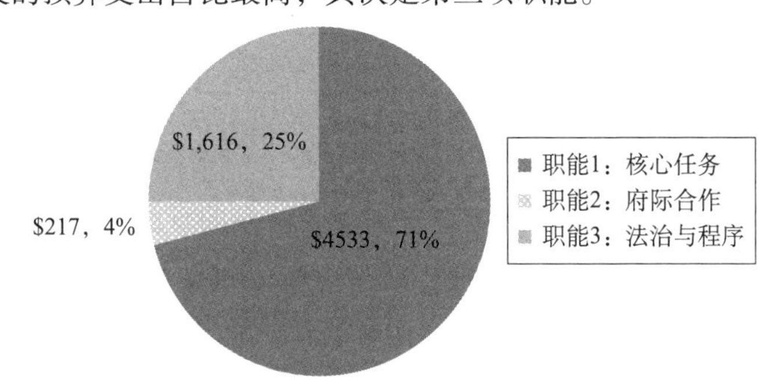


**图4－6　美国联邦环保署按职能划分的预算支出结构**

资料来源：FY 2019 EPA Budget in Brief，https：//www. epa. gov/planandbudget/fy-2019-epa-budget-brief。

① 资料来源：https：//www. epa. gov/planandbudget/budget。

从美国联邦环保署的预算支出来看（如图4－7所示），其结构主要以管理为主、污染治理为辅，具体包括：州和部落补助金、环境计划与管理、有害物质超级基金、环境科技、地下储罐泄漏、建筑与设施、总督察、内陆溢油防治计划、水基础设施金融和创新计划（陈鹏等，2018）。其中，州和部落补助金基本上占到了一半（45.5%），其次是环境计划与管理（27.5%）和有害物质超级基金（17.5%）以及环境科技（6.9%）。

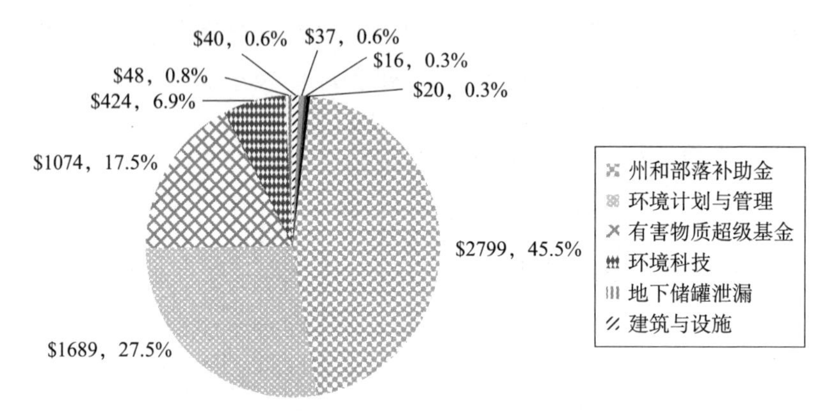


**图4－7　美国联邦环保署按项目划分的预算支出结构**

资料来源：FY 2019 EPA Budget in Brief，https：//www.epa.gov/planandbudget/fy-2019-epa-budget-brief。

美国的州政府承担非常广泛的环境保护职能，但各州之间在环境保护方面的支出存在较大的差距。2015年，美国50个州中，环境保护支出超过10亿美元的仅有加尼福尼亚州和纽约州，而俄克拉何马州、内布拉斯加州、南达科他州和康涅狄格州四个州的环境保护支出不足3000万美元。[①] 根据美国州级环境委员会（Environmental Council of the States）的研究报告，美国州环境保护支出从2013年的122亿美元增加2015年的149亿美元，但增长的部分主要是来自加尼福利亚州（同期从29亿美元增加到49亿美元），事实上，从2008年开始，大部分州的环境保护支出不仅没有上升，反倒不断下降，有31个州减少了环境保护支出，其中有25个州的消减比率在10%以上。[②]

① 资料来源：https：//ballotpedia.org/Environmental_ spending_ in_ the_ 50_ states。

② 资料来源：The Thin Green Line：Cuts to State Pollution Control Agencies Threaten Public Health，https：//environmentalintegrity.org/wp-content/uploads/2019/12/The-Thin-Green-Line-report-12.5.19.pdf。

从美国的环境保护支出结构及其划分来看，主要有以下几个特点：一是总体规模不大。相对于其他国家而言，美国环境保护支出占财政支出的比重相对较低；二是从支出结构来看，比较注重环境计划与管理以及环境科技；三是从联邦和州的环境支出划分来看，州政府拥有较大的支出自主权，这也导致州政府用于环境保护支出的减少；四是建立超级基金支持环境保护。有害物质超级基金占联邦环保署全部财政支出的比重较高，在使用方式上，不同于传统财政补助方式，而是采用低息贷款等有偿使用方式，对引导社会资本增加环保投入发挥了重要的作用（逯元堂等，2015）。

## 二、欧盟国家环境保护支出责任划分

从绝对指标上看，欧盟各国不断加大环境保护财政支出，2018 年，欧盟 27 个成员国政府环境保护支出总额为 1060 亿欧元，其中，德国、荷兰、法国和西班牙等西欧国家环境保护支出规模较大，爱沙尼亚、斯洛伐克等东欧国家环境保护支出规模较小。从相对指标来看，从 2001 年开始，欧盟国家环境保护财政支出占 GDP 的比重相对比较稳定，平均为 0.7% ~ 0.8%。表 4 -21 给出了 2018 年欧盟国家环境保护占 GDP 的比重，可以看到，欧盟 27 国环境保护支出占 GDP 的比重平均为 0.8%。在所有欧盟国家中，荷兰环境保护支出占 GDP 比重最高，为 1.4%，芬兰最低，为 0.2%，从具体的支出项目来看，欧盟国家的主要环境保护支出项目为废弃物管理、废水管理、污染治理、生物多样性保护与景观、环保研究以及其他环保支出，其中最主要的是废弃物管理、废水管理和污染治理。

**表 4 -21　2018 年欧盟国家环境保护支出占 GDP 比重**

| 地区 | 环境保护支出 | 废弃物管理 | 废水管理 | 污染治理 | 生物多样性保护与景观 | 环保研究 | 其他环保支出 |
|---|---|---|---|---|---|---|---|
| 欧盟 27 国 | 0.8 | 0.3 | 0.1 | 0.1 | 0.1 | 0.0 | 0.1 |
| 欧元区 | 0.8 | 0.4 | 0.1 | 0.1 | 0.1 | 0.0 | 0.1 |
| 比利时 | 1.3 | 0.4 | 0.1 | 0.6 | 0.0 | 0.0 | 0.1 |
| 保加利亚 | 0.7 | 0.6 | 0.0 | — | 0.0 | — | 0.1 |
| 捷克 | 0.9 | 0.3 | 0.3 | 0.0 | 0.2 | 0.0 | 0.0 |
| 丹麦 | 0.4 | 0.0 | 0.0 | 0.0 | 0.2 | 0.0 | 0.1 |
| 德国 | 0.6 | 0.1 | 0.1 | 0.2 | 0.1 | 0.0 | 0.0 |

续表

| 地区 | 环境保护支出 | 废弃物管理 | 废水管理 | 污染治理 | 生物多样性保护与景观 | 环保研究 | 其他环保支出 |
|---|---|---|---|---|---|---|---|
| 爱沙尼亚 | 0.7 | 0.2 | 0.1 | 0.2 | 0.1 | 0.1 | 0.1 |
| 爱尔兰 | 0.4 | 0.0 | 0.2 | 0.0 | 0.1 | 0.0 | 0.0 |
| 希腊 | 1.3 | 0.6 | 0.1 | 0.6 | 0.0 | 0.0 | 0.0 |
| 西班牙 | 0.9 | 0.5 | 0.1 | 0.0 | 0.1 | 0.0 | 0.1 |
| 法国 | 1.0 | 0.5 | 0.2 | 0.1 | 0.1 | 0.0 | 0.1 |
| 克罗地亚 | 0.7 | 0.1 | 0.1 | 0.0 | 0.1 | 0.0 | 0.4 |
| 意大利 | 0.8 | 0.6 | 0.0 | 0.0 | 0.1 | 0.1 | 0.0 |
| 塞浦路斯 | 0.3 | 0.2 | 0.0 | 0.0 | 0.0 | 0.0 | 0.0 |
| 立陶宛 | 0.6 | 0.3 | 0.0 | 0.1 | 0.0 | 0.0 | 0.1 |
| 拉脱维亚 | 0.3 | 0.2 | 0.0 | -0.1 | 0.1 | 0.0 | 0.1 |
| 卢森堡 | 0.9 | 0.2 | 0.4 | 0.1 | 0.1 | 0.0 | 0.0 |
| 匈牙利 | 0.4 | 0.2 | 0.1 | 0.0 | 0.1 | 0.0 | 0.0 |
| 马耳他 | 1.2 | 0.5 | 0.4 | 0.0 | 0.2 | 0.0 | 0.0 |
| 荷兰 | 1.4 | 0.5 | 0.4 | 0.3 | 0.1 | 0.0 | 0.0 |
| 奥地利 | 0.4 | 0.0 | 0.1 | 0.1 | 0.0 | 0.0 | 0.0 |
| 波兰 | 0.5 | 0.1 | 0.2 | 0.0 | 0.0 | 0.0 | 0.1 |
| 葡萄牙 | 0.6 | 0.2 | 0.1 | 0.1 | 0.1 | 0.1 | 0.1 |
| 罗马尼亚 | 0.8 | 0.3 | 0.1 | 0.4 | 0.0 | 0.0 | 0.0 |
| 斯洛文尼亚 | 0.5 | 0.0 | 0.2 | 0.1 | 0.1 | 0.0 | 0.1 |
| 斯洛伐克 | 0.8 | 0.4 | 0.1 | 0.1 | 0.0 | 0.0 | 0.2 |
| 芬兰 | 0.2 | 0.0 | 0.0 | 0.1 | 0.0 | 0.0 | 0.0 |
| 瑞典 | 0.5 | 0.2 | 0.1 | 0.0 | 0.0 | 0.0 | 0.1 |
| 英国 | 0.7 | 0.5 | 0.0 | 0.0 | 0.0 | 0.0 | 0.1 |
| 冰岛 | 0.7 | 0.4 | 0.0 | 0.0 | 0.2 | 0.0 | 0.0 |
| 挪威 | 0.9 | 0.2 | 0.4 | 0.1 | 0.0 | 0.0 | 0.1 |
| 瑞士 | 0.6 | 0.2 | 0.3 | 0.1 | 0.0 | 0.0 | 0.0 |

资料来源：https：//ec. europa. eu/eurostat/statistics-explained/index. php。

从环境保护支出责任划分来看，2018 年，欧盟国家环境保护支出占政府支出的比重平均为 1.7%。[①] 欧盟国家环境保护支出责任主要由地方政府

① 资料来源：https：//ec. europa. eu/eurostat/web/products-eurostat-news/-/DDN-20200227-2。

承担，中央政府环境保护支出所占的比重较低。德国中央政府环境保护支出占中央政府财政总支出的比重超过1%，法国这一比重介于0.54%~0.56%，荷兰这一比重介于0.39%~0.62%，西班牙的这一比重介于0.25%~0.44%。

通过对欧盟国家环境保护支出的分析，可以总结出以下几个特点：一是政府环境保护支出总体上比较稳定；二是不同国家在环境保护支出上存在较大的差异；三是欧盟国家环境保护支出的主体为地方政府。

## 三、日本环境保护支出责任划分

从环境保护支出规模来看，21世纪以后，日本的环境保护支出规模出现了明显的下降趋势。2001年，日本的全国环境财政支出达到82826亿日元，到2009年下降至47017亿日元，中央政府环境财政支出占比从1994年的1.64%下降至2012年的0.67%。这一下降与日本环境质量不断改善、政府环境治理模式从直接治理型过渡到环境调控和激励型直接相关（卢洪友和祁毓，2013）。

从环境保护支出责任划分来看，从1971年开始，日本中央政府环境保护支出稳步增加，平均增长率高于同期GDP的增长率，日本中央政府环境支出主要用于外溢性比较强的环境公共服务，如大气环境保护和水环境、土壤环境及地质环境保护等。随着中央环境财政支出的不断增加，中央和地方环境支出占比的差距在不断缩小，2001年，中央和地方占比差距为26个百分点，2009年就缩小到9个百分点。导致中央和地方环境支出占比不断缩小一个可能的原因是，随着环境治理，不具有外溢性的环境污染已经得到较好的治理，环境污染问题更多集中到跨区域环境污染上，因而需要中央政府通过增加支出的方式更多地介入。

通过对日本环境支出责任的分析，可以总结如下几个特点：一是环境保护支出具有较强的阶段性特征，随着环境质量的改善，环境污染支出会逐步下降；二是中央环境支出责任不断增加，中央和地方环境支出比例相对比较均衡。

## 四、典型国家环境保护支出责任划分的经验总结

发达国家环境污染问题大规模爆发比我们国家要早，开展治理的时间

也比我国要长，在支出责任划分方面也相对稳定，其经验对我国有一定的借鉴意义。但发达国家基本上都是先污染后治理，从目前来看，其治理已经取得了明显的成效，因此，其环境政策也从大规模环境治理转向整体的环境管制，反映在环境保护支出方面，主要表现为环境支出规模比较稳定甚至在部分国家略有下降，在支出责任划分方面一般以地方政府为主。从我国来看，我国目前所处的环境治理阶段与发达国家相比有较大的不同，我国当前的污染形势仍然非常严峻，这就要求我们在严格环境管制的同时，还要不断加大对污染治理的投入。因此，现阶段，我们不能照搬发达国家的经验，而应该根据我国现阶段的环境特征制定环境支出政策。

## 第七节　促进雾霾污染协同治理的支出责任划分建议

政府环境保护支出是全社会雾霾污染治理投入的重要组成部分，是雾霾污染有效治理的重要保障。合理划分政府间环境保护支出，在纵向划分上体现“谁决策、谁支出”，在横向划分上体现“谁污染、谁治理”，是实现成本—收益对称、形成政府环境保护正向激励、强化政府间雾霾污染协同治理的重要途径。

### 一、进一步加大环境保护支出，提升环保资金使用效率

从发达国家来看，政府环境保护支出占 GDP 的比重基本上维持在 0.8% ~1% 之间，世界银行研究表明，当治理污染的投入占 GDP 比重达到 1% ~1.5% 时，才能基本控制环境污染；达到 2% ~3% 时，才能改善生态环境质量（寇铁军和范丛昕，2019）。从我国的数据来看，如图 4－8 所示，我国环境保护支出占 GDP 的比重不断上升，从 2001 年的 0.37% 上升到 2017 年的 0.68%，这也充分表明我国对环境污染问题越来越重视。但相对于发达国家和世界银行研究的数据，我国环境保护支出还有一定的上升空间，这一方面是我国环境污染治理的迫切要求，另一方面也是为了回应党和政府对环境问题的重大关切。与此同时，要不断提高环境保护资金使用效率。第一，不断优化环境保护支出结构，从“养人”向“养事”转变，加大环保监测和督察投入，不断增加环境保护和治理方面的投资；第

二，进一步优化“节能环保”预算科目，可以将与“森林”和“草原”相关的预算支出科目合并，进一步理顺科目之间的逻辑关系；第三，加强环境保护资金监管力度，以绩效预算为切入点，加强对环境保护资金的绩效考核。

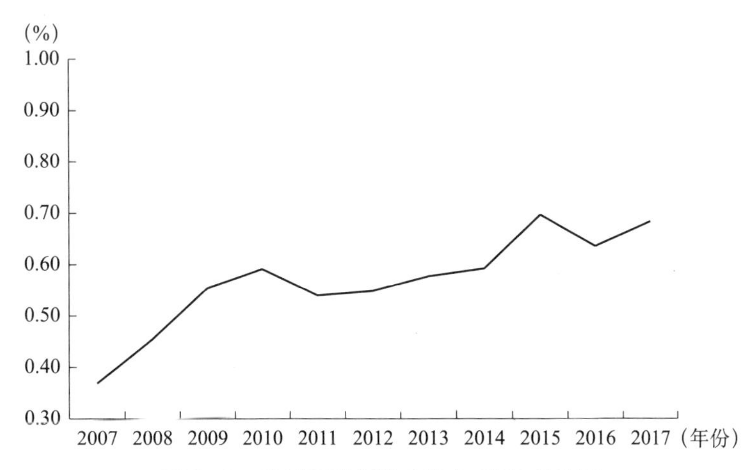


**图4-8　我国环境保护支出占GDP的比重**

资料来源：环保支出数据来自财政部网站历年全国财政决算，GDP数据来自国家统计年鉴。

## 二、加大中央政府雾霾污染治理支出责任

雾霾污染治理是中央和地方共同事权，其跨区域的特征也决定了雾霾治理的受益范围较广。从决策来看，关于雾霾污染治理的决策权和审批权也大量集中在中央，为了避免“中央请客、地方买单”造成的地方雾霾污染治理激励不足，应该进一步加大中央雾霾污染治理的支出责任。具体而言，中央政府应该从以下几个方面增加支出：一是增加对空气质量监测的支出。目前，国控点已经全部上收到中央，对应的支出责任也全部由中央承担，对于省控点或农村地区或重点生态功能保护区的空气质量监测站建设，中央也可以考虑以补贴的形式承担一部分支出责任。二是增加对雾霾污染治理项目的投资。可以借鉴美国的经验，在中央层面设立大气污染治理基金，也可以参与省级设立的大气污染治理基金，基金采用市场化运作方式，对大气污染治理项目进行遴选，通过低息贷款和贷款担保的方式引导社会主体参与大气污染治理。三是针对中央出台的管制性政策给予地方适当的转移支付。由于地区之间在经济发展、产业结构和能源消费结构方

面存在异质性，中央出台统一的环境管制政策必然会对不同的地区产生不同的影响。建议中央政府在出台政策时充分考虑这一影响，并通过转移支付的方式承担相应的支出责任。

## 三、强化省一级政府的雾霾污染治理支出责任

结合我国现在正在推行的环保机构垂直管理改革，把大气污染监测和督察职能上收到省一级政府的同时，也要把与之相关的支出责任上划到省一级，即所有空气质量监测站的建设和运营均由省一级政府开支，上收到省一级的环境督察人员经费和公用经费均有省一级政府承担。省一级财政出资成立大气污染治理基金，通过市场化运作和资金有偿使用的方式引导社会主体开展大气污染治理。

## 四、实现雾霾污染治理支出责任与事权相匹配

实证研究表明，雾霾污染治理支出责任与事权不匹配会加剧污染。支出责任与事权不匹配意味着雾霾污染治理的成本与收益不对称，这会加剧“搭便车”行为，影响地方政府雾霾治理积极性。根据我国现行的环境管理体制改革方案，事权主要集中在中央、省和地市三级政府，在合理估算三级政府事权履行资金需求的基础上，调整三级政府的支出责任。同时，在省级政府之间，也要对雾霾污染的转移及其造成的损害进行合理的估算，在省际之间横向确定雾霾治理的支出责任，并通过中央财政进行横向的补偿，体现“谁污染、谁支出”“谁治理、谁收益”的雾霾污染治理原则。

# 第五章
# 政府间财政收入划分与雾霾污染协同治理

## 第一节 引言

雾霾污染的治理离不开地方政府，财政收入不足会影响地方政府的雾霾污染治理行为。一方面，纵向的财力不均衡会导致地方政府没有足够的激励开展雾霾污染治理，在中央政绩考核压力和中央财政“兜底”的制度安排下，预算软约束会使面临财政缺口压力的地方政府采取“外紧内松”雾霾治理策略；另一方面，横向的财力不均衡会导致不同地区采取不同的雾霾治理策略，雾霾污染的空间外溢性使得财力充裕的地方也不愿意对雾霾污染治理进行充分的投入。

财政收入划分对雾霾污染影响的相关文献主要集中于财政分权对环境污染影响的相关研究中。大部分学者以财政收入分权作为财政分权的替代变量分析其对环境污染的影响。相关研究主要有三个不同的结论：一是财政收入分权与地方环境污染程度正相关（潘孝珍，2009；吴俊培等，2015；刘建民等，2015），且财政收入分权比财政支出分权对环境污染的影响更大（韩国高和张超，2018）；针对大气污染的研究也表明，财政收入分权会加剧雾霾污染（冯梦青和于海峰，2018；吴勋和王杰，2018）。二是财政收入分权与环境污染程度负相关（谭志雄和张阳阳，2015；刘海英和李勉，2017；后小仙等，2018）。三是财政收入分权与环境污染程度的关系不确定（薛刚和潘孝珍，2012）。还有学者发现，财政分权对环境污染存在异质性影响，与水污染呈倒U型曲线关系，与大气污染呈U型曲线关系，表明财政分权与环境污染存在非线性关系。还有学者加入了地区异质性的影响因素，胡东滨和蔡洪鹏（2018）发现，财政分权度对环境污染的影响取决于地方经济发展水平，对于经济发展水平较低的地方，财政分权的提高会降低环境污染，经济发展水平较高的地方，财政分权的提高会加剧环境污染。张平淡（2018）也得出了类似的结论。

还有一部分学者分析财政压力对环境污染的影响。财政压力会转化为地方政府增加收入的财政激励，从而改变了地方政府的行为模式（谢贞发等，2017；席鹏辉等，2017），地方政府有充足的动力优先发展经济，而忽视环境保护（Weingast，2009）。同时，为了发展经济和增加财政收入，相比于扩大本地企业生产规模，地方政府有更强的动力吸引外来企业（Cole & Fredriksson，2009；卢建新等，2017），地方政府会优先选择引入生产周期短、上缴利润大且具有高耗能、高污染特点的重工业企业（曹春方等，2014；陈思霞等，2017）。薛婧等（2019）认为，财政压力通过税收政策、环境管制、贸易壁垒及资源配置干预影响污染排放。彭飞和董颖（2019）研究发现，地方财政压力上升恶化了城市空气质量，而且财政收入受冲击越大的地区，雾霾污染越严重。卢洪友等（2019）发现，“营改增”改革引起了地方政府财政压力加剧、工业活动增加、国有建设用地出让面积扩张、工业用地价格下降以及环境规制强度下降。

还有学者研究地方税收竞争对环境污染的影响。相关的研究结论主要有三个：一是认为地方税收竞争会抑制环境污染（蒲龙，2017；田时中等，2019；田时中等，2020），即存在“逐顶效应”，但在区域上存在差异；二是认为税收竞争会增加污染排放，即存在“逐底效应”（李香菊和赵娜，2017；张根能等，2017；李子豪和毛军，2018；上官绪明和葛斌华，2019）；三是认为税收竞争对环境污染的影响存在“跷跷板”现象，对不同污染物有着不同的影响（刘文玉，2018）。

通过文献梳理可以看出，财政收入划分会影响环境污染，但其影响渠道相对复杂，不如财政事权划分和支出责任划分直观，在已有的研究中，研究财政收入划分对雾霾污染影响的文献相对较少，考察财政收入划分对环境污染空间效应的文献亦不多见。因此，有必要进一步揭示财政收入划分影响雾霾污染的渠道和机制，考察财政收入划分及其与财政事权匹配度对雾霾污染的影响与空间效应。

# 第二节　政府间财政收入划分影响雾霾污染治理的理论机制分析

政府间纵向的财力划分会影响不同层级政府的财政收支平衡和财政自主度，并进而形成地方政府财政压力。面临财政压力的地方政府在雾霾污染治理上会采取“减支”“增收”的策略性行为，并对雾霾污染治理产生影响（如图5－1所示）。

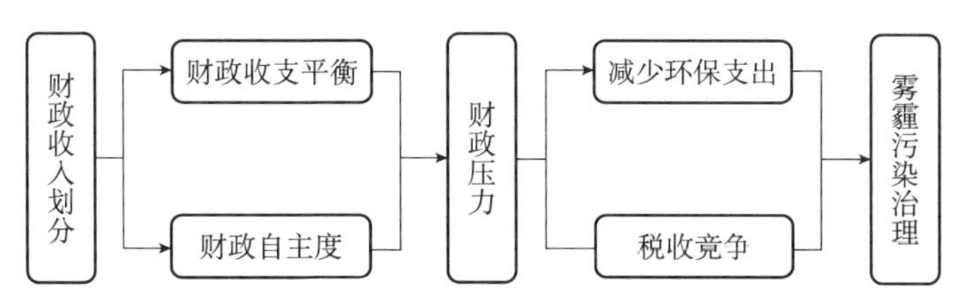


**图5－1　财政收入划分对雾霾污染治理的影响**

## 一、财政收入划分与财政压力

政府间财政收入划分主要通过两种渠道影响地方财政。首先，政府间财政收入划分直接影响纵向财力结构。比较理想的状态是结合不同层级政府的事权和支出划分政府间财政收入，实现支出责任与财政事权相匹配、财力与支出责任相匹配。现实的情况是很难实现这种理想状态。一是从理论上看，税收收入划分很难实现纵向财力均衡，收入可观、税基具有流动性和具有收入分配性质的税种大部分都是中央税或是中央地方共享税，可以完全作为地方税仅限于税基不具有流动性、受益范围比较清晰的税种，比如房地产税。二是从理论上看，税收收入划分的不均衡可以通过转移支付来弥补，但转移支付的“粘蝇纸”效应和“漏斗”效应会造成不利于地方财政收支平衡的激励。从我国情况来看，分税制改革以后，中央集中了大部分财力，导致地方财政困难，后续的税制改革也影响了地方财政收入，导致地方财政压力普遍偏大。分税制改革以后构建的转移支出制度在地方财政收支平衡中起到了较大的作用，但也没能从根本上解决地方财政收支缺口普遍存在的问题。

其次，政府间财政收入划分会影响地方财政自主度，而财政自主度又会影响地方财政状况。政府间财政收入划分不仅仅是税收分成的问题，还涉及财权的问题，财权主要是指自主决策和调整税基、税率获得财政收入的权力。单纯分配给地方财政收入而不赋予地方政府一定的财政收入自主权，不利于激发地方政府实现财政收支平衡的内生动力，极易导致政府预算软约束，地方政府通过“等、靠、要”的方式寄希望于从上级政府获得财政资金，而不是通过提高征税努力程度、培养税源等方式实现财政增收和地方财政平衡。

### 二、财政压力与雾霾污染治理

地方财政压力同样也可以通过两种渠道影响地方的雾霾污染治理行为。首先，财政压力会迫使地方政府在财政支出上采取策略性行为。在收支平衡压力下，地方政府会压缩与经济发展关联度不高的财政支出，对于雾霾污染治理而言，地方政府支出在短期之内可能成效并不明显，因此，地方政府在财政资金有限的情况下，极有可能消减与雾霾污染治理相关的财政支出。财力充裕的地方政府有能力对雾霾污染治理进行投入，但在治理收益和成本不对称的情况下，地方政府也不愿意过多地安排雾霾污染治理支出。其次，为了促进地方经济发展、缓解财政压力，财政收支缺口较大的地方政府会通过税收竞争的方式对生产要素展开竞争，为了能够实现短期内经济的快速增长和财源的增加，地方政府倾向于引入高能耗、高污染的重工业企业，从而加剧雾霾污染。对于财政收支相对平衡的地方政府，虽然也面临引资竞争，但其可能更多倾向于引进环境友好型的企业，从而有可能带来区域空气质量的改善。

## 第三节　我国政府间财政收入划分的演进路径

总体上来看，1949 年以来我国政府间财政收入划分经历了三个大的阶段，分别是计划经济时期的统收统支阶段、改革开放以后的“分灶吃饭”阶段和 1994 年以后的分税制阶段，不同阶段的政府收支划分有较大的差异，也形成了中央和地方不同的财力分配格局。

### 一、统收统支阶段

计划经济时期，我国形成了高度集权的财政管理体制。1950 年，我国开始实行统收统支财政管理体制，在中央和地方的收支划分上，地方所有的收入上缴中央，而地方所有的支出由中央统一核拨，地方收支不挂钩。这种高度集中的财政管理体制不利于调动地方的积极性，也给财政管理带来较大的难度。从 1951 年开始，我国开始实行分级财政管理体制，先后实施了“以收定支，统一领导”“总额分成，定收定支”“增收分成、收支挂钩”等财政管理体制，中央和地方财政关系在集权和分权上频繁调整，形成了“一放就乱、一收就死”的恶性循环。总体上看，1957 年以前，我国实行的是以集权为主的财政体制，强调中央的财经统一和高度集中，从 1958 开始强调分权，给予地方政府更多的财权和投资决策权，1961～1965 年又出现了新一轮的集权，把之前下放给地方的权力又收回中央。1966～1976 年“文化大革命”时期则比较混乱，又有集权又有分权（王曙光和王丹莉，2018）。这一时期，我国财政管理体制虽然经历了多次变动，但财政统收统支的框架没有打破，地方财政是作为中央财政计划的执行单位加以考虑和设置的，其自身的利益主体地位未受到重视，也不具备对自身行为负责的基本条件（楼继伟，2013）。

从财政收入的数据（如图 5－2 所示）来看，这一时期财政收入主要分为两个阶段：1959 年以前财政收入主要集中在中央；1959 年以后，财政收入主要集中在地方。这一重大变化主要是因为 1958 年中央调整中央和地方的收入划分，1958 年 6 月 2 日发布《关于企业、事业单位和技术力量下放的规定》，将工业、交通、商业、农垦各部门所辖企业全部或绝大部分下放地方管理；1958 年 6 月 9 日发布的《关于改进税收管理体制的规定》将 7 种地方税的管理权下放给省一级政府。这两项政策的实施，使得地方财政收入占比在 1959 年首次超过了中央。1971 年 3 月 1 日发布的《关于实行财政收支包干的通知》又一次调整了中央和地方的财政关系，开始实施“定收定支、收支包干，保证上缴（或差额补贴）、结余留用，一年一定”的财政管理体制，这一政策使得地方财政收入占比进一步上升。

从财政收入和财政支出的对比（如图 5－3 所示）来看，1959 年之前，地方财政支出占全国财政支出的比重要高于地方财政收入占全国财政收入的比重，1959 年之后，地方财政收入占比要远远高于地方财政支出占比，其差额大部分年份都维持在 30 个百分点左右。

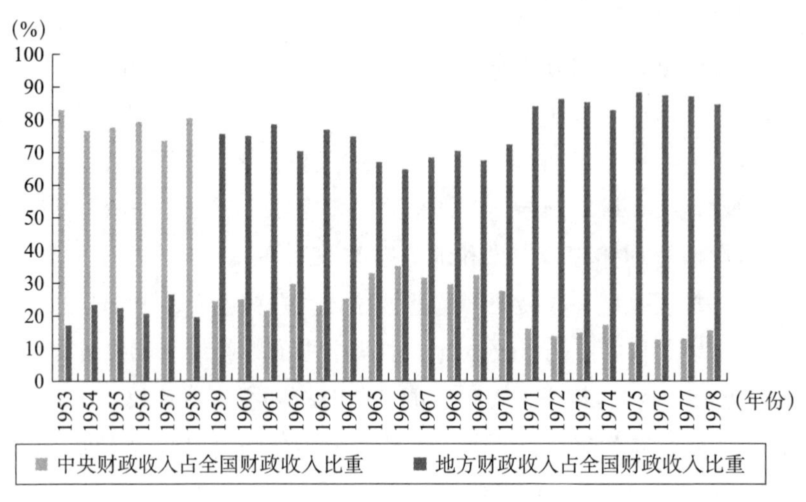


**图 5-2　计划经济时期中央和地方财政收入占全国财政收入的比重**

资料来源：根据《中国财政年鉴》相关数据计算。

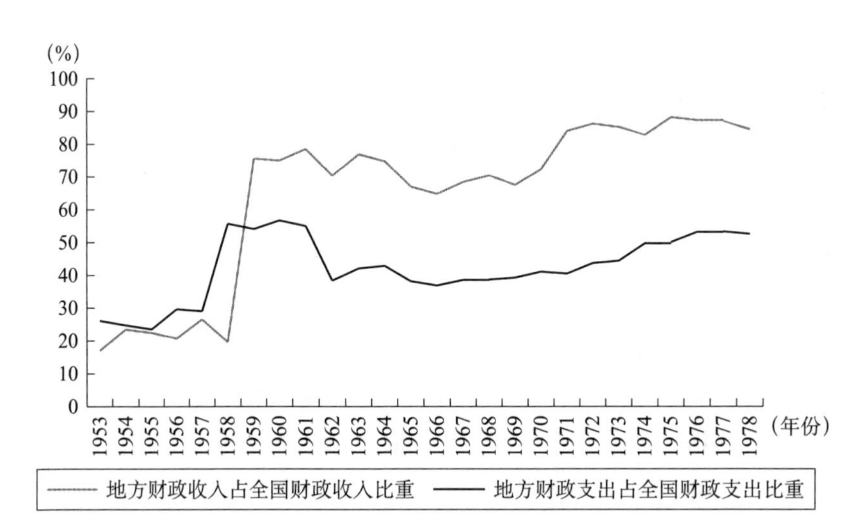


**图 5-3　计划经济时期地方财政收入和支出占全国财政收入和支出的比重**

资料来源：根据《中国财政年鉴》相关数据计算。

## 二、“分灶吃饭”阶段

改革开放以后，为了解决高度集权财政体制下地方积极性不够的问题，我国开始推行以“放权让利”为主要特征的财政管理体制改革，先后实施了利改税、划分税种、核定收支和分级包干等财税体制改革，形成了

“分灶吃饭、财政包干”的财政管理体制。改革开放以后一直到1994年，虽然中央和地方的财政也经历了一些调整，但总体上还是财政包干制。财政包干制改变了财权高度集中的状况，财力分配由以“条条”为主改为以“块块”为主，扩大了地方财政的自主权，调动了地方的积极性，但财政包干制也导致中央财力不断下降和财政体制不规范、不统一等问题。

从财政收入的数据（如图5-4所示）来看，随着财政包干制的推行，中央财政收入占比不断上升，1984年上升到40.5%，但随着两步“利改税”改革的实施，财政包干制下的“包税”“包利”的弊端开始显现，中央财政收入占比也随之逐步下滑。1993年，中央财政收入占比下滑到22%。

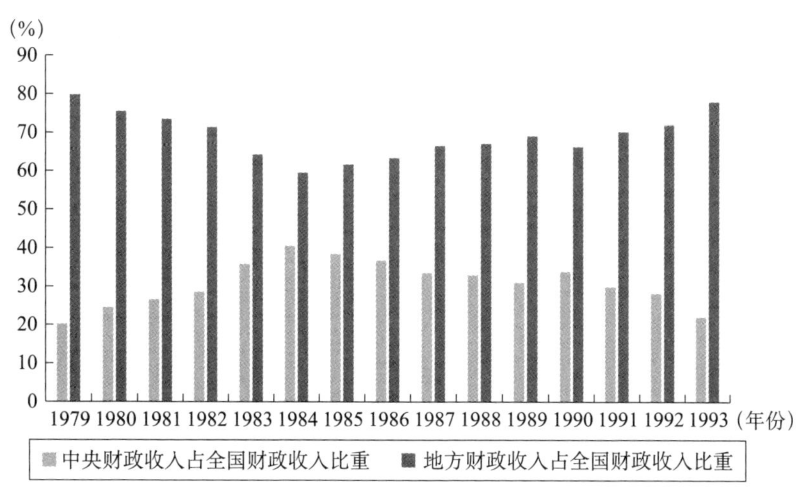


**图5-4　改革开放后中央和地方财政收入占全国财政收入的比重**

资料来源：根据《中国财政年鉴》相关数据计算。

从财政收入和财政支出的对比（如图5-5所示）来看，1985年之前，地方财政收入占全国财政收入的比重要高于地方财政支出占全国财政支出的比重，1985年之后，地方财政收入占比与地方财政支出占比大致相等。

## 三、分税制阶段

1994年的分税制改革是我国财政管理体制的一次根本性变革。同期，进行税制改革建立了以增值税为核心的新流转税制，这为中央和地方实行

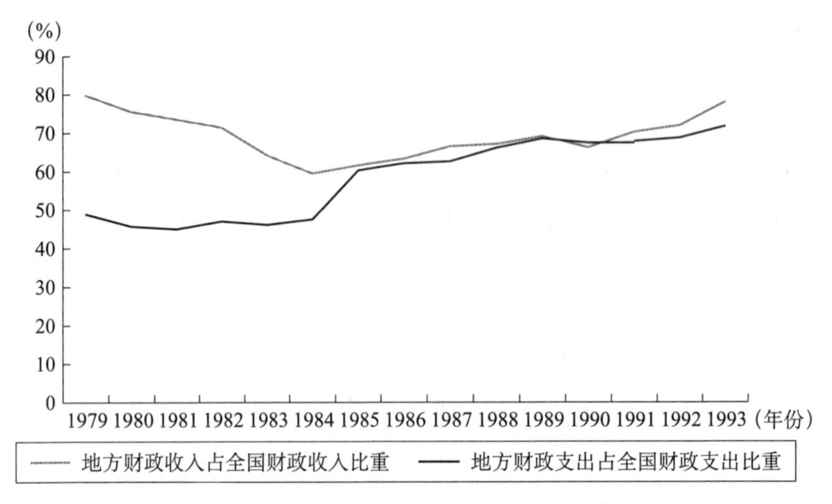


**图 5-5 改革开放后地方财政收入和支出占全国财政收入和支出的比重**

资料来源：根据《中国财政年鉴》相关数据计算。

分税制提供了重要的保障。通过在中央和地方之间实行按税种划分收入，打破了我国 1949 年以来长期按照企业隶属关系组织财政收入的传统，规范了中央和地方的财政关系。1994 年分税制改革的主要目标是提高“两个比重”①。从改革的效果来看，分税制改革实现中央集中财力这一目标，增强了中央政府的宏观调控能力，但同时，中央和地方的事权和支出责任并没有调整，地方财政压力不断上升。

从财政收入的数据（如图 5-6 所示）看，分税改革后，中央财政收入占比快速上升，1994 年上升到 44.3%，比 1993 年提高了 22 个百分点，在此之后，中央财政收入占比一直在 50% 上下波动。

从财政收入与支出的对比（如图 5-7 所示）来看，分税制改革后，地方收入占比与地方支出占比的差额迅速扩大，1993 年，地方财政收入占比高出地方支出占比 6.3 个百分点，1994 年，地方财政收入占比比地方支出占比低了 14 个百分点。在此之后，这一差距不断扩大，2005 年以后扩大到 20 个百分点以上，2009 年以后扩大到 30 个百分点以上，2015 年这一差额更是高达 40 个百分点。

① “两个比重”是指“财政收入占国内生产总值的比重”和“中央财政收入占全国财政收入的比重”。

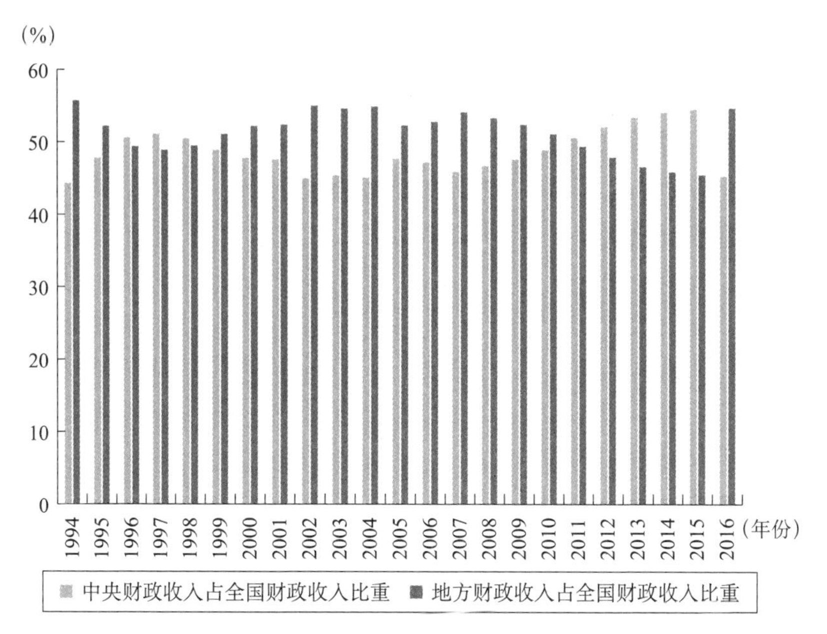


**图 5 -6　分税制改革后中央和地方财政收入占全国财政收入的比重**

资料来源：根据《中国财政年鉴》相关数据计算。

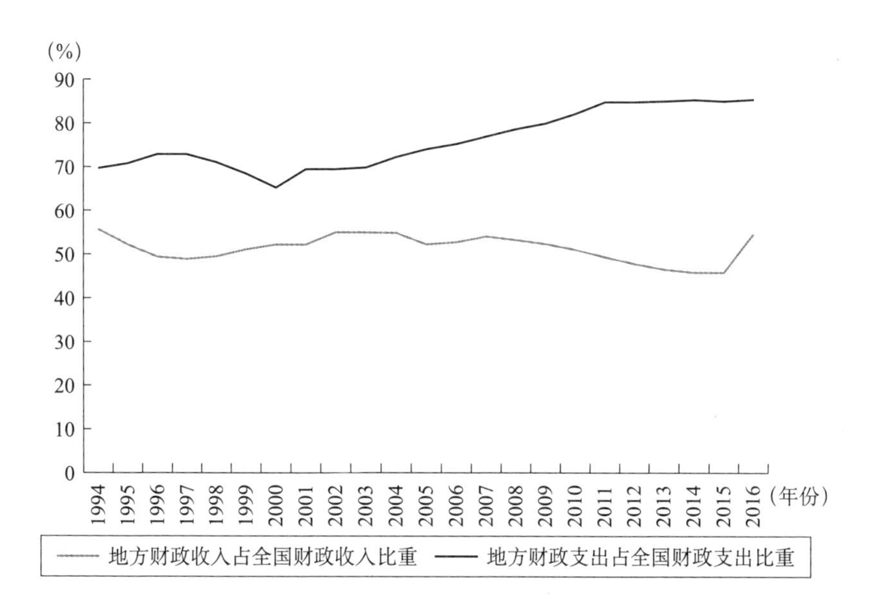


**图 5 -7　改革开放后地方财政收入和支出占全国财政收入和支出的比重**

资料来源：根据《中国财政年鉴》相关数据计算。

## 第四节　政府间财政收入划分影响雾霾污染的实证检验

### 一、研究设计

#### （一）空间计量模型设定

本节同样基于空间计量模型估计财政收入划分对雾霾污染的影响。(robust) LM、Wald 和 LR 检验的检验结果表明，在地理邻近权重矩阵（W1）和地理距离权重矩阵（W2）下，空间杜宾模型（SDM）是刻画财政收入划分对雾霾污染影响的合适空间模型，因此，本节构建的空间计量模型如下：

$$Y_{it} = \alpha + \rho W \times Y_{it} + \beta_1 fd_{it} + \beta_2 X_{it} + \lambda_1(W \times fd_{it}) + \lambda_2(W \times X_{it}) + u_i + \gamma_t + \varepsilon_{it} \quad (5-1)$$

其中，$Y_{it}$ 为雾霾污染水平，$fd_{it}$ 为财政收入划分情况，$X_{it}$ 为控制变量，$W$ 为空间权重矩阵，$u_i$ 和 $\gamma_t$ 分别为地区固定效应和年度固定效应，$\varepsilon_{it}$ 为随机误差性。

#### （二）变量说明与描述性统计

1. 被解释变量

本节实证分析的被解释变量（$Y$）为省市雾霾污染程度，其替代变量为各省市的 PM2.5 浓度水平、二氧化硫排放量和烟（粉）尘排放量。同样，为了进一步考察财政收入划分对不同类型雾霾污染的影响，进一步把二氧化硫排放量区分为工业二氧化硫排放量和生活二氧化硫排放量，把烟（粉）尘区分为工业烟（粉）尘和生活烟（粉）尘，作为被解释变量纳入模型。

2. 核心解释变量

本节实证分析的核心解释变量（*fd*）为财政收入划分指标（*fid*）、财政自主度（*fa*）和财政收入划分与环境财政事权的匹配情况（*mfided*）。对于政府间财政收入划分的度量，已有的文献通常采用两种类似的指标：一是用地方预算内财政收入除以全国预算内财政收入；二是用地方预算内财政收入除以地方和中央预算内财政收入之和。本节采用第一类指标衡量财政收入划分情况。本节没有选择税收收入划分这一指标，是因为税收收入不能全面反映地方的财力状况，非税收入是地方财力的重要组成部分，在某些年份等于甚至超过税收收入[①]，非税收入也是地方履行事权的重要收入来源。另外，由于大部分财政收入是从整体上为政府履责筹资，而不是专款专用，以环保税（或排污费）、资源税或消费税等与环境保护相关的税种的收入划分考察其对雾霾污染治理的影响也不合适。因此，采用财政收入划分情况这一指标更为合适，具体的计算公式为：各省市人均财政收入/全国人均财政收入，这一指标的值越大，表明省市获得的财政收入越多。

政府间财政收入划分反映了纵向的财力分配情况，单纯使用这一指标并不能全面地方财力对雾霾污染的影响。地方财政自主度度量了地方财政收支缺口，地方财政收支缺口的差异会引发地方竞争，从而对地方的治霾行为产生不同的影响。因此，本节引入地方财政自主度刻画地区间横向财力差距对雾霾污染的影响。

此外，财力与事权的匹配程度也会对雾霾污染产生影响。本节采用财政收入划分与环境事权划分的匹配情况来考察这一影响，为了与财政收入划分可比，本节的环境事权划分指标没有进行 GDP 平减，因而与第二章环境事权划分指标有一定的差异，但这两个指标之间不存在系统性差异。邹璇等（2019）的结果也表明，不考虑经济缩减因子的环境事权划分与考虑经济缩减因子的环境事权划分的回归结果基本一致。财力与事权匹配程度的具体计算方法是用财政收入划分指标除以环境财政事权划分指标，这一数值越大，表明地方履行环境财政事权的财力越充裕，反之，则表明地方履行环境财政事权缺乏足够的财力支撑。

3. 其他解释变量

地方经济发展水平（*pgdp*）采用人均 GDP 度量地方经济发展水平，并采用 GDP 平减指数消除价格因素的影响。人口密度（*pdensity*）以该地区年末人口数除以该地区行政区划面积计算而得。产业结构（*industry*）

① 这里使用的非税收入指的是除了税收收入以外其他所有形式的财政收入，是大口径的非税收入，包括全面取消预算外资金之前的预算外收入。

用第二产业占 GDP 的比重度量。贸易开放度（*open*）用进出口总额占GDP的比重度量，对进出口总额按照当年人民币兑美元平均汇率折算成人民币。城镇化水平（*urban*）用地区年末城镇人口占总人口的比重度量，计算方法与第二章第四节相同。能源消费结构（*energy*）用地区煤炭消费量占能源消费总量的比重度量。技术创新水平（*tech*）用专利授权数量来衡量地区技术创新水平。

4. 数据说明与描述性统计

基于数据的可得性，本节的研究对象包括除西藏和港澳台以外的30个省区市，样本期为1998～2015年①。二氧化硫排放量、烟（粉）尘排放量以及环保系统人员数量来自《中国环境年鉴》，财政收入的相关数据均来自《中国财政年鉴》，能源消费结构数据来自《中国能源统计年鉴》，其他数据来自《中国统计年鉴》。为了缓解异方差带来的影响，所有的变量均取对数。变量的描述性统计结果见表5－1。

**表5－1　描述性统计结果**

| 变量 | 均值 | 标准差 | 最小值 | 最大值 |
|---|---|---|---|---|
| PM2.5（lnpm25） | 3.181 | 0.632 | 0.811 | 4.415 |
| 二氧化硫排放量（lnso2） | 3.809 | 1.321 | －2.612 | 5.420 |
| 工业二氧化硫排放量 lniso2 | 3.801 | 0.939 | 0.641 | 5.171 |
| 生活二氧化硫排放量 lndso2 | 1.858 | 1.260 | －3.932 | 4.679 |
| 烟（粉）尘排放量（lndust） | 3.758 | 0.937 | 0.384 | 5.572 |
| 工业烟（粉）尘排放量（lnidust） | 3.591 | 0.996 | 0.270 | 5.365 |
| 生活烟（粉）尘排放量（lnddust） | 1.338 | 1.345 | －6.438 | 3.938 |
| 财政收入划分（lnfid） | －0.782 | 0.635 | －1.671 | 1.178 |
| 财政自主度（lnfa） | 3.905 | 0.367 | 2.696 | 4.555 |
| 财政收入与财政事权匹配（lnmfided） | －0.740 | 0.697 | －2.021 | 1.313 |
| 人口密度（lnpdensity） | 5.397 | 1.253 | 1.941 | 8.249 |
| 经济发展水平（lnpgdp） | 9.786 | 0.866 | 7.768 | 11.590 |
| 产业结构（lnindustry） | 3.637 | 0.256 | 2.535 | 4.082 |
| 城镇化水平（lnurban） | 3.817 | 0.317 | 3.086 | 4.495 |

① 西藏的数据缺失较多，故将西藏从样本中删去。由于2015年以后不再统计环保系统人员，因此，所有样本期截至2015年。

续表

| 变量 | 均值 | 标准差 | 最小值 | 最大值 |
|---|---|---|---|---|
| 贸易开放度（lnopen） | 2.858 | 1.016 | 1.152 | 5.148 |
| 技术创新水平（lntech） | 8.399 | 1.635 | 4.127 | 12.506 |
| 能源消费结构（lnenergy） | 4.173 | 0.359 | 2.497 | 5.104 |

## 二、财政收入划分对雾霾污染影响的回归结果分析

为了考察财政收入划分对雾霾污染的影响，本节以财政收入划分（lnfid）作为核心解释变量，在地理邻接权重矩阵（W1）和地理距离权重矩阵（W2）设定下对被解释变量（PM2.5、二氧化硫排放量和烟（粉）尘排放量）进行回归，并进一步考察不同解释变量对雾霾污染的直接效应、间接效应和总效应。

### （一）财政收入划分对雾霾污染的影响及其空间效应

1. 财政收入划分对雾霾污染的影响

表5-2给出了财政收入划分对雾霾污染影响的回归结果。如结果所示，在地理邻接权重矩阵（W1）和地理距离权重矩阵（W2）下，财政收入分权会显著减少PM2.5浓度水平和烟（粉）尘排放，在W1权重矩阵下，财政收入分权会显著减少二氧化硫的排放。从控制变量来看，地方的产业结构和能源结构会显著增加以PM2.5、二氧化硫和烟（粉）尘表征的雾霾污染，这一回归结果与预期相吻合，因为在大多数地方，雾霾污染的主要来源是工业污染和燃煤。贸易开放度的系数估计值均显著为负，表明不存在境外向境内污染转移。技术创新水平对二氧化硫和烟（粉）尘的回归系数显著为正，表明技术进步会增加二氧化硫和烟（粉）尘的排放。人口密度、人均GDP和城镇化水平在不同空间矩阵设定下的系数正负不一致，且显著性水平差别也比较大，互相矛盾的结果可能是这些因素影响不同污染物的机制不一样。

**表5-2　财政收入划分影响雾霾污染的空间面板回归结果**

| 变量 | PM2.5 | | 二氧化硫 | | 烟（粉）尘 | |
|---|---|---|---|---|---|---|
| | W1 | W2 | W1 | W2 | W1 | W2 |
| 财政收入划分（lnfid） | -0.372*** | -0.416*** | -0.377** | -0.275 | -0.266** | -0.414*** |
| | (-7.040) | (-6.692) | (-2.100) | (-1.376) | (-2.568) | (-3.792) |

续表

| 变量 | PM2.5 | | 二氧化硫 | | 烟（粉）尘 | |
|---|---|---|---|---|---|---|
| | W1 | W2 | W1 | W2 | W1 | W2 |
| 人口密度（lnpdensity） | 0.466***（36.74） | 0.449***（27.88） | 0.359***（8.374） | 0.276***（5.327） | -0.132***（-5.337） | -0.170***（-5.989） |
| 经济发展水平（lnpgdp） | 0.492***（6.411） | 0.513***（6.374） | -1.017***（-3.981） | -1.425***（-5.508） | -0.0794（-0.535） | 0.160（1.129） |
| 产业结构（lnindustry） | 0.233***（3.912） | 0.158**（2.265） | 1.212***（6.042） | 1.429***（6.374） | 0.632***（5.403） | 0.369***（3.007） |
| 城镇化水平（lnurban） | 0.00103（0.0106） | -0.0241（-0.240） | 0.889***（2.746） | 1.555***（4.804） | -0.570***（-3.056） | -0.696***（-3.934） |
| 贸易开放度（lnopen） | -0.0429*（-1.787） | -0.0387（-1.326） | -0.796***（-9.841） | -0.713***（-7.611） | -0.210***（-4.439） | -0.147***（-2.867） |
| 技术创新水平（lntech） | -0.0229（-1.532） | 3.22e-05（0.00163） | 0.483***（9.563） | 0.634***（9.994） | 0.487***（16.49） | 0.474***（13.65） |
| 能源消费结构（energy） | 0.158***（3.774） | 0.102**（2.320） | 0.400***（2.784） | 0.538***（3.822） | 0.666***（8.136） | 0.778***（10.11） |
| W×lnfid | -0.164（-1.265） | -0.832***（-3.423） | 0.258（0.603） | -3.457***（-4.425） | -0.471*（-1.892） | -0.508（-1.190） |
| W×lnpdensity | 0.240***（5.261） | -0.214**（-2.030） | -0.495***（-3.939） | -1.566***（-4.621） | -0.111（-1.637） | -0.670***（-3.617） |
| W×lnpgdp | -0.581***（-3.975） | -0.135（-0.557） | -2.898***（-5.827） | -1.784**（-2.288） | 0.00753（0.0271） | 1.147***（2.696） |
| W×lnindustry | 0.0695（0.648） | -0.915***（-2.832） | 1.837***（4.592） | 1.313（1.262） | 0.704***（3.241） | 1.419**（2.500） |
| W×lnurban | 0.959***（6.443） | 0.857（1.536） | 2.741***（5.239） | 6.241***（3.478） | -1.289***（-4.440） | -4.633***（-4.730） |
| W×lnopen | 0.0242（0.373） | 0.119（0.714） | 0.500**（2.273） | 2.678***（4.991） | 0.670***（5.416） | 1.011***（3.454） |
| W×lntech | -0.0108（-0.294） | 0.136（1.182） | 0.221*（1.780） | 0.429（1.161） | -0.229***（-2.982） | -0.380*（-1.879） |
| W×energy | 0.0969（0.950） | 0.0881（0.316） | -1.561***（-4.549） | -4.049***（-4.515） | 0.340*（1.670） | 1.241**（2.533） |

注：***、**、*分别表示在0.01、0.05、0.1的水平上显著。括号内数字为稳健性标准差。

2. 财政收入划分对雾霾污染的空间影响

财政收入划分对PM2.5的空间效应见表5-3。可以看出，在W1权重矩阵下，财政收入划分对PM2.5的直接效应、总效应显著为负，间接效应为负但不显著；在W2权重矩阵下，财政收入划分对PM2.5的直接效应、间接效应和总效应均为负但不显著。上述回归结果表明，将更多的财力赋予省级政府可以显著减少本地区和所有地区的PM2.5浓度水平。在W1权重矩阵下，人口密度、经济发展水平、产业结构和能源结构的直接效应均显著为正，表明上述因素会显著增加本地区的 PM2.5 浓度水平。贸易开放度的直接效应显著为负，表明进出口贸易会显著降低本地区的 PM2.5 浓度水平。从间接效应来看，人口密度和城镇化水平显著为正，经济发展水平显著为负，表明前两个因素会显著提高邻近地区的 PM2.5 浓度水平，而本地区经济发展会显著降低邻近地区的 PM2.5 浓度水平。从总效应来看，人口密度、产业结构、城镇化水平、能源消费水平均显著为正，表明上述因素会显著提高所有地区的 PM2.5 浓度水平。在 W2 权重矩阵下，大部分变量的直接效应、间接效应和总效应都不显著。

**表 5 – 3　财政收入划分对 PM2.5 浓度水平的空间影响：直接、间接和总效应**

| 变量 | W1 | | | W2 | | |
|---|---|---|---|---|---|---|
| | 直接效应 | 间接效应 | 总效应 | 直接效应 | 间接效应 | 总效应 |
| 财政收入划分 | −0.370*** | −0.00346 | −0.373*** | −0.0493 | −0.111 | −0.160 |
| (lnfid) | (−6.540) | (−0.0346) | (−3.738) | (−0.866) | (−0.615) | (−0.803) |
| 人口密度 | 0.460*** | 0.0447* | 0.505*** | −0.177 | 0.799 | 0.622 |
| (lnpdensity) | (38.22) | (1.684) | (17.55) | (−1.560) | (1.608) | (1.234) |
| 经济发展水平 | 0.565*** | −0.637*** | −0.0717 | 0.00932 | −0.381** | −0.371** |
| (lnpgdp) | (6.988) | (−5.345) | (−0.663) | (0.118) | (−2.399) | (−2.224) |
| 产业结构 | 0.232*** | −0.0104 | 0.221** | −0.0158 | 0.795*** | 0.779*** |
| (lnindustry) | (3.873) | (−0.111) | (2.547) | (−0.303) | (3.405) | (3.277) |
| 城镇化水平 | −0.0898 | 0.768*** | 0.678*** | −0.0972 | 0.887** | 0.790* |
| (lnurban) | (−0.991) | (6.801) | (5.161) | (−1.099) | (2.248) | (1.892) |
| 贸易开放度 | −0.0468** | 0.0373 | −0.00950 | −0.0242 | 0.230** | 0.206* |
| (lnopen) | (−1.975) | (0.742) | (−0.177) | (−1.117) | (2.223) | (1.949) |
| 技术创新水平 | −0.0226 | −0.00350 | −0.0261 | −0.0267 | 0.187** | 0.160** |
| (lntech) | (−1.557) | (−0.124) | (−0.822) | (−1.408) | (2.411) | (2.024) |
| 能源消费结构 | 0.156*** | 0.0315 | 0.188** | −0.0891** | −0.0235 | −0.113 |
| (energy) | (3.566) | (0.379) | (2.137) | (−2.203) | (−0.134) | (−0.606) |

注：***、**、* 分别表示在 0.01、0.05、0.1 的水平上显著。括号内数字为稳健性标准差。

表 5 – 4 给出了财政收入划分对二氧化硫的空间效应回归结果。从直接效应来看，在 W1 权重矩阵下，收入划分对二氧化硫排放的直接效应均显著为正，表明环境支出责任下划会显著增加本地区二氧化硫排放水平；人口密度、产业结构、城镇化水平、技术创新水平和能源消费结构均显著为正，表明上述因素会显著提高本地区的二氧化硫排放水平。经济发展水平和贸易开放度显著为负，表明这两个因素会显著减少二氧化硫排放。从间接效应来看，人口密度、经济发展水平和能源消费结构均显著为负，产业结构、城镇化水平和贸易开放度显著为正，表明上述因素分别会显著增加

或减少邻近地区的二氧化硫排放。从总效应来看，产业结构、城镇化水平和技术创新水平显著为正，经济发展水平和能源消费结构的总效应显著为负，表明上述因素分别会显著增加和减少所有地区的二氧化硫排放。在W2权重矩阵下，大部分变量的直接效应、间接效应和总效应都不显著。

**表5－4　财政收入划分对二氧化硫排放的空间影响：直接、间接和总效应**

| 变量 | W1 | | | W2 | | |
|---|---|---|---|---|---|---|
| | 直接效应 | 间接效应 | 总效应 | 直接效应 | 间接效应 | 总效应 |
| 财政收入划分 | －0.372** | －0.174 | －0.546 | －0.176 | －0.983 | －1.159 |
| (lnfid) | (－1.986) | (－0.482) | (－1.436) | (－0.836) | (－1.125) | (－1.204) |
| 人口密度 | 0.390*** | －0.501*** | －0.112 | －1.135*** | －0.624 | －1.759 |
| (lnpdensity) | (9.652) | (－4.749) | (－0.945) | (－2.743) | (－0.269) | (－0.735) |
| 经济发展水平 | －0.848*** | －2.301*** | －3.150*** | －0.163 | －0.777 | －0.940 |
| (lnpgdp) | (－3.168) | (－5.612) | (－7.822) | (－0.570) | (－1.212) | (－1.359) |
| 产业结构 | 1.115*** | 1.337*** | 2.452*** | －0.152 | 1.416 | 1.265 |
| (lnindustry) | (5.679) | (4.056) | (7.574) | (－0.810) | (1.387) | (1.205) |
| 城镇化水平 | 0.722** | 2.139*** | 2.861*** | 0.485 | －1.963 | －1.478 |
| (lnurban) | (2.405) | (5.238) | (5.781) | (1.485) | (－1.132) | (－0.799) |
| 贸易开放度 | －0.837*** | 0.613*** | －0.224 | －0.196** | 0.122 | －0.0740 |
| (lnopen) | (－10.62) | (3.404) | (－1.113) | (－2.482) | (0.255) | (－0.150) |
| 技术创新水平 | 0.478*** | 0.0787 | 0.556*** | －0.129* | 0.652* | 0.523 |
| (lntech) | (9.807) | (0.746) | (4.520) | (－1.869) | (1.862) | (1.440) |
| 能源消费结构 | 0.499*** | －1.410*** | －0.911*** | 0.286* | －1.048 | －0.762 |
| (energy) | (3.430) | (－4.928) | (－2.901) | (1.905) | (－1.231) | (－0.840) |

注：***、**、*分别表示在0.01、0.05、0.1的水平上显著。括号内数字为稳健性标准差。

表5－5列出了财政收入划分对烟（粉）尘的空间效应的回归结果。财政收入划分对烟（粉）尘排放的直接效应在W1和W2权重矩阵下均显著为负，间接效应在两种权重矩阵下为负但不显著，总效应在W1权重矩阵下显著为负，在W2权重矩阵下为负但不显著，表明财政收入下划会显著减少本地区和所有地区的烟（粉）尘排放。人口密度在W1权重矩阵下的直接效应、间接效应和总效应均显著为负，在W2权重矩阵下为正但只有直接效应显著，表明地理相邻空间结构下人口密度可以减少本地区、邻近地区和所有地区的烟粉尘排放。经济发展水平在两种权重矩阵下均为负，但仅有W2权重矩阵下的直接效应和总效应显著，表明经济发展水平在地理距离相近的空间结构下会减少本地区和所有地区的烟（粉）尘排放。产业结构的直接效应、间接效应和总效应在两种权重矩阵下均为正，但只在W1权重矩阵下显著，表明产业结构会显著增加本地区、邻近地区

和所有地区的烟（粉）尘排放。城镇化水平的直接效应、间接效应和总效应在两种权重矩阵下均显著为负，表明城镇化水平会同时减少本地区、邻近地区和距离相近地区以及所有地区的烟（粉）尘排放。贸易开放度的直接效应、间接效应和总效应在两种权重矩阵下同样为负，但只有 W1 权重矩阵下的总效应不显著，表明贸易开放度可以显著减少本地区、邻近地区和距离相近地区以及所有地区的烟（粉）尘排放。在两种权重矩阵下，技术创新水平的直接效应和总效应显著为正，间接效应显著为负，表明技术创新水平会显著增加本地区和所有地区的烟（粉）尘排放，但会显著减少邻近地区和距离相近地区的烟（粉）尘排放。能源消费结构的直接效应、间接效应和总效应在两种权重矩阵下均为正，且只有 W1 权重矩阵下的间接效应不显著，表明能源消费结构会显著增加本地区、距离相近地区和所有地区的烟（粉）尘排放。

**表 5－5　财政收入划分对烟（粉）尘排放的空间影响：直接、间接和总效应**

| 变量 | W1 | | | W2 | | |
|---|---|---|---|---|---|---|
| | 直接效应 | 间接效应 | 总效应 | 直接效应 | 间接效应 | 总效应 |
| 财政收入划分 | -0.393*** | -0.161 | -0.554** | -0.439*** | -0.814 | -1.252 |
| (lnfid) | (-3.829) | (-0.706) | (-2.192) | (-3.280) | (-1.101) | (-1.550) |
| 人口密度 | -0.121*** | -0.115* | -0.235*** | 0.622** | -1.005 | -0.382 |
| (lnpdensity) | (-5.274) | (-1.782) | (-3.180) | (2.396) | (-0.508) | (-0.186) |
| 经济发展水平 | -0.125 | -0.0334 | -0.159 | -0.353** | -0.624 | -0.976* |
| (lnpgdp) | (-0.874) | (-0.132) | (-0.595) | (-2.001) | (-1.159) | (-1.661) |
| 产业结构 | 1.009*** | 0.573*** | 1.582*** | 0.0976 | 0.933 | 1.031 |
| (lnindustry) | (9.404) | (2.858) | (7.334) | (0.832) | (1.101) | (1.171) |
| 城镇化水平 | -0.576*** | -0.932*** | -1.508*** | -0.400* | -6.971*** | -7.371*** |
| (lnurban) | (-3.432) | (-3.525) | (-4.531) | (-1.883) | (-3.527) | (-3.549) |
| 贸易开放度 | -0.178*** | -0.391*** | -0.569 | -0.127*** | -1.640*** | -1.767*** |
| (lnopen) | (-3.993) | (-3.358) | (-1.593) | (-2.496) | (-3.313) | (-3.440) |
| 技术创新水平 | 0.497*** | -0.197*** | 0.300*** | 0.272*** | 0.647* | 0.918*** |
| (lntech) | (17.94) | (-2.893) | (3.680) | (6.289) | (-1.915) | (2.614) |
| 能源消费结构 | 0.635*** | 0.259 | 0.893*** | 0.406*** | 2.067** | 1.661* |
| (energy) | (7.817) | (1.407) | (4.204) | (4.191) | (2.474) | (1.882) |

注：***、**、*分别表示在 0.01、0.05、0.1 的水平上显著。括号内数字为稳健性标准差。

### （二）财政收入划分对不同类型二氧化硫和烟（粉）尘排放的影响及其空间效应

为了进一步考察财政收入划分对不同类型二氧化硫和烟（粉）尘排放的影响，本节同样以工业和生活二氧化硫及烟（粉）尘排放量作为被解释变量，以财政收入划分情况作为解释变量进行回归分析。

1. 财政收入划分对不同类型二氧化硫和烟（粉）尘排放的影响

财政收入划分对工业和生活二氧化硫排放的回归结果见表5-6。结果显示，财政收入划分对两类二氧化硫排放的回归系数均显著为负。表明赋予更多的财政收入有利于减少工业和生活二氧化硫的排放。一方面，财力越充沛的地区，在现有的财政支出结构下，可以筹集更多财政资金用于污染治理；另一方面，财力越充沛的地区，也更有能力应对环境管制对地方财政的冲击。从控制变量来看，人口密度、城镇化水平和贸易开放度对工业和生活二氧化硫的回归系数均显著为负，产业结构、技术创新水平和能源消费结构对两类二氧化硫的回归系数均显著为正，表明前面三个因素都会显著减少两类二氧化硫的排放，而后面三个因素会显著增加两类二氧化硫的排放。

**表5-6　财政收入划分影响不同类型二氧化硫排放的空间面板回归结果**

| 变量 | 工业二氧化硫 | | 生活二氧化硫 | |
|---|---|---|---|---|
| | W1 | W2 | W1 | W2 |
| 财政收入划分<br>(lnfid) | -0.253**<br>(-2.558) | -0.242**<br>(-2.210) | -0.266**<br>(-2.568) | -0.414***<br>(-3.792) |
| 人口密度<br>(lnpdensity) | -0.0408*<br>(-1.725) | -0.101***<br>(-3.537) | -0.132***<br>(-5.337) | -0.170***<br>(-5.989) |
| 经济发展水平<br>(lnpgdp) | -0.209<br>(-1.482) | -0.186<br>(-1.313) | -0.0794<br>(-0.535) | 0.160<br>(1.129) |
| 产业结构<br>(lnindustry) | 1.346***<br>(12.13) | 1.054***<br>(8.567) | 0.632***<br>(5.403) | 0.369***<br>(3.007) |
| 城镇化水平<br>(lnurban) | -1.277***<br>(-7.157) | -1.376***<br>(-7.748) | -0.570***<br>(-3.056) | -0.696***<br>(-3.934) |
| 贸易开放度<br>(lnopen) | -0.0947**<br>(-2.116) | -0.0339<br>(-0.658) | -0.210***<br>(-4.439) | -0.147***<br>(-2.867) |
| 技术创新水平<br>(lntech) | 0.429***<br>(15.35) | 0.494***<br>(14.19) | 0.487***<br>(16.49) | 0.474***<br>(13.65) |
| 能源消费结构<br>(energy) | 0.836***<br>(10.71) | 0.966***<br>(12.51) | 0.666***<br>(8.136) | 0.778***<br>(10.11) |
| W×lnfid | -0.539**<br>(-2.279) | -0.576<br>(-1.343) | -0.471*<br>(-1.892) | -0.508<br>(-1.190) |
| W×lnpdensity | 0.124*<br>(1.915) | -0.465**<br>(-2.501) | -0.111<br>(-1.637) | -0.670***<br>(-3.617) |
| W×lnpgdp | -0.152<br>(-0.571) | -0.469<br>(-1.098) | 0.00753<br>(0.0271) | 1.147***<br>(2.696) |

续表

| 变量 | 工业二氧化硫 | | 生活二氧化硫 | |
|---|---|---|---|---|
| | W1 | W2 | W1 | W2 |
| W × lnindustry | 0.630 ***<br>(2.759) | -0.131<br>(-0.229) | 0.704 ***<br>(3.241) | 1.419 **<br>(2.500) |
| W × lnurban | 0.449<br>(1.579) | 0.220<br>(0.224) | -1.289 ***<br>(-4.440) | -4.633 ***<br>(-4.730) |
| W × lnopen | 0.0676<br>(0.574) | 0.727 **<br>(2.471) | 0.670 ***<br>(5.416) | 1.011 ***<br>(3.454) |
| W × lntech | -0.0297<br>(-0.405) | 0.162<br>(0.797) | -0.229 ***<br>(-2.982) | -0.380 *<br>(-1.879) |
| W × energy | 0.000689<br>(0.00358) | 0.713<br>(1.448) | 0.340 *<br>(1.670) | 1.241 **<br>(2.533) |

注：***、**、* 分别表示在 0.01、0.05、0.1 的水平上显著。括号内数字为稳健性标准差。

表 5-7 列示了财政收入划分对不同类型烟（粉）尘的回归结果。结果表明，财政收入划分的系数估计值均在 1% 水平显著为负，表明财政收入分权会显著减少工业和生活烟（粉）尘的排放。从控制变量来看，其回归系数符号与工业和生活二氧化硫基本一致，除城镇化水平对生活烟（粉）尘的回归系数不显著外，其他均显著。

**表 5-7　　财政收入划分影响不同类型烟（粉）的空间面板回归结果**

| 变量 | 工业烟（粉）尘 | | 生活烟（粉）尘 | |
|---|---|---|---|---|
| | W1 | W2 | W1 | W2 |
| 财政收入划分<br>(lnfid) | -0.399 ***<br>(-3.987) | -0.559 ***<br>(-5.197) | -1.225 ***<br>(-6.396) | -0.795 ***<br>(-3.860) |
| 人口密度<br>(lnpdensity) | -0.121 ***<br>(-5.041) | -0.146 ***<br>(-5.250) | -0.355 ***<br>(-7.742) | -0.310 ***<br>(-5.818) |
| 经济发展水平<br>(lnpgdp) | -0.135<br>(-0.941) | 0.130<br>(0.932) | -0.924 ***<br>(-3.371) | -0.431<br>(-1.618) |
| 产业结构<br>(lnindustry) | 1.020 ***<br>(9.024) | 0.767 ***<br>(6.351) | 0.940 ***<br>(4.369) | 0.360<br>(1.560) |
| 城镇化水平<br>(lnurban) | -0.574 ***<br>(-3.198) | -0.683 ***<br>(-3.918) | -0.107<br>(-0.309) | -0.445<br>(-1.285) |
| 贸易开放度<br>(lnopen) | -0.173 ***<br>(-3.799) | -0.115 **<br>(-2.272) | -0.551 ***<br>(-6.264) | -0.437 ***<br>(-4.404) |
| 技术创新水平<br>(lntech) | 0.494 ***<br>(17.43) | 0.474 ***<br>(13.86) | 0.477 ***<br>(8.762) | 0.348 ***<br>(5.327) |
| 能源消费结构<br>(energy) | 0.635 ***<br>(8.041) | 0.772 ***<br>(10.19) | 1.435 ***<br>(9.362) | 1.386 ***<br>(9.073) |
| W × lnfid | -0.210<br>(-0.875) | -0.472<br>(-1.122) | -0.760 *<br>(-1.665) | -0.994<br>(-1.148) |

续表

| 变量 | 工业烟（粉）尘 | | 生活烟（粉）尘 | |
|---|---|---|---|---|
| | W1 | W2 | W1 | W2 |
| W × lnpdensity | -0.125 *<br>(-1.896) | -0.409 **<br>(-2.242) | -0.157<br>(-1.253) | -1.113 ***<br>(-3.132) |
| W × lnpgdp | -0.0170<br>(-0.0635) | 1.450 ***<br>(3.461) | -0.388<br>(-0.755) | 1.849 **<br>(2.285) |
| W × lnindustry | 0.631 ***<br>(2.906) | 0.861<br>(1.540) | -0.460<br>(-1.192) | -0.562<br>(-0.525) |
| W × lnurban | -0.982 ***<br>(-3.512) | -4.163 ***<br>(-4.311) | -2.102 ***<br>(-3.941) | -8.714 ***<br>(-4.671) |
| W × lnopen | 0.388 ***<br>(3.238) | 0.938 ***<br>(3.253) | 0.670 ***<br>(2.899) | 0.202<br>(0.362) |
| W × lntech | -0.174 **<br>(-2.311) | -0.609 ***<br>(-3.064) | 0.393 ***<br>(2.894) | 0.267<br>(0.671) |
| W × energy | 0.295<br>(1.496) | 0.773<br>(1.603) | 1.976 ***<br>(5.283) | 5.026 ***<br>(4.836) |

注：***、**、* 分别表示在 0.01、0.05、0.1 的水平上显著。括号内数字为稳健性标准差。

2. 财政收入划分对不同类型二氧化硫和烟（粉）尘排放的空间影响

表5-8给出了财政收入划分对不同类型二氧化硫和烟（粉）尘排放的分解效应。结果显示，在 W1 和 W2 权重矩阵下，两种类型二氧化硫和烟（粉）尘的直接效应均显著为负，表明财政收入分权会显著减少本地区工业和生活二氧化硫及烟（粉）尘排放；对于间接效应，生活二氧化硫和生活烟（粉）尘在两种权重矩阵下均显著为正，而工业二氧化硫和工业烟（粉）尘在两种权重矩阵下基本不显著，表明财政收入分权会显著增加邻近地区和地理相近地区的生活二氧化硫和生活烟（粉）尘的排放；对于总效应，两种权重矩阵下，不同类型二氧化硫和烟（粉）尘基本不显著，表明财政收入对所有地区不同类型二氧化硫和烟（粉）尘排放的影响不确定。

**表5-8　财政收入划分对不同类型污染物排放的空间影响：直接、间接和总效应**

| 变量 | W1 | | | W2 | | |
|---|---|---|---|---|---|---|
| | 直接效应 | 间接效应 | 总效应 | 直接效应 | 间接效应 | 总效应 |
| 工业二氧化硫 | -0.295 ***<br>(-2.873) | 0.497 **<br>(2.530) | 0.202<br>(0.991) | -0.233 **<br>(-1.979) | 0.0162<br>(0.0293) | 0.217<br>(0.410) |
| 生活二氧化硫 | -1.813 ***<br>(8.715) | 1.884 ***<br>(5.892) | -0.0707<br>(-0.261) | -0.524 ***<br>(-3.026) | 1.974 ***<br>(4.012) | 1.450 ***<br>(2.691) |

续表

| 变量 | W1 | | | W2 | | |
|---|---|---|---|---|---|---|
| | 直接效应 | 间接效应 | 总效应 | 直接效应 | 间接效应 | 总效应 |
| 工业烟（粉）尘 | -0.393***<br>(-3.829) | -0.161<br>(-0.706) | -0.554**<br>(-2.192) | -0.439***<br>(-3.280) | -0.814<br>(-1.101) | -1.252<br>(-1.550) |
| 生活烟（粉）尘 | -1.465***<br>(-6.530) | 1.155***<br>(3.282) | -0.311<br>(-1.013) | -0.857***<br>(-3.162) | 2.001**<br>(2.464) | 1.144<br>(1.276) |
| 控制变量 | Yes | Yes | Yes | Yes | Yes | Yes |

注：***、**、*分别表示在0.01、0.05、0.1的水平上显著。括号内数字为稳健性标准差。

## 三、财政自主度对雾霾污染影响的回归结果分析

为了考察地方财力缺口对雾霾污染的影响，本节以财政自主度（lnfa）作为核心解释变量，在地理邻接权重矩阵（W1）和地理距离权重矩阵（W2）设定下对被解释变量（PM2.5、二氧化硫排放量和烟（粉）尘排放量）进行回归，并对包括控制变量的回归结果进行分解，得到不同解释变量对雾霾污染的直接效应、间接效应和总效应。

### （一）财政自主度对雾霾污染的影响及其空间效应

1. 财政自主度对雾霾污染的影响

财政自主度对雾霾污染影响的回归结果见表5-9。结果显示，在两种权重矩阵下，财政自主度对以PM2.5表征的雾霾污染回归系数显著为负，以二氧化硫和烟（粉）尘表征的雾霾污染回归系数为负，但在W2权重矩阵下不显著，表明提高一个地区的财政自主度可以显著减少PM2.5浓度水平和二氧化硫与烟（粉）尘排放水平。从控制变量来看，产业结构、技术创新水平和能源结构对PM2.5、二氧化硫和烟（粉）尘的回归系数基本都显著为正，表明这些因素会显著增加PM2.5的浓度水平和二氧化硫与烟（粉）尘的排放。贸易开放度的系数估计值均在1%的水平显著为负，表明不存在境外向境内污染转移。人口密度、人均GDP和城镇化水平对不同污染的系数正负不一致，可能的原因是上述因素影响不同污染物的机制不一样。

表 5－9　　财政自主度影响雾霾污染的空间面板回归结果

| 变量 | PM2.5 | | 二氧化硫 | | 烟（粉）尘 | |
|---|---|---|---|---|---|---|
| | W1 | W2 | W1 | W2 | W1 | W2 |
| 财政自主度（lnfa） | −0.204**<br>（−2.517） | −0.284***<br>（−3.195） | −0.908***<br>（−3.484） | −0.105<br>（−0.362） | −0.280*<br>（−1.828） | −0.215<br>（−1.377） |
| 人口密度（lnpdensity） | 0.480***<br>（30.62） | 0.509***<br>（25.87） | 0.463***<br>（9.218） | 0.265***<br>（4.155） | −0.169***<br>（−5.692） | −0.189***<br>（−5.467） |
| 经济发展水平（lnpgdp） | 0.228***<br>（3.381） | 0.268***<br>（3.867） | −0.446**<br>（−2.088） | −1.043***<br>（−4.646） | −0.379***<br>（−3.010） | −0.261**<br>（−2.155） |
| 产业结构（lnindustry） | 0.289***<br>（4.569） | 0.241***<br>（3.431） | 0.993***<br>（4.892） | 1.185***<br>（5.209） | 0.734***<br>（6.111） | 0.564***<br>（4.591） |
| 城镇化水平（lnurban） | −0.145<br>（−1.389） | −0.127<br>（−1.238） | 0.698**<br>（2.112） | 1.817***<br>（5.466） | −0.540***<br>（−2.778） | −0.707***<br>（−3.941） |
| 贸易开放度（lnopen） | −0.0863***<br>（−3.526） | −0.0937***<br>（−3.432） | −0.644***<br>（−8.197） | −0.774***<br>（−8.748） | −0.286***<br>（−6.137） | −0.246***<br>（−5.143） |
| 技术创新水平（lntech） | 0.0108<br>（0.647） | −0.00273<br>（−0.125） | 0.512***<br>（9.562） | 0.718***<br>（10.17） | 0.492***<br>（15.51） | 0.470***<br>（12.32） |
| 能源消费结构（energy） | 0.146***<br>（3.327） | 0.144***<br>（3.129） | 0.444***<br>（3.085） | 0.586***<br>（3.935） | 0.649***<br>（7.802） | 0.726***<br>（9.033） |
| W×lnfa | −0.106<br>（−0.536） | −1.668***<br>（−4.387） | −1.102*<br>（−1.749） | 3.419***<br>（2.769） | 0.266<br>（0.715） | 0.300<br>（0.451） |
| W×lnpdensity | 0.216***<br>（3.865） | 0.195<br>（1.466） | −0.268*<br>（−1.700） | −2.445***<br>（−5.664） | −0.198**<br>（−2.216） | −0.607***<br>（−2.609） |
| W×lnpgdp | −0.612***<br>（−4.545） | 0.210<br>（0.868） | −2.501***<br>（−5.697） | −1.648**<br>（−2.097） | −0.355<br>（−1.405） | 1.338***<br>（3.154） |
| W×lnindustry | 0.0955<br>（0.849） | −0.762**<br>（−2.319） | 1.847***<br>（4.674） | 1.257<br>（1.178） | 0.763***<br>（3.451） | 1.417**<br>（2.462） |
| W×lnurban | 0.815***<br>（4.556） | 0.635<br>（1.139） | 2.141***<br>（3.597） | 4.480**<br>（2.477） | −1.137***<br>（−3.357） | −5.120***<br>（−5.246） |
| W×lnopen | 0.00329<br>（0.0488） | 0.0754<br>（0.471） | 0.708***<br>（3.318） | 1.140**<br>（2.197） | 0.539***<br>（4.367） | 0.788***<br>（2.811） |
| W×lntech | 0.0105<br>（0.271） | −0.0842<br>（−0.716） | 0.178<br>（1.423） | 0.563<br>（1.475） | −0.195**<br>（−2.492） | −0.444**<br>（−2.150） |
| W×energy | 0.0967<br>（0.952） | 1.055***<br>（3.667） | −1.816***<br>（−5.521） | −3.370***<br>（−3.609） | 0.488**<br>（2.453） | 1.241**<br>（2.461） |

注：***、**、* 分别表示在 0.01、0.05、0.1 的水平上显著。括号内数字为稳健性标准差。

2. 财政自主度对雾霾污染的空间影响

表 5－10 列示了财政自主度对雾霾污染的分解效应。在 W1 权重矩阵下，财政自主度对 PM2.5、二氧化硫和烟（粉）尘的直接效应均显著为负，表明财政自主度可以显著减少本地区雾霾污染，但间接效应和总效应基本上不显著，表明财政自主度对邻近地区和所有地区的雾霾污染影响不确定。在 W2 权重矩阵下，财政对雾霾污染影响的直接效应中，仅烟

（粉）尘显著为负，在间接效应和总效应中，仅二氧化硫显著为负，表明在地理距离相近空间结构下，财政自主度对雾霾污染的影响具有较大的不确定性。

**表 5－10　财政自主度对雾霾污染的空间影响：直接、间接和总效应**

| 变量 | W1 | | | W2 | | |
|---|---|---|---|---|---|---|
| | 直接效应 | 间接效应 | 总效应 | 直接效应 | 间接效应 | 总效应 |
| PM2.5 | −0.200**<br>(−2.394) | −0.00701<br>(−0.0453) | −0.207<br>(−1.231) | 0.00213<br>(0.0336) | 0.291<br>(1.326) | 0.294<br>(1.229) |
| 二氧化硫 | −0.850***<br>(−3.206) | −0.658<br>(−1.262) | −1.508***<br>(−2.619) | −0.138<br>(−0.595) | −3.616***<br>(−3.460) | −3.754***<br>(−3.315) |
| 烟（粉）尘 | −0.283*<br>(−1.802) | −0.286<br>(−0.796) | −0.569<br>(−1.351) | −0.315*<br>(−1.753) | 1.222<br>(1.227) | 0.907<br>(0.838) |
| 控制变量 | Yes | Yes | Yes | Yes | Yes | Yes |

注：***、**、* 分别表示在 0.01、0.05、0.1 的水平上显著。括号内数字为稳健性标准差。

### （二）财政自主度对不同类型二氧化硫和烟（粉）尘排放的影响及其空间效应

#### 1. 财政自主度对不同类型二氧化硫和烟（粉）尘排放的影响

财政自主度对工业和生活二氧化硫排放的回归结果见表 5－11。结果显示，财政自主度会显著增加工业二氧化硫的排放，但会显著减少生活二氧化硫的排放，表明财政自主度对工业和生活二氧化硫排放有着不同的影响。从控制变量来看，技术创新水平和能源消费结构在两种权重矩阵下对工业和生活二氧化硫的回归均显著为正，表明这两个因素会显著增加工业和生活二氧化硫的排放。城镇化水平和贸易开放度的回归系数显著为负，表明这两个因素会显著减少工业和生活二氧化硫的排放。其他控制变量对工业和生活二氧化硫排放回归的系数符号一致，表明这些因素对工业和生活二氧化硫有着不同的影响。

**表 5－11　财政自主度影响不同类型二氧化硫排放的空间面板回归结果**

| 变量 | 工业二氧化硫 | | 生活二氧化硫 | |
|---|---|---|---|---|
| | W1 | W2 | W1 | W2 |
| 财政自主度<br>(lnfa) | 0.366**<br>(2.527) | 0.283*<br>(1.820) | −1.257***<br>(−4.753) | −2.079***<br>(−3.675) |
| 人口密度<br>(lnpdensity) | −0.0817***<br>(−2.917) | −0.129***<br>(−3.744) | 0.0344<br>(0.680) | 0.126*<br>(1.686) |

续表

| 变量 | 工业二氧化硫 | | 生活二氧化硫 | |
|---|---|---|---|---|
| | W1 | W2 | W1 | W2 |
| 经济发展水平<br>(lnpgdp) | -0.0389<br>(-0.326) | -0.0556<br>(-0.459) | 0.697***<br>(3.222) | 0.697*<br>(1.808) |
| 产业结构<br>(lnindustry) | 1.298***<br>(11.47) | 1.021***<br>(8.333) | -0.142<br>(-0.696) | -0.526<br>(-1.499) |
| 城镇化水平<br>(lnurban) | -1.149***<br>(-6.218) | -1.194***<br>(-6.666) | -0.903***<br>(-2.736) | -0.951***<br>(-3.021) |
| 贸易开放度<br>(lnopen) | -0.0973**<br>(-2.216) | -0.0331<br>(-0.694) | -0.338***<br>(-4.280) | -0.227<br>(-1.526) |
| 技术创新水平<br>(lntech) | 0.417***<br>(13.95) | 0.474***<br>(12.48) | 0.660***<br>(12.07) | 0.618***<br>(6.076) |
| 能源消费结构<br>(energy) | 0.883***<br>(11.21) | 0.966***<br>(12.05) | 1.682***<br>(11.86) | 1.610***<br>(7.559) |
| W×lnfa | 0.875**<br>(2.461) | 0.164<br>(0.246) | 3.714***<br>(5.845) | -1.935<br>(-1.321) |
| W×lnpdensity | -0.0452<br>(-0.537) | -0.521**<br>(-2.244) | -0.424***<br>(-2.767) | -0.970**<br>(-2.324) |
| W×lnpgdp | -0.889***<br>(-3.706) | -0.535<br>(-1.265) | -2.666***<br>(-6.214) | 0.0297<br>(0.0259) |
| W×lnindustry | 0.870***<br>(3.789) | -0.118<br>(-0.205) | 0.760**<br>(2.111) | 0.830<br>(0.857) |
| W×lnurban | 0.857***<br>(2.657) | -0.00338<br>(-0.00348) | 0.214<br>(0.370) | -3.696**<br>(-2.304) |
| W×lnopen | -0.0748<br>(-0.644) | 0.567**<br>(2.028) | 0.266<br>(1.255) | 0.205<br>(0.392) |
| W×lntech | -0.0237<br>(-0.323) | 0.234<br>(1.138) | -0.0453<br>(-0.341) | 0.349<br>(0.455) |
| W×energy | 0.256<br>(1.384) | 1.036**<br>(2.059) | 1.274***<br>(3.884) | 5.238**<br>(2.467) |

注：***、**、*分别表示在0.01、0.05、0.1的水平上显著。括号内数字为稳健性标准差。

表5-12给出了财政自主度对工业和生活烟（粉）尘排放的回归结果。回归结果表明，在两种权重矩阵下，财政自主度对工业和生活烟

（粉）尘的回归系数均显著为负，表明提高一个地区的财政自主度可以同时减少工业和生活烟（粉）尘排放。控制变量对不同类型烟（粉）尘的回归结果与其对不同类型二氧化硫排放回归结果基本一致。

**表 5－12　　财政自主度影响不同类型烟（粉）的空间面板回归结果**

| 变量 | 工业烟（粉）尘 | | 生活烟（粉）尘 | |
|---|---|---|---|---|
| | W1 | W2 | W1 | W2 |
| 财政自主度（lnfa） | －0.399***<br>（－3.987） | －0.559***<br>（－5.197） | －1.240***<br>（－4.413） | －2.148***<br>（－7.138） |
| 人口密度（lnpdensity） | －0.121***<br>（－5.041） | －0.146***<br>（－5.250） | －0.249***<br>（－4.627） | －0.0837<br>（－1.312） |
| 经济发展水平（lnpgdp） | －0.135<br>（－0.941） | 0.130<br>（0.932） | 0.889***<br>（3.884） | 1.019***<br>（4.523） |
| 产业结构（lnindustry） | 1.020***<br>（9.024） | 0.767***<br>（6.351） | 0.0553<br>（0.255） | －0.469**<br>（－2.076） |
| 城镇化水平（lnurban） | －0.574***<br>（－3.198） | －0.683***<br>（－3.918） | －0.522<br>（－1.486） | －0.587*<br>（－1.735） |
| 贸易开放度（lnopen） | －0.173***<br>（－3.799） | 0.115**<br>（－2.272） | －0.308***<br>（－3.637） | －0.210**<br>（－2.303） |
| 技术创新水平（lntech） | 0.494***<br>（17.43） | 0.474***<br>（13.86） | 0.647***<br>（11.12） | 0.503***<br>（7.056） |
| 能源消费结构（energy） | 0.635***<br>（8.041） | 0.772***<br>（10.19） | 1.844***<br>（12.17） | 1.676***<br>（11.11） |
| W×lnfa | －0.210<br>（－0.875） | －0.472<br>（－1.122） | 4.635***<br>（6.837） | －0.783<br>（－0.633） |
| W×lnpdensity | －0.125*<br>（－1.896） | －0.409**<br>（－2.242） | －0.966***<br>（－5.950） | －1.424***<br>（－3.352） |
| W×lnpgdp | －0.0170<br>（－0.0635） | 1.450***<br>（3.461） | －2.948***<br>（－6.458） | 1.941**<br>（2.464） |
| W×lnindustry | 0.631***<br>（2.906） | 0.861<br>（1.540） | 0.312<br>（0.819） | －0.342<br>（－0.325） |
| W×lnurban | －0.982***<br>（－3.512） | －4.163***<br>（－4.311） | －0.401<br>（－0.656） | －7.633***<br>（－4.274） |
| W×lnopen | 0.388***<br>（3.238） | 0.938***<br>（3.253） | 0.635***<br>（2.821） | －0.0931<br>（－0.181） |
| W×lntech | －0.174**<br>（－2.311） | －0.609***<br>（－3.064） | 0.00567<br>（0.0412） | 0.0251<br>（0.0635） |
| W×energy | 0.295<br>（1.496） | 0.773<br>（1.603） | 2.071***<br>（5.813） | 5.750***<br>（5.759） |

注：***、**、*分别表示在0.01、0.05、0.1的水平上显著。括号内数字为稳健性标准差。

2. 财政自主度对不同类型二氧化硫和烟（粉）尘排放的空间影响

表5－13给出了财政自主度对不同类型二氧化硫和烟（粉）尘排放的

分解效应。结果显示，在两种权重矩阵下，生活二氧化硫和烟（粉）尘的直接效应均显著为负，而间接效应和总效应均显著为正，表明财政自主度会显著减少本地区生活二氧化硫和烟（粉）尘的排放，但会显著增加邻近和距离相近地区以及所有地区的生活二氧化硫和烟（粉）尘排放。对于工业二氧化硫，在两种权重矩阵下，直接效应的回归系数符号不一致且都显著，间接效应和总效应的回归系数符号相同且显著，表明在不同的空间结构下，财政自主度对本地区工业二氧化硫排放的影响不一样，但都会显著增加邻近地区和距离相近地区以及所有地区的工业二氧化硫排放。对于工业烟（粉）尘，两种权重矩阵下的直接效应回归系数均为正，但在W2权重矩阵下不显著，间接效应和总效应在W2权重矩阵下显著为正，但在W1权重矩阵下不显著，表明在不同的空间结果下，财政自主度对工业烟（粉）尘排放的影响具有不确定性。但总体而言，与工业二氧化硫类似，财政自主度会增加本地区、距离相近地区和所有地区的工业烟（粉）尘排放。

**表5-13　财政自主度对不同类型污染物排放的空间影响：直接、间接和总效应**

| 变量 | W1 | | | W2 | | |
|---|---|---|---|---|---|---|
| | 直接效应 | 间接效应 | 总效应 | 直接效应 | 间接效应 | 总效应 |
| 工业二氧化硫 | 0.312** | 0.645** | 0.957*** | -0.278** | 2.451*** | 2.173*** |
| | (2.096) | (2.290) | (3.091) | (-2.157) | (3.355) | (2.760) |
| 生活二氧化硫 | -1.956*** | 3.476*** | 1.521*** | -0.684*** | 2.172*** | 1.488** |
| | (-6.586) | (7.502) | (3.353) | (-3.548) | (3.873) | (2.451) |
| 工业烟（粉）尘 | 0.479*** | -0.0336 | 0.445 | 0.0589 | 3.261*** | 3.320*** |
| | (3.175) | (-0.0977) | (1.106) | (0.393) | (3.421) | (3.229) |
| 生活烟（粉）尘 | -1.885*** | 4.141*** | 2.257*** | -1.054*** | 3.171*** | 2.117** |
| | (-6.250) | (8.130) | (4.263) | (-3.510) | (3.233) | (1.981) |
| 控制变量 | Yes | Yes | Yes | Yes | Yes | Yes |

注：***、**分别表示在0.01、0.05的水平上显著。括号内数字为稳健性标准差。

## 四、财政收入与事权匹配度对雾霾污染影响的回归结果分析

为了考察财政收入与财政事权匹配情况对雾霾污染的影响，本节以财政收入与环境财政事权匹配度（lnmfided）作为核心解释变量，在地理邻接权重矩阵（W1）和地理距离权重矩阵（W2）设定下对被解释变量（PM2.5、二氧化硫排放量和烟（粉）尘排放量）进行回归，并对包括控

制变量的回归结果进行分解，得到不同解释变量对雾霾污染的直接效应、间接效应和总效应。

### （一）财政收入与环境财政事权匹配度对雾霾污染的影响及其空间效应

#### 1. 财政收入与环境财政事权匹配度对雾霾污染的影响

表5－14给出了财政收入与环境财政事权匹配度对雾霾污染影响的回归结果。结果显示，在两种权重矩阵下，财政收入与环境财政事权匹配度对以PM2.5、二氧化硫和烟（粉）尘表征的雾霾污染回归系数显著为负，表明提高一个地区的财政收入与环境财政事权匹配度可以显著减少PM2.5浓度水平和二氧化硫与烟（粉）尘排放水平。从控制变量来看，产业结构、技术创新水平和能源消费结构对PM2.5、二氧化硫和烟（粉）尘的回归系数都显著为正，表明这些因素会显著增加PM2.5的浓度水平和二氧化硫与烟（粉）尘的排放。贸易开放度的系数估计值均在1%的水平显著为负，表明不存在境外向境内污染转移。人口密度、人均GDP和城镇化水平对不同污染的系数正负不一致，可能的原因是上述因素影响不同污染物的机制不一样。

**表5－14　财政收入与财政事权匹配度影响雾霾污染的空间面板回归结果**

| 变量 | PM2.5 | | 二氧化硫 | | 烟（粉）尘 | |
|---|---|---|---|---|---|---|
| | W1 | W2 | W1 | W2 | W1 | W2 |
| 财政收入与事权匹配度（lnmfided） | −0.201*** | −0.165*** | −0.195** | −0.265** | −0.312*** | −0.256*** |
| | (−7.068) | (−5.016) | (−2.149) | (−2.509) | (−5.754) | (−4.549) |
| 人口密度（lnpdensity） | 0.473*** | 0.457*** | 0.286*** | 0.277*** | −0.105*** | −0.170*** |
| | (36.11) | (28.26) | (6.832) | (5.322) | (−4.216) | (−6.126) |
| 经济发展水平（lnpgdp） | 0.270*** | 0.271*** | −0.522*** | −0.958*** | −0.201* | −0.0373 |
| | (4.270) | (4.174) | (−2.676) | (−4.584) | (−1.724) | (−0.334) |
| 产业结构（lnindustry） | 0.273*** | 0.200*** | 1.012*** | 1.086*** | 0.650*** | 0.347*** |
| | (4.631) | (2.878) | (5.410) | (4.852) | (5.763) | (2.897) |
| 城镇化水平（lnurban） | −0.0425 | −0.0494 | 0.390 | 1.327*** | −0.457** | −0.711*** |
| | (−0.418) | (−0.456) | (1.246) | (3.806) | (−2.449) | (−3.818) |
| 贸易开放度（lnopen） | −0.0642*** | −0.0995*** | −0.721*** | −0.757*** | −0.203*** | −0.193*** |
| | (−2.763) | (−3.763) | (−9.771) | (−8.901) | (−4.571) | (−4.250) |
| 技术创新水平（lntech） | −0.00230 | 0.0252 | 0.517*** | 0.630*** | 0.497*** | 0.518*** |
| | (−0.156) | (1.252) | (11.03) | (9.734) | (17.52) | (14.98) |
| 能源消费结构（energy） | 0.0814* | 0.0258 | 0.685** | 0.875*** | 0.529*** | 0.666*** |
| | (1.865) | (0.533) | (4.911) | (5.619) | (6.399) | (8.005) |
| W×lnmfided | −0.0490 | 0.123 | 1.148*** | 2.400*** | −0.308*** | 0.207 |
| | (−1.042) | (0.644) | (7.827) | (3.908) | (−3.474) | (0.632) |

续表

| 变量 | PM2.5 | | 二氧化硫 | | 烟（粉）尘 | |
|---|---|---|---|---|---|---|
| | W1 | W2 | W1 | W2 | W1 | W2 |
| W × lnpdensity | 0.252*** (5.479) | -0.152 (-1.422) | -0.613*** (-5.177) | -1.932*** (-5.606) | -0.0347 (-0.520) | -0.656*** (-3.563) |
| W × lnpgdp | -0.745*** (-6.732) | -0.219 (-0.867) | -2.795*** (-7.781) | -0.778 (-0.955) | -0.474** (-2.260) | 0.870** (2.000) |
| W × lnindustry | 0.258** (2.300) | -0.512 (-1.503) | 1.477*** (3.926) | 0.409 (0.372) | 1.194*** (5.354) | 1.888*** (3.219) |
| W × lnurban | 1.241*** (7.950) | 1.046* (1.756) | 2.690*** (5.257) | 2.387 (1.246) | -0.824*** (-2.782) | -3.897*** (-3.809) |
| W × lnopen | -0.0135 (-0.209) | -0.335** (-2.150) | 0.0951 (0.460) | 1.257** (2.505) | 0.662*** (5.566) | 0.638** (2.384) |
| W × lntech | -0.0334 (-0.891) | 0.106 (0.919) | 0.336*** (2.811) | 0.258 (0.692) | -0.279*** (-3.687) | -0.399** (-2.000) |
| W × energy | 0.00449 (0.0418) | 0.221 (0.661) | -0.606* (-1.796) | 0.832 (0.774) | 0.0782 (0.382) | 1.195** (2.082) |

注：***、**、*分别表示在0.01、0.05、0.1的水平上显著。括号内数字为稳健性标准差。

2. 财政收入与环境财政事权匹配度对雾霾污染的空间影响

财政收入与环境财政事权匹配度对雾霾污染的分解效应见表5-15。在两种空间权重矩阵下，财政收入与环境财政事权匹配度对PM2.5的直接效应和总效应回归系数的符号不一样且显著，间接效应符号一致但均不显著，表明在不同的空间结构下，财政收入与环境财政事权匹配对本地区和所有地区的PM2.5浓度水平有着不同的影响。二氧化硫的直接效应的回归系数为正但不显著，间接效应和总效应均显著为正，表明提高本地区的财政收入与环境财政事权匹配度会显著增加邻近地区和距离相近地区以及所有地区的二氧化硫排放。烟（粉）尘在W1权重矩阵下的直接效应、间接效应和总效应均显著为负，在W2权重矩阵下，其回归系数符号均为负，但仅直接效应显著，表明财政收入与环境财政事权匹配度会显著减少本地区、邻近地区和所有地区的烟（粉）尘排放。

**表5-15　财政收入与事权匹配度对雾霾污染的空间影响：直接、间接和总效应**

| 变量 | W1 | | | W2 | | |
|---|---|---|---|---|---|---|
| | 直接效应 | 间接效应 | 总效应 | 直接效应 | 间接效应 | 总效应 |
| PM2.5 | -0.202*** (-6.845) | 0.0225 (0.639) | -0.180*** (-4.190) | 0.108*** (3.176) | 0.138 (1.171) | 0.247** (2.015) |

续表

| 变量 | W1 | | | W2 | | |
|---|---|---|---|---|---|---|
| | 直接效应 | 间接效应 | 总效应 | 直接效应 | 间接效应 | 总效应 |
| 二氧化硫 | 0.109<br>(1.158) | 0.886***<br>(7.752) | 0.995***<br>(7.084) | 0.0522<br>(0.416) | 1.289**<br>(2.333) | 1.341**<br>(2.309) |
| 烟（粉）尘 | -0.304***<br>(-5.515) | -0.253***<br>(-3.157) | -0.557***<br>(-5.402) | -0.164*<br>(-1.718) | -0.771<br>(-1.322) | -0.935<br>(-1.523) |
| 控制变量 | Yes | Yes | Yes | Yes | Yes | Yes |

注：***、**、*分别表示在0.01、0.05、0.1的水平上显著。括号内数字为稳健性标准差。

### （二）财政收入与环境财政事权匹配度对不同类型二氧化硫和烟（粉）尘排放的影响及其空间效应

1. 财政收入与环境财政事权匹配度对不同类型二氧化硫和烟（粉）尘排放的影响

表5-16给出了财政收入与环境财政事权匹配度对工业和生活二氧化硫排放的回归结果。结果显示，财政收入与环境财政事权匹配会显著减少工业二氧化硫的排放，但会显著增加生活二氧化硫的排放，表明财政收入与环境财政事权匹配度对工业和生活二氧化硫排放有着不同的影响。从控制变量来看，产业结构、技术创新水平和能源消费结构在两种权重矩阵下对工业和生活二氧化硫的回归均显著为正，表明这三个因素会显著增加工业和生活二氧化硫的排放。人口密度、城镇化水平和贸易开放度的回归系数为负但部分情况不显著，经济发展水平在W2权重矩阵下显著为负，上述结果表明，这四个因素对工业和生活二氧化硫的排放有着负向的影响。

**表5-16　财政收入与事权匹配度影响不同类型二氧化硫排放的空间面板回归结果**

| 变量 | 工业二氧化硫 | | 生活二氧化硫 | |
|---|---|---|---|---|
| | W1 | W2 | W1 | W2 |
| 财政收入与事权匹配度（lnmfided） | -0.105**<br>(-1.980) | 0.0621<br>(1.075) | 0.295***<br>(3.003) | 0.395***<br>(3.472) |
| 人口密度（lnpdensity） | -0.0206<br>(-0.847) | -0.101***<br>(-3.533) | -0.0305<br>(-0.695) | -0.0814*<br>(-1.726) |
| 经济发展水平（lnpgdp） | 0.0395<br>(0.346) | 0.0384<br>(0.336) | -0.358*<br>(-1.743) | -0.407**<br>(-2.144) |
| 产业结构（lnindustry） | 1.276***<br>(11.66) | 0.950***<br>(7.742) | 0.604***<br>(3.045) | 0.363*<br>(1.787) |

续表

| 变量 | 工业二氧化硫 | | 生活二氧化硫 | |
|---|---|---|---|---|
| | W1 | W2 | W1 | W2 |
| 城镇化水平<br>(lnurban) | -1.114***<br>(-6.059) | -1.343***<br>(-7.030) | 0.270<br>(0.824) | -0.207<br>(-0.606) |
| 贸易开放度<br>(lnopen) | -0.0463<br>(-1.074) | -0.0152<br>(-0.326) | -0.531***<br>(-6.747) | -0.473***<br>(-3.892) |
| 技术创新水平<br>(lntech) | 0.418***<br>(15.25) | 0.489***<br>(13.77) | 0.420***<br>(8.466) | 0.433***<br>(7.503) |
| 能源消费结构<br>(energy) | 0.803***<br>(9.899) | 1.040***<br>(12.19) | 1.231***<br>(8.450) | 1.409***<br>(8.532) |
| W×lnfa | -0.234***<br>(-2.787) | 0.238<br>(0.706) | -0.984***<br>(-6.497) | -2.015***<br>(-3.590) |
| W×lnpdensity | 0.159**<br>(2.429) | -0.559***<br>(-2.960) | 0.318***<br>(2.673) | -0.814**<br>(-2.567) |
| W×lnpgdp | -0.666***<br>(-3.260) | -0.345<br>(-0.773) | -1.137***<br>(-3.071) | 0.585<br>(0.611) |
| W×lnindustry | 0.960***<br>(4.123) | -0.310<br>(-0.515) | 0.397<br>(1.065) | -0.0689<br>(-0.0706) |
| W×lnurban | 0.589**<br>(2.000) | -0.354<br>(-0.337) | -1.461***<br>(-2.816) | -5.957***<br>(-3.479) |
| W×lnopen | 0.0889<br>(0.767) | 0.562**<br>(2.047) | 0.648***<br>(3.062) | 0.926**<br>(2.066) |
| W×lntech | -0.0604<br>(-0.820) | 0.164<br>(0.804) | 0.215*<br>(1.658) | 0.470<br>(0.905) |
| W×energy | -0.0939<br>(-0.471) | 1.492**<br>(2.534) | 0.563<br>(1.582) | 3.614***<br>(2.879) |

注：***、**、*分别表示在0.01、0.05、0.1的水平上显著。括号内数字为稳健性标准差。

表5-17给出了财政收入与环境财政事权匹配度对工业和生活烟（粉）尘排放的回归结果。结果显示，财政收入与环境财政事权匹配会显著减少工业烟（粉）尘的排放，但会显著增加生活烟（粉）尘的排放，表明财政收入与环境财政事权匹配度对工业和生活烟（粉）尘排放有着不同的影响。控制变量对不同类型烟（粉）尘的回归结果与其对不同类型二氧化硫排放回归结果基本一致。

**表5-17　财政收入与事权匹配度影响不同类型烟（粉）的空间面板回归结果**

| 变量 | 工业烟（粉）尘 | | 生活烟（粉）尘 | |
|---|---|---|---|---|
| | W1 | W2 | W1 | W2 |
| 财政收入与事权<br>匹配度（lnmfided） | -0.311***<br>(-5.917) | -0.259***<br>(-4.642) | 0.428***<br>(4.089) | 0.327***<br>(3.006) |

续表

| 变量 | 工业烟（粉）尘 | | 生活烟（粉）尘 | |
|---|---|---|---|---|
| | W1 | W2 | W1 | W2 |
| 人口密度<br>(lnpdensity) | -0.0994***<br>(-4.108) | -0.144***<br>(-5.217) | -0.337***<br>(-7.034) | -0.299***<br>(-5.587) |
| 经济发展水平<br>(lnpgdp) | -0.364***<br>(-3.211) | -0.158<br>(-1.425) | -0.159<br>(-0.708) | 0.0250<br>(0.117) |
| 产业结构<br>(lnindustry) | 1.060***<br>(9.642) | 0.784***<br>(6.613) | 0.828***<br>(3.841) | 0.297<br>(1.296) |
| 城镇化水平<br>(lnurban) | -0.520***<br>(-2.864) | -0.825***<br>(-4.474) | 0.364<br>(1.009) | -0.0649<br>(-0.173) |
| 贸易开放度<br>(lnopen) | -0.183***<br>(-4.255) | -0.168***<br>(-3.723) | -0.481***<br>(-5.560) | -0.402***<br>(-4.311) |
| 技术创新水平<br>(lntech) | 0.511***<br>(18.63) | 0.511***<br>(14.91) | 0.407***<br>(7.495) | 0.304***<br>(4.590) |
| 能源消费结构<br>(energy) | 0.497***<br>(6.174) | 0.664***<br>(8.059) | 1.519***<br>(9.478) | 1.545***<br>(9.443) |
| W×lnfa | -0.207**<br>(-2.419) | 0.517<br>(1.591) | -0.532***<br>(-3.213) | -0.995<br>(-1.579) |
| W×lnpdensity | -0.0490<br>(-0.753) | -0.359**<br>(-1.970) | -0.183<br>(-1.424) | -1.185***<br>(-3.303) |
| W×lnpgdp | -0.274<br>(-1.344) | 1.214***<br>(2.820) | -0.981**<br>(-2.440) | 2.267***<br>(2.672) |
| W×lnindustry | 1.022***<br>(4.546) | 1.386**<br>(2.388) | -0.441<br>(-1.093) | -1.087<br>(-0.969) |
| W×lnurban | -0.509*<br>(-1.769) | -3.637***<br>(-3.588) | -2.711***<br>(-4.781) | -9.844***<br>(-5.022) |
| W×lnopen | 0.372***<br>(3.203) | 0.407<br>(1.535) | 0.898***<br>(3.891) | 0.480<br>(0.937) |
| W×lntech | -0.222***<br>(-2.968) | -0.617***<br>(-3.130) | 0.383***<br>(2.760) | 0.249<br>(0.620) |
| W×energy | 0.0417<br>(0.208) | 0.867<br>(1.524) | 1.858***<br>(4.720) | 5.528***<br>(4.840) |

注：***、**、*分别表示在0.01、0.05、0.1的水平上显著。括号内数字为稳健性标准差。

2. 财政收入与环境财政事权匹配度对不同类型二氧化硫和烟（粉）尘排放的空间影响

表5-18给出了财政收入与环境财政事权匹配度对不同类型二氧化硫和烟（粉）尘排放的分解效应。结果显示，在两种权重矩阵下，工业二氧化硫和烟（粉）尘的直接效应回归系数符号为正但不显著，在W1权重矩阵下，间接效应和总效应显著为负，在W2权重矩阵下，间接效应显著为正，但总效应不显著，表明财政收入与环境财政事权匹配度对工业二氧化

硫在不同的空间结构下有着不同的空间效应。对于工业烟（粉）尘，在W1权重矩阵下，三种效应均显著为负，在W2权重矩阵下，三种效应为正但不显著，表明在地理邻近空间结构下，提高财政收入与环境财政事权的匹配度，可以显著减少本地区、邻近地区和所有地区的工业烟（粉）尘排放。对于生活二氧化硫，在W1权重矩阵下，直接效应显著为正，而间接效应和总效应显著为负，在W2权重矩阵下，直接效应不显著，但间接效应和总效应显著为正，表明财政收入与环境财政事权匹配度在不同的空间结构下对生活二氧化硫排放有着不同的空间影响。对于生活烟（粉）尘，在两种权重矩阵下，直接效应显著为正，表明财政收入与环境财政事权匹配对本地区生活烟（粉）尘排放有着负向的影响，间接效应和总效应在两种权重矩阵下符号相反且显著性有差异，表明财政收入与环境财政事权匹配度对其他地区和所有地区生活烟（粉）的影响不确定。

**表5-18　财政收入与事权匹配度对不同类型污染物排放的空间影响：直接、间接和总效应**

| 变量 | W1 | | | W2 | | |
|---|---|---|---|---|---|---|
| | 直接效应 | 间接效应 | 总效应 | 直接效应 | 间接效应 | 总效应 |
| 工业二氧化硫 | -0.0896<br>(-1.644) | -0.159**<br>(-2.336) | -0.248***<br>(-3.004) | -0.0873<br>(-1.252) | 0.637*<br>(1.791) | 0.550<br>(1.463) |
| 生活二氧化硫 | 0.490***<br>(4.667) | -0.883***<br>(-7.808) | -0.393***<br>(-3.414) | -0.0901<br>(-0.836) | 0.910***<br>(2.863) | 0.820**<br>(2.532) |
| 工业烟（粉）尘 | -0.307***<br>(-5.700) | -0.167**<br>(-2.106) | -0.474***<br>(-4.620) | 0.0606<br>(0.763) | 0.414<br>(0.892) | 0.475<br>(0.966) |
| 生活烟（粉）尘 | 0.544***<br>(4.828) | -0.594***<br>(-4.775) | -0.0503<br>(-0.377) | 0.588***<br>(3.567) | 0.838<br>(1.606) | 1.426***<br>(2.655) |
| 控制变量 | Yes | Yes | Yes | Yes | Yes | Yes |

注：***、**、*分别表示在0.01、0.05、0.1的水平上显著。括号内数字为稳健性标准差。

# 第五节　政府间财政收入划分影响雾霾污染协同治理的实证检验

## 一、研究设计

### （一）模型设定

为了分析财政收入划分对雾霾协同治理的影响，本节以第三章第五节测算的环境规制协同度作为雾霾协同治理的替代变量，分别考察财政收入划分、财政自主度和财政收入划分与环境财政事权匹配度对雾霾协同治理的影响。财政收入划分影响雾霾协同治理的模型如下：

$$C_{jt} = \phi + \theta_0(\overline{fid_{jt}} - \overline{fid_t}) + \sum_{k=1}^{n}\theta_k \frac{\sigma_{X_{jt}^k}}{\overline{X_{jt}}} + \mu_j + \eta_t + \varepsilon_{jt} \tag{5-2}$$

财政自主度和财政收入与环境财政事权匹配度影响雾霾协同治理的模型为：

$$C_{jt} = \alpha + \beta_0 ds + \sum_{k=1}^{n}\beta_k \frac{\sigma_{X_{jt}^k}}{\overline{X_{jt}}} + \mu_j + \eta_t + \varepsilon_{jt} \tag{5-3}$$

其中，$C$ 为环境规制协同度，$\overline{fid_{jt}}$ 和 $\overline{fid_t}$ 分别为某一年协同区内和所有省份的财政收入下划程度的均值，$ds$ 为协同区内财政自主度（$fa$）和财政收入与环境财政事权匹配度（$mfided$）的差异度，$\sigma_{X_{jt}^k}$ 表示控制变量某一年在协同区内的标准差，$\overline{X_{jt}}$ 为控制变量某一年在协同区内的均值。$\phi$ 和 $\alpha$ 分别为常数项，$\mu_i$ 为个体效应，$\eta_t$ 为时间效应，$\varepsilon_{jt}$ 为随机扰动项，$j$ 表示协同区。

**（二）变量选择**

环境规制协同度（$C$）。环境规制强度的度量方法与第三章第五节相同，即分别采取以二氧化硫和烟（粉）尘表征的环境规制协同度作为被解释变量。

协同区财政收入下划程度（$dmfid$）。财政收入划分情况的度量方法与前一节相同。为了考察财政收入下划程度对环境规制协同度的影响，采用协同区内省份的财政收入下划程度均值减去所有省份的财政收入下划程度均值来度量协同区财政收入下划程度。

协同区财政自主度的差异度（$dsfa$）和财政收入与环境财政事权匹配度的差异度（$dsmfided$）。其计算方法与控制变量差异度的计算方法相同，即用协同区财政自主度和财政收入与环境财政事权匹配度的标准差除以其均值。

控制变量（$X$）。为了保证分析结果的前后连续性和可比性，本节模型引入的控制变量类型与第三章第五节完全相同，采用协同区内控制变量的标准差除以控制变量的均值度量控制变量的差异度。

### （三）数据来源和描述性统计

基于数据的可得性，本节研究的样本期为1998～2015年。二氧化硫排放量、烟（粉）尘排放量来自《中国环境年鉴》，财政收入的相关数据均来自《中国财政年鉴》，能源消费结构数据来自《中国能源统计年鉴》，其他数据来自《中国统计年鉴》。变量的描述性统计结果见表5－19。

**表5－19　　描述性统计**

| 变量 | 变量说明 | 均值 | 标准差 | 最小值 | 最大值 |
|---|---|---|---|---|---|
| corpso2 | 二氧化硫为标的物的环境规制协同 | 20.165 | 13.331 | 7.736 | 94.546 |
| corpdust | 烟（粉）尘为标的物的环境规制协同 | 34.754 | 38.287 | 5.963 | 270.982 |
| dmfid | 区域财政收入下划程度 | 0.004 | 0.025 | －0.027 | 0.137 |
| dsfa | 区域内财政自主度差异程度 | －0.004 | 0.231 | －0.346 | 0.678 |
| dsmfided | 区域内财政收入与事权匹配度差异程度 | 0.254 | 0.100 | 0.006 | 0.388 |
| dspdensity | 区域内人口密度差异程度 | 0.612 | 0.306 | 0.079 | 1.184 |
| dspgdp | 区域内人均GDP差异程度 | 0.310 | 0.109 | 0.124 | 0.596 |
| dsindustry | 区域内产业结构差异程度 | 0.130 | 0.103 | 0.032 | 0.369 |
| dsurban | 区域内城镇化水平差异程度 | 0.181 | 0.093 | 0.037 | 0.354 |
| dsopen | 区域内贸易开放差异程度 | 0.691 | 0.255 | 0.239 | 1.181 |
| dstech | 区域内技术创新水平差异程度 | 0.836 | 0.265 | 0.231 | 1.371 |
| dsenergy | 区域内能源消费结构差异程度 | 0.296 | 0.179 | 0.072 | 0.834 |

### （四）参数估计方法

本节同样使用豪斯曼检验来判定是否存在联立型内生性，检验结果见表5－20。结果显示，核心解释变量环境支出责任划分与被解释变量之间存在显著的内生性，而核心解释变量环境财政事权与支出责任匹配度与被解释变量之间不存在显著的内生性。为了克服环境支出责任划分这一核心解释变量的内生性，以环境支出责任划分滞后一期作为工具变量。控制变量中，能源消费结构差异度与被解释变量之间存在显著的联立型内生性，但其与核心解释变量之间没有显著的相关性，因此，其内生性不会导致核心解释变量参数估计出现偏误。

表 5-20　变量联立型内生性检验

| 变量 | dmfid | dsfa | dsmfided | dspdensity | dspgdp |
|---|---|---|---|---|---|
| 卡方值 | 0.02 | 2.67 | 1.58 | 0.35 | 2.31 |
| p 值 | 0.8846 | 0.1025 | 0.2087 | 0.5522 | 0.1286 |
| 结论 | 非内生 | 非内生 | 非内生 | 非内生 | 非内生 |
| 变量 | dsindustry | dsurban | dsopen | dstech | dsenergy |
| 卡方值 | 2.22 | 0.74 | 4.79 | 0.12 | 9.25 |
| p 值 | 0.1363 | 0.3898 | 0.0285 | 0.7259 | 0.0024 |
| 结论 | 非内生 | 非内生 | 内生 | 非内生 | 内生 |

## 二、财政收入划分影响雾霾区域协同治理的回归结果分析

表 5-21 中的模型（1）和模型（2）分别给出了财政收入划分对二氧化硫和烟（粉）尘表征的环境规制协同度的影响。结果表明，财政收入划分对二氧化硫和烟（粉）尘表征的环境规制协同度的影响均显著为负，说明财政收入下划程度越高，越不利于促进雾霾污染区域协同治理；模型（3）和模型（4）分别给出了财政自主度差异度对以二氧化硫和烟（粉）尘表征的环境规制协同度的影响。从回归结果看，回归系数不显著，表明协同区内财政自主度差异度对以二氧化硫和烟（粉）尘表征的环境规制协同度的影响不明显；模型（5）和模型（6）分别给出了财政收入与环境财政事权匹配度差异度对以二氧化硫和烟（粉）尘表征的环境规制协同度的影响。可以看出，回归系数的估计值显著为负，表明协同区内财政收入与环境财政事权匹配度的差异越大，越不利于促进区域之间的雾霾协同治理。

从控制变量看，人均 GDP、产业结构和能源消费结构差异度的估计系数显著为正，表明协同区内经济发展差异、产业结构差异和能源消费结构差异会促进区域合作。城镇化水平差异度的回归系数显著为负，表明协同区城镇化差距越大，越不利于促进区域协作。技术创新水平对以二氧化硫表征的环境规制协同度的影响显著为负，表明协同区内技术创新水平差异越大，越不利于协同区二氧化硫的协同治理。

表 5-21　环境支出责任划分对以二氧化硫为标的物的雾霾区域协同影响分析

| 变量 | (1) | (2) | (3) | (4) | (5) | (6) |
|---|---|---|---|---|---|---|
| 财政收入下划程度 (dmee) | -74.98* <br> (-2.065) | -48.92* <br> (-1.836) | | | | |
| 财政自主度差异度 (dsfd) | | | -3.574 <br> (-0.230) | 13.58 <br> (0.331) | | |
| 财政收入与事权匹配度差异度 (dsmfided) | | | | | -18.34*** <br> (-3.072) | -54.53** <br> (-2.684) |
| 人口密度差异度 (dspdensity) | -4.127 <br> (-0.176) | -23.94 <br> (-0.430) | 18.08 <br> (0.933) | 1.038 <br> (0.0125) | 4.141 <br> (0.222) | -27.58 <br> (-0.565) |
| 人均 GDP 差异度 (dspgdp) | 43.87** <br> (2.296) | 136.0* <br> (2.006) | 39.54 <br> (1.604) | 122.2*** <br> (2.821) | 44.76** <br> (2.353) | 146.5** <br> (2.115) |
| 产业结构差异度 (dsindustry) | 12.78** <br> (2.336) | 39.36** <br> (2.875) | 17.58*** <br> (3.543) | 47.10* <br> (1.743) | 20.29*** <br> (3.912) | 55.00*** <br> (4.070) |
| 城镇化水平差异度 (dsurban) | -143.5*** <br> (-4.574) | -357.1*** <br> (-4.039) | -140.6*** <br> (-3.968) | -346.7*** <br> (-7.053) | -152.9*** <br> (-4.728) | -390.6*** <br> (-4.251) |
| 贸易开放差异程度 (dsopen) | 4.289 <br> (0.442) | -9.397 <br> (-0.368) | 3.566 <br> (0.317) | -9.614 <br> (-0.537) | -0.790 <br> (-0.0740) | -23.74 <br> (-0.837) |
| 技术创新水平差异度 (dstech) | -17.77*** <br> (-3.256) | 14.24 <br> (1.096) | -16.34** <br> (-2.447) | 11.03 <br> (0.465) | -14.83*** <br> (-3.055) | 22.40* <br> (1.926) |
| 能源消费结构差异度 (dsenergy) | 51.82*** <br> (3.352) | 153.6** <br> (2.845) | 52.97*** <br> (3.191) | 154.3*** <br> (5.479) | 44.34*** <br> (3.114) | 130.0** <br> (2.738) |
| 常数项 | 35.88* <br> (2.005) | 29.82 <br> (0.727) | 13.59 <br> (0.215) | 1.020 <br> (0.0131) | 42.06** <br> (2.469) | 66.76 <br> (1.513) |
| 样本量 | 126 | 126 | 126 | 126 | 126 | 126 |
| $R^2$ | 0.7458 | 0.6823 | 0.7309 | 0.6772 | 0.7496 | 0.7006 |

注：***、**、* 分别表示在 0.01、0.05、0.1 的水平上显著。括号内数字为稳健性标准差，所有模型均为固定效应估计值。

## 第六节　政府间财政收入划分的国际经验

发达国家在政府间财政关系中积累了丰富的实践经验，不同层级政府之间的财政收入划分相对稳定、合理，借鉴发达国家财政收入划分经验，对我国合理划分中央和地方财政收入、进一步理顺中央和地方财政关系、促进我国雾霾协同治理具有重要的意义。

### 一、美国政府间财政收入划分

美国是实行分税比较彻底的国家，在三级财政体制中，各级政府均有各自相对独立的税权、征税制度和税收体系，即联邦有联邦税，州和地方各有州税和地方税。美国三级政府间存在着复杂的税源共享关系。每一级政府都有多种税收资源，但每一级政府都有其重点税种，其中，联邦政府以所得税为主，州政府以商品劳务税为主，地方政府则以财产税为主。所得税以联邦政府为主体的三级同源共享，销售税以州为重点与地方政府同源共享，财产税则几乎全部划归地方政府。从非税收入来看，州和地方政府几乎征收所有使用者的费用。美国这种财政收入分享体制体现各级政府信息优势和激励结构的设计，也是考虑到税收本身特点控制外部效应的结果（楼继伟，2013）。

从联邦政府与州和地方政府的收入划分比例来看，联邦政府与州和地方政府的比例比较平衡，基本在50%上下波动，州和地方政府之间财政收入规模也比较均衡，其各自占全国税收收入的比重也维持在25%左右。[①]美国财政收入划分的另一个特点是州和地方政府的收入来源渠道比较多样化，自有收入占比较高，州政府自有收入占比为72%，地方政府自有收入占比为67%（贾晓俊等，2015）。

从环境保护相关的税收来看，美国是世界上较早开始考虑使用税收手段减少环境污染的国家之一，经过多年的发展，美国形成了以货物税和收入税为主体的环境保护税制体系。美国并没有一个单一的环境保护税税种，除了破坏臭氧层化学品税、特定化学品和二氧化硫排放税以外，大量与环境保护相关的征税项目散落在消费税和企业所得税中，因此，与环境保护相关的税收收入也由联邦政府与州和地方政府共享。

## 二、英国政府间财政收入划分

英国实行彻底的分税制，中央和地方税收收入完全按照税种划分，不设共享税。英国的财政收入划分相对简单，除了市政税、房产营业税和部分使用者付费属于地方政府所有，其余的财政收入包括个人所得税、企业所得税、增值税等大部分税种的收入以及一切杂费均归中央政府所有。

从财政收入分配来看，中央财政收入占全国财政收入90%以上，地方税收收入占全国税收收入的比重不到10%，英国地方政府财政收入的来源

① 楼继伟. 中国政府间财政关系再思考［M］. 北京：中国财经出版社，2013.

是中央对地方的财政转移支付。

英国从20世纪90年代开始开征环境保护税。1994年，针对航空尾气排放开征了航空旅客税，1996年开征了垃圾填埋税，2001年，针对碳排放开征了气候变化税，2002年开征了石方税，2008年，为了减少汽车尾气排放和温室气体排放，开征了机动车环境税和购房出租环保税。通过上述税种的开征，逐步形成了以固体废弃物、污染气体、碳排放为征税对象的环境保护税体系。从环境保护税税收收入分配来看，英国的环境保护税收入全部归属于中央政府。

## 三、德国政府间财政收入划分

德国实行共享税和专享税并存、以共享税为主的税收收入划分体制。在德国，最重要的税种如个人所得税、公司所得税、增值税、地方营业税都作为共享税，税收收入在两级政府和三级政府之间按比例分配。其中，所得税的分享比例由《基本法》规定都为共享税，增值税和地方营业税具有分配调节的性质，分享比例由联邦和州进行协商，作经常性调整。共享税的收入在各级政府财政收入中占有很大的比重。联邦政府收入中大约66.7%来自共享税，州政府收入中约有64%来自共享税。

从政府间财政收入分配来看，联邦政府财政收入占全国财政收入的比重在50%上下波动，州政府财政收入占全国财政收入的比重约为40%，地方政府财政收入占全国财政收入的比重仅为10%左右。

德国在1999年实施了生态税改革，通过征收生态税，减少化石燃料的使用。生态税的征收对象是汽油、柴油、天然气等，不同用途、不同品种采用不同的税率，平均税额占油价的12%～15%。生态税约90%的收入用于降低社保缴费，10%用于可再生能源。德国生态税是一揽子税制改革的典范，既实现环境保护（温室气体减排），又降低了劳工成本，增加了就业。除了生态税以外，德国还征收了机动车辆税和包装税。德国与环境保护相关的税种中，生态税属于联邦政府，机动车辆税和包装税属于州政府。

## 四、日本政府间财政收入划分

日本的财政体制实行分税制，按税种划分中央和地方的财政收入。日本的财政收入主要来源于税收。日本中央与地方收入划分的特点可以归结为两个：一是中央财政的集中度较高，国税的税源大、范围广，地方税则相反；二是将税种划分为国税、都道府县税、市町村税，基本上不实行共享税或同税源分别征收的办法，分税的特征较为明显。日本的税收管理体制颇具特色，其中之一是中央对地方税实行严格管理。虽然地方政府根据自治原则，有权决定征收何种地方税，但中央政府为了防止地方税和中央税的重复征收，对地方税的课税标准控制较严，这种制度在日本被称为“课税否决”。

日本税收占 GDP 的比重在发达国家中相对而言算是比较低的，基本上稳定在 24% 左右。从中央和地方税收划分来看，国税占总收入的比重在 60% 左右。2007 年，日本开始实施分权化改革，国税比重下降到 56% 以下。从地方政府来看，都道府县与市町村的地方税收入比重相差不大，近些年，市町村的比重略高一些（楼继伟，2013）。

在环境保护税方面，1990 年以前，日本主要是通过政策性收费的形式对汽车、燃料等产品和污染排放主体收费。1990 年以后，日本开始实行环境保护“费改税”，对汽车、燃料和废弃物开征环境保护税。从 2012 年起，日本开始分阶段征收“地球温暖化对策税”，又被称为“碳税计划”，主要目标是减少二氧化碳排放。在环境保护税收入的分配上，日本根据政府的环境治理责任不同进行明确细致的划分，将由地方政府直接进行环境污染治理部分的税收直接纳入地方税收体系，为地方政府提供一定的收入，保证环境治理质量。

## 五、典型国家政府间财政收入划分的经验总结

发达国家政府间财政收入划分的经验主要有以下几个方面：一是以宪法和法律的形式明确划分各级政府的财政收入。在宪法中明确各级政府的课税权，能够充分体现权威性和透明度，避免政府间讨价还价，破坏财政纪律和秩序，也可以尽量避免预算软约束。二是不同层级政府财力与支出责任基本匹配。不同国家在财政收入划分上存在一定的差异，有的国家中央和地方的财政收入划分相对均衡，有的国家则集权程度较高，比如英国，中央政府集中了绝大部分收入，但与此同时，中央也承担了绝大部分支出责任。财力与支出责任相匹配有利于理顺中央和地方的财政关系，实

现中央和地方激励相容。三是发达国家基本都开征了环境保护税，形成相对完善的环境保护税体系，在中央和地方之间，不同国家的环境保护税收入划分也不尽相同，但划分基本上都相对合理。

## 第七节　促进雾霾协同治理的政府间财政收入划分建议

1994 年分税制改革统一了税制，初步理顺了中央和地方的财政关系。但中央在集中财力的同时并没有调整中央和地方的事权，由此导致纵向财力不均衡，地方财政收支缺口普遍较大。地方财政压力极大地扭曲了地方政府行为，带来了较大的市场效率损失，并引发了较为严重的环境问题。因此，要解决雾霾污染问题，需要规范地方政府行为，激发地方政府治理和参与区域协同治理雾霾的内在动力。这就需要调整政府之间的收入划分，解决地方财政收支缺口过大的问题。

### 一、适度调整政府间收入划分

从中央和地方财政收入划分比例来看，相对于发达国家而言，我国这一比例并不高。但随着我国“营改增”等税制改革和“减税降费”等政策推进，对地方财力造成巨大的影响，在这一背景下，有必要对中央和地方的财政收入划分进行适度的调整，减少中央政策对地方财力的冲击，缓解地方收支矛盾。具体建议如下。

一是调整增值税分享模式。我国增值税采用分成模式，增值税由生产企业和销售企业所在地分享，这一分享模式极易导致区域财力不均衡。“营改增”后，中央和地方增值税分享比例从 75:25 调整为 50:50，这将进一步扩大地区财力差距。另外，这一分享模式也会导致地方过度追求数量型、粗放型经济增长，为了扩大税基竞相引入高能耗、高污染的重工业企业，从而也不利于地方开展雾霾污染治理。建议借鉴德国的做法，以地区消费量作为增值税分享的依据，即按照地区人口数量测算地区对增值税收入的贡献度来划分中央和地方的增值税收入。

二是赋予地方政府一部消费税收入。1994 年分税制改革把消费税确定为中央的收入，在当时的背景下，对形成全国统一市场、避免重复建设发挥了重要的作用。当前，我国基本形成的统一市场，将一部分消费税收入下划给地方政府带来市场分割的风险相对较小，因此，可以考虑把燃油、机动车等能源产品和高能耗产品的消费税收入下划给地方政府。对消费税的这一调整，一方面可以增加地方财政收入，另一方面也赋予地方政府治理大气污染的政策工具。

三是将资源税确定为省一级政府收入。2019 年 8 月，我国正式颁布了《资源税法》，对各种资源实行从价或从量征收。从理论上而言，资源税适宜作为中央收入，但我国一直将其作为地方税。由于我国资源主要集中在中西部地区，为了缓解横向财力差距，可以将资源税继续留给地方，但宜将资源税收入留在省一级。将其下划给省以下政府一方面会导致省内财政资金分配不均衡，另一方面也会使资源丰富地区过度开采资源，导致环境污染，形成“资源诅咒”。

四是将环境保护税确定为省一级政府收入。2016 年 12 月，我国颁布了《环境保护税法》，实现了排污费改环保税。目前，我国把环境保护税列为地方税，从国际经验来看，有的国家把一部分环境保护税作为中央收入，同时也把一部分环境保护税列为地方税，有的国家则实行中央和地方共享。考虑到我国环境污染比较严重，把环保税作为地方税是可行的，但也不易将其下划给省以下政府。一方面，是因为大部分环境污染都具有外溢性，将其划给省以下政府容易引发“逐底竞争”；另一方面，将环境事权和支出责任集中到省一级政府也需要相应的财力支撑。

## 二、构建以房地产税为主体税种的地方税体系

地方财政困难很重要的一个原因是地方政府缺乏一个能够带来稳定收入的主体税种。主体税种的缺失导致地方政府无法通过税收的方式获得足够的财力，在地方政府财政收入结构中，非税收入和来自上级政府的转移支付占比较高，这也扭曲了地方政府的行为。因此，有必要尽快对地方税体系进行改革，构建一套以房地产税为主体税种的地方税体系。具体建议如下。

一是将现行税制中与房地产相关联的税种整合成新的房地产税。具体而言，就是将城镇土地使用税、房产税及耕地占用税合并到新的房地产税中，解决按房、按地分设税种，收入弹性差等突出问题，形成一个统一的

房地产保有环节的税种。房地产税以市场评估价值为税基，按年计征。对于新开征的房地产税，建议将其收入分配给县（市、区）一级政府。

二是取消契税、土地增值税、印花税等房地产交易环节的税种，降低房地产交易环节的税收负担。我国目前与房地产相关的税收是一种典型的“重交易、轻保有”的税收体系，这种体系在“营改增”之前对地方财力影响不大，因为与房地产相关的营业税全部属于地方收入，“营改增”以后，房地产交易环节的增值税变成了中央和地方共享收入。因此，在房地产税改革背景下，可以考虑取消契税、土地增值税和印花税，适度降低房地产交易环节的增值税税率，从现在9%进一步下降到6%[①]，降低房地产交易环节的税负，为房地产税改革创造条件。

三是将土地出让金并入或部分并入房地产税。1998年，城镇住房改革以后出现的土地财政引发了长期的争论，许多学者对于地方财政过度依靠土地出让金收入以及由此引发的高房价问题进行了广泛的批评（张青和胡凯，2009；陈志勇和陈莉莉，2010；周晓艳和汪德华，2012；童锦治和李星，2013；吕炜和刘晨晖、2012；高然和龚六堂，2017；沈坤荣和赵倩，2019）。在房地产税改革背景下，如何处理房地产税与土地出让金之间的关系也出现大量的争论，一部分学者认为，应该取消土地出让金，将其并入房地产税（吴俊培，2004；胡怡建和杨海燕，2017），也有学者并不赞同这一税法，认为租、税是两个不同的概念（陈志勇和姚林，2007；贾康，2015；陈庆海等，2018），还有学者认为，可以将一部分土地出让金并入房地产税（白彦锋，2007；马海涛等，2019）。土地出让金具有较强的波动性和不规范性，而且对土地出让金的使用，中央政府附加了较多的限制性条款，并有明确的支出方向，因此，土地出让金在地方财政可支配收入中发挥的作用并不如想象中那么大。将土地出让金全部或部分并入房地产税，既有利于形成规范性的地方财力，同时也有利于增加地方可支配财力。

## 三、进一步优化地方财政收入结构

地方的财政收入由税收收入和非税收入构成，非税收入是指政府通过

---

① 2016年实施全面“营改增”后，增值税税率经历了多次调整，相应地，房地产交易增值税税率也进行了调整，2018年5月1日，从11%调整为10%，2019年4月1日，又进一步下调到9%。

合法程序获得的除税收以外的一切收入（楼继伟，2013）。从地方的财政收入结构来看，一个典型的特征是地方政府非税收入占比（如图 5－8 所示）过高，且超常增长。地方非税收入占地方财政收入比重逐年上升，2016 年上升到 25.85％。其增长的速度亦高于同期财政收入增长速度。

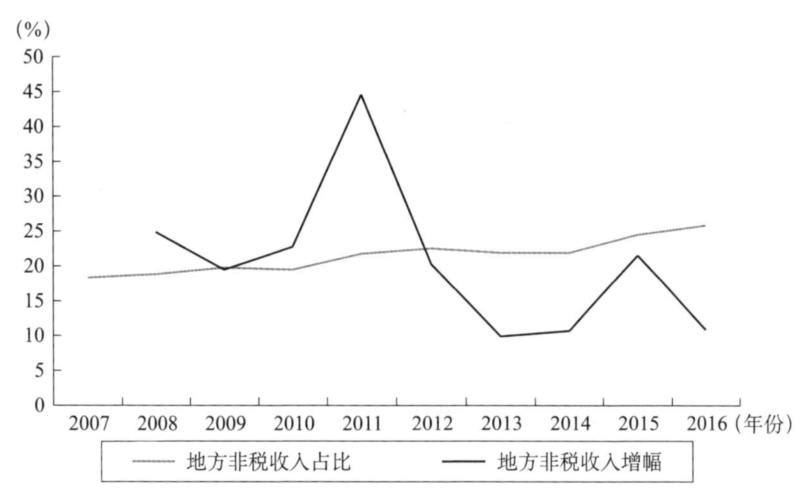


**图 5－8　地方政府非税收入占财政收入比重及其增幅**

资料来源：根据《中国财政年鉴》相关数据计算。

地方非税收入中最主要的是土地出让金收入，其次是政府性基金和行政事业性收费。非税收入占比过高和增长过快，会扭曲地方政府行为，导致地方政府过度干预市场，带来较大的效率损失，同时也不利于环境污染的治理。另外，地区之间土地出让金收入的不均衡也会拉大地区财力差距，从而扩大地方之间公共服务水平的差距。

具体建议：一是对现行的土地财政制度进行改革，减少地方财政对土地出让金的依赖；二是进一步“清费立税”，特别是要清理环境、资源领域的各项收费和政府性基金，对于可以并入环境保护税和资源税的收费项目和政府性基金，将其并入环境保护税和资源税，对不宜并入环境保护税和资源税的收费项目和政府性基金，建议取消；三是规范地方政府收费行为，为了避免经济下行时期地方非税收入的超常规增长，要强化对地方政府的制度性约束，严格非税收入票据管理，完善非税收入征缴管理系统。

## 四、赋予地方政府一定的财政收入自主权

划分中央和地方的财政收入，并不是单纯地给予地方一定的财力，而是要同时给予地方一定的财权，同时实现地方政府可问责。单纯给予地方政府财力并不能从根本上解决地方预算软约束问题，也不能从根本上解决地方财政收支不平衡问题。要调动地方政府的积极性，强化财政纪律和秩序，需要赋予地方一定的收入自主权。

具体来讲：一是赋予地方政府一定的地方税开征权、税率税目调整权。为了维持全国统一市场，可以立法禁止地方对生产和流通环节征税，同时，地方也不得在税收上实行区域性歧视政策，但对地方性税种，地方可以根据本地情况灵活调整税基和税率，比如房地产税，地方政府可以灵活调整税率，也可以根据当地情况实施不同减免税制度。二是允许地方对符合受益原则的地方公共服务项目征收使用费，对地方基础设施，允许地方根据通货膨胀和需求灵活调整收费费率。

# 第六章
# 政府间财政转移支付与雾霾污染协同治理

## 第一节　引言

政府间财政转移支付是解决纵向和横向财力不均衡的重要政策工具，也是中央政府影响地方行为，推动国家法律、法规和政策顺利实施的重要手段。1994 年分税制改革之前，财政转移支付已经成为政府间财政关系的重要组成部分，改革开放以后，随着财政包干制的实施，政府间形成了下级政府上解和上级政府补贴的双向流动的转移支付。1994 年分税制改革以后，为了解决财力上收后地方财政收支缺口问题，我国先后建立了一般性转移支付制度和专项转移制度，与此同时，财政包干制下中央政府对地方政府的体制性补助和地方政府对中央政府的体制上解以及中央与地方之间的年终结算补助或上解得以保留。在经过多次改革和调整后，形成了我国目前相对完善的转移支付制度。一般性转移支付制度主要解决纵向和横向财力不均衡问题，强化地方政府提供公共服务的能力，在全国范围实现基本公共服务均等化。一般性转移支付采用因素法根据统一的公式进行分配，不规定具体用途，可由地方作为财力统筹安排适用。专项转移支付是为了实现中央的特定政策目标而设立的转移支付，包括基础设施、农业、教育、卫生、社会保障以及环境保护等，专项转移支付采用客观因素分配，每一项专项转移支付都有专门的管理办法，实行专款专用。

作为分税制财政体制的重要配套政策，政府间财政转移支付在增强中央政府宏观调控能力、缓解地方政府财政困难、缩小地区间财力差距等方面取得了明显的成效。财政转移支付制度为实现地区之间公共服务均等化提供了财政支撑，同时，也为教育、卫生、环境保护等事业发展提供的财政保障。但我国财政转移支付制度也存在总量过大、一般性转移支付与专项转移支付交叉重叠、专项转移支付制度设计不合理、分配程序不规范和资金使用效率低下等问题。

从已有的文献来看，研究财政转移支付的国内外文献都非常多，但专门研究环境保护财政转移支付的文献相对较少。从已有的研究来看，一部分文献从定性的角度研究了纵向和横向生态转移支付。对纵向生态补偿的定性研究主要是从现行的财政体制和国家政策入手，分析我国现行生态补偿模式存在的问题，并从财政体制、补偿模式、补偿标准、补偿方法等不同的维度探讨了我国生态补偿改革与创新的方向（李宁和丁四保，2009；刘军民，2011；张宏艳和戴鑫鑫，2011；王军锋和侯超波，2013；邓晓兰等，2014；孙开和孙琳，2015；刘桂环和文一惠，2018；潘华和周小凤，2018）。对于横向生态补偿的研究，则主要集中在横向补偿的必要性（李宁等，2010）、存在的问题（蒋永甫和弓蕾，2015）、国际实践（李长健和赵田，2019）以及横向转移在生态一体化治理中的作用（张小平，2017）等方面。大部分学者都赞同推进我国生态横向转移支付制度建设，但马骁和宋媛（2014）认为，横向财政转移支付体系的构建并不符合中国实际财政现况。

另一部分文献结合我国重点生态功能区转移支付定量研究了生态转移支付对环境的影响。张文彬和李国平（2015）构建了一个中央政府和县级政府生态保护的动态委托代理模型，发现转移支付能够有效激励县级政府的生态环境努力，对生态环境质量的改善起到了显著的作用。刘炯（2015）利用东部六省 46 个地级市面板数据，通过空间计量模型识别不同生态激励方式对城市环境治理的激励效应，发现“奖励型”激励方式有助于提升环境投入，而“惩罚型”激励方式有助于强化环境规制。李国平等（2016）采用空间计量模型，发现国家重点生态功能区转移支付对生态环境质量具有正向促进作用，但这种促进作用相对有限。赵卫等（2019）利用方差分析法和耦合协调度模型分析了重点生态功能区转移支付与生态环境保护的协同性，发现当前重点生态功能区转移支付资金分配尚未体现重点生态功能区生态环境保护投入的地域差异和类型差异，也未体现与重点生态功能区生态环境保护投入的协同性。缪小林和赵一心（2019）以水污染治理为例，利用2006～2016年我国省级面板数据，对我国国家重点生态功能区转移支付对生态环境改善的影响进行实证检验，发现生态功能区转移支付总体上改善了以水质为代表的生态环境质量，并显著依赖于地方政府环境保护支出占比。田嘉莉和赵昭（2020）将转移支付分为预期转移支付和非预期转移支付，利用2011～2015年湖北省县级面板数据，考察国家重点生态功能区转移支付政策的环境效应，发现转移支付政策对生态环境质量的提升具有促进作用，地方政府的“保护生态环境”的政策目标主要是通过预期转移支付来实现，而非预期转移支付的环境效应并不明显。

通过文献梳理可以看出，研究财政转移支付对雾霾污染影响的文献相对较少，考察财政转移支付对雾霾污染空间效应的文献亦不多见。因此，有必要进一步揭示财政转移支付影响雾霾污染的渠道和机制，考察财政转移支付对雾霾污染的影响及空间效应。

## 第二节　政府间财政转移影响雾霾治理的理论机制分析

在财政分权的体制框架下，转移支付不仅可以兼容财政分权的优点，还能够弥补财政分权所带来的弊端。环境保护财政事权和支出责任的匹配以及财力与支出责任的不匹配会影响地方环境治理行为，对于雾霾污染这样的跨区域环境污染，地方政府更是缺乏治理的内在动力。中央对地方的一般性转移支付，可以缓解纵向财政缺口和横向财力差异，在一定程度消解地方财政压力对雾霾污染的负面影响；中央对地方环保的专项转移支付，可以解决雾霾污染治理收益外溢导致的地方治理激励不足问题（如图6－1所示）。

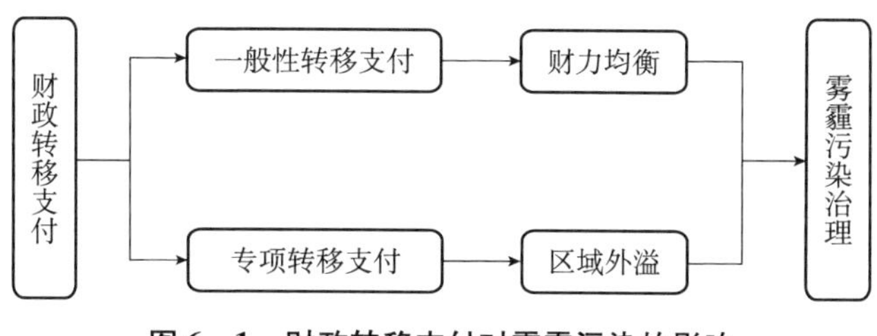


**图6－1　财政转移支付对雾霾污染的影响**

## 一、一般性转移支付的雾霾治理效应

前面的分析表明，事权和支出责任下移形成的地方财政压力会扭曲地方政府的行为，地方政府一方面会减少与经济增长不相关的财政支出，另一方面为了促进地方经济增长和增加税源，会放松环境管制。一般性转移支付是缓解地方财政缺口的重要手段，可以缓解地方政府财力紧张的局面，强化地方政府提供公共服务的能力，同时也有利于在全国范围内实现公共服务均等化。在接受转移支付后，随着财政压力的缓解，一方面，地方政府可能会增加对环境污染治理投入，环保产业投资领域不均衡、地方财政能力差异是造成的地方大气污染防治支出差异的重要原因，一般性财政转移支付可以减少地区之间这种差异；另一方面，也可能缓解地方税收竞争对环境污染造成的负面影响，地方政府会减少对高能耗、高污染重工业企业的引进，强化环境监管，提高环境管制强度。

## 二、专项转移支付的雾霾治理效应

相对于一般性转移支付，专项转移支付对雾霾污染治理的影响更为直观。首先，由于雾霾污染治理具有较强的正外部性，财政分权激励下，地方政府通常不愿意主动承担雾霾污染治理的公共职责，专项转移支付能够极好地消除这种由外部性而产生激励不足。其次，当被补助的公共服务对其他地区具有外溢性时，或者从公平的角度对特定公共服务需要实现全国统一最低国民生活水平时，专项转移支付作为实现基本公共服务均等化的政策工具，更优越于一般性转移支付。最后，地方政府将经济发展作为主要目标，因而会将支出更多地投向能够促进本地区经济发展的基础设施上，从而导致各种民生性公共物品的供给不足，由于一般性转移支付对于地方而言是一般性财力，地方政府可以自主决定其用途，因此，获得一般性转移支付的地方政府并不会必然增加环境保护方面的支出。而要求地方政府资金配套的条件专项转移支付可以将地方政府的支出锁定在具有外溢效应的公共物品上，由于条件专项转移支付的数额等于该项公共物品全国范围内的最优供给数量与辖区内的最优供给数量的成本差额，或者等于该项公共物品的外部收益，因此，条件专项转移支付通过内部化公共物品的外溢收益而激励地方政府按照整个国家范围内最优的数量来供给具有外溢效应的地方性公共物品，即以整体最优为目标，鼓励地方政府利用其信息优势来提供该项公共物品。因此，对雾霾污染治理而言，条件转移支付与同等数额的一般转移支付相比更能够促进雾霾污染治理。

## 第三节　我国政府间财政转移支付的演进路径

### 一、我国现行的政府间财政转移支付制度

1994 年分税制改革后建立起来的政府间财政转移支付制度，经过 20 多年的发展完善，逐步形成了我国以一般性转移支付为主、专项转移支付为辅的转移支付制度框架。除了上述两类转移支付，在 1994 年的分税制改革中，为了减少改革的阻力和财力上收对地方财政的影响，中央对地方按照 1993 年地方增值税和消费税的基数实行税收返还，2002 年所得税分享改革后又增加了中央对地方所得税返还。我国具体的财政转移支付类型及测算方法见表 6－1。

**表 6－1　　我国财政转移支付类型**

| 类型 | 内容 | 测算方法 | 备注 |
| --- | --- | --- | --- |
| 一般性转移支付 | 一般性转移支付主要包括：均衡性转移支付、老少边穷地区转移支付、成品油税费改革转移支付、体制结算补助、基层公检法司转移支付、基本养老金等转移支付、城乡居民医疗保险等 7 大类。其中，均衡性转移支付包括重点生态功能区转移支付、产粮大县奖励资金、县级基本财力保障机制奖补资金、资源枯竭城市转移支付、城乡义务教育补助经费、农村综合改革转移支付等 6 类 | 中央出台《财政部关于 2002 年一般性转移支付办法》明确：一般性转移支付＝（标准财政支出－标准财政收入）×系数。标准财政收入由地方政府的标准财政收入和中央对该地区的税收返还和财力性转移支付组成；标准支出由行政公检法等支出项目总和组成；系数按照一般性转移支付总体规模和各地区标准支出高于标准收入的额度以及财政困难程度确定。这一规定成为一般性转移支付制度不断完善的蓝本 | 1995 年，财政部出台过渡期转移支付方案，并于 2002 年后并入一般性转移支付。2008 年对一般性转移支付办法进行了修订。2009 年前，我国财政转移支付包括财力性转移支付和专项转移支付两类，一般性转移支付是财力性转移支付的子项，2009 年，原财力性转移支付改称一般性转移支付，原一般性转移支付改称均衡性转移支付。自 2013 年起，农村医疗救助补助资金、城市医疗救助补助资金由医疗卫生专项转移支付调整为一般性转移支付的新型农村合作医疗等转移支付 |

续表

| 类型 | 内容 | 测算方法 | 备注 |
| --- | --- | --- | --- |
| 专项转移支付 | 一般公共服务支出、国防支出、公共安全支出、教育支出、科学技术支出、文化体育与传媒支出、社会保障和就业支出、医疗卫生与计划生育支出、节能环保支出、城乡社区支出、农林水支出、交通运输支出、资源勘探信息等支出、商业服务业等支出、金融支出、国土海洋气象等支出、住房保障支出、粮油物资储备支出、其他支出等 19 大类 | 专项拨款在分配中采取“基数法”“因素法”相结合的方式根据不同情况测算 | 2000 年《中央对地方专项拨款管理办法》。自 2013 年起，将农村义务教育阶段教师特设岗位计划工资性补助资金由一般性转移支付的义务教育等转移支付调整为教育专项转移支付 |
| 税收返还 | 税收返还主要包括增值税和消费税返还、所得税基数返还、成品油税费改革税收返还 3 大类 | 以 1993 年为基期年，中央净上划收入全额返还给地方，每年递增率按增值税和消费税增长的 1:0.3 系数确定。以 2001 年为基期，所得税按照改革方案确定的分享范围和比例进行计算。如果地方分得的所得税收入小于 2001 年地方实际所得税收入，差额部分由中央作为基数返还地方；反之，差额部分为地方上缴基数。自 2009 年起，中央对地方成品油转移支付额 = 替代性返还 + 增长性补助 | 1994 年中央《国务院关于实行分税制财政管理体制的决定》。2002 年《关于印发所得税收入分享改革方案的通知》 |

资料来源：根据财政部网站整理。

需要指出的是，构成我国目前一般性转移支付的十多个子项目中，除了均衡性转移支付、原体制补贴以及结算补助等少数项目之外，其他子项目都是指定用途的，当然用途的指定比专项转移支付要较为宽泛。例如，义务教育转移支付必须用于义务教育公共支出，而不能用在基本建设上，在义务教育支出的范围之内，地方政府有权决定具体支出项目。由此可见，我国一般性转移支付中多数子项目应为分类拨款，而不是纯粹意义上的一般性转移支付。

## 二、中央对地方财政转移支付的规模和结构

从中央对地方转移支付规模（如图6－2所示）来看，1994年中央对地方转移支付总额（包括税收返还）为2389.09亿元，2017年中央对地方财政转移支付总额为65051.78亿元，增加了27倍多。从中央对地方财政转移支付占中央本级财政收入的比重来看，从1994年的82.2%下滑到1997年的67.6%，1997～2008年基本上稳定在70%的水平，2009年上升为89.5%，在此之后基本上在80%上下波动。从中央对地方财政转移占地方本级支出的比例来看，1994年为59.2%，之后逐步下降，基本上在45%上下波动，2009年以后又开始缓慢下降，从46.8%下降到2017年37.55%，下降了将近10个百分点。

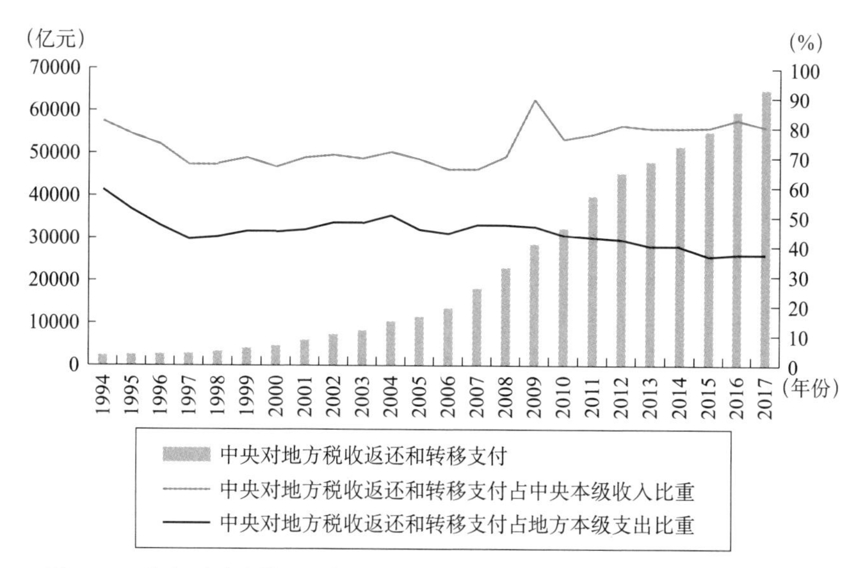


**图6－2　中央对地方转移支付规模及其占中央本级收入和地方本级支出比重**

资料来源：《中国财政年鉴》或根据其计算整理。

从中央对地方转移支付结构（如图6－3所示）来看，一般性转移支付规模不断增加。从2007年的6835.6亿元增加到2018年的38722.06亿元，增加了近6倍，同期，一般性转移支付占全国转移支付的比重也从49.8%增加到62.81%，增加了13个百分点。专项转移支付规模在2011年之前与一般性转移支付呈现相同的增长趋势，从2011年开始，其增幅逐渐下降，甚至在部分年度出现了负增长，2007年，专项转移支付为6891.5

亿元，2018 年为 22927.09 亿元，增加了 3.3 倍。同期，专项转移支付占全部转移支付的比重也从 50.2% 下降到 37.19%。

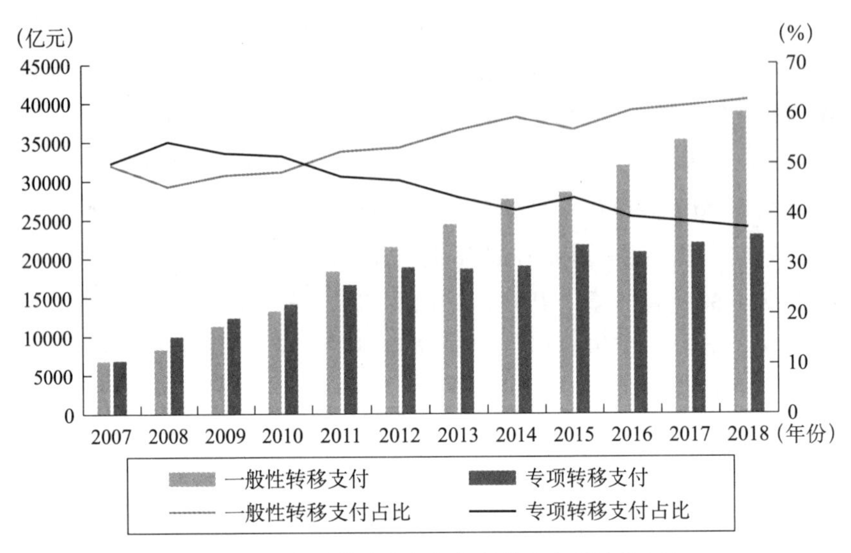


**图 6－3　一般性转移支付与专项转移支付及其占比**

资料来源：《中国财政年鉴》或根据其计算整理。

## 三、中央对地方生态环保财政转移支付的规模和结构

在中央对地方的财政转移支付中，包含有很多“生态环保”因素的财政转移支付项目。在一般性转移支付中，财政部发布的《关于 2002 年一般性转移支付办法》明确通过测算地方标准支出和标准收入计算财力缺口，并在此基础上，计算中央对地方的转移支付额，在地方标准支出的测算中，就包含有农林水利气象等跟生态环保相关的项目。财政部发布的《2016 中央对地方均衡性转移支付办法》中，结合政府收支分类改革对标准财政支出项目进行了修订，把节能环保支出纳入地方标准财政支出的测算范围。地方生态环境保护支出越多，按照公式计算出来的中央对地方均衡性转移支付的数额就越大。除此之外，在一般性转移支付中，还有直接跟生态环保相关的转移支付项目，其中最主要的是重点生态功能区转移支付。从专项转移支付来看，与生态环保直接相关的项目主要包括可再生能源发展专项资金、大气污染防治资金、水污染防治资金、节能减排补助资金、城市管网专项资金、土壤污染防治专项资金、

排污费支出、工业企业结构调整专项奖补资金、天然林保护工程补助经费。除此以外，还有跟生态环境相关的农业、林业、交通、天气等项目的专项转移支付。

从均衡性转移支付（如图 6－4 所示）来看，2013 年中央对地方均衡性转移支付总额为 9812.01 亿元，2017 年增加到 22381.59 亿元，增加了 2 倍多，其中，2015 年的均衡性转移支付从 2014 年的 10803.81 亿元增加到 18471.96 亿元，增长 71%。重点生态功能区转移支付相对比较稳定，从 2013 年的 423 亿元增加到 2017 年的 627 亿元，年均增幅 10% 左右。

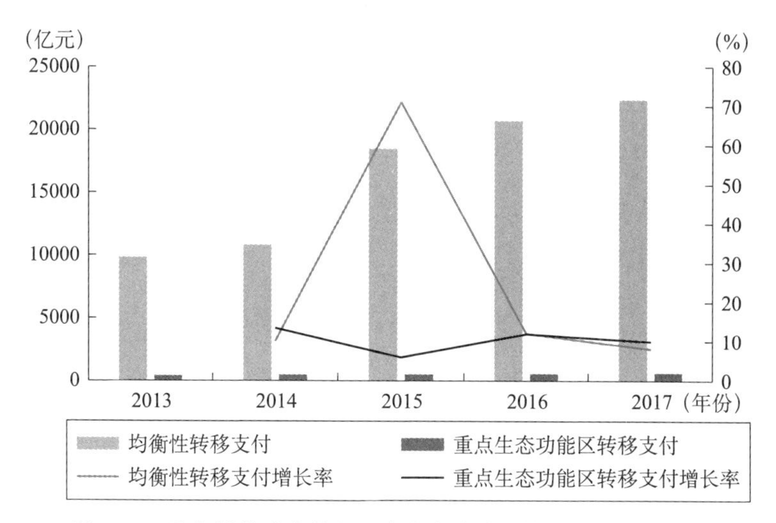


**图 6－4　均衡性转移支付和重点生态功能区转移支付及其增幅**

资料来源：财政部网站历年全国财政决算。

从专项转移支付（如图 6－5 所示）来看，每年跟生态环保相关的专项转移支付项目都略有变动。以 2017 年为例，最主要的专项转移支付是节能减排补助，为 339.13 亿元，其次是工业企业结构调整专项奖补资金，为 299.37 亿元，之后分别是城市管网专项资金（166.5 亿元）、大气污染防治资金（160 亿元）和水污染防治资金（115 亿元）。

## 四、生态环保横向转移支付

横向转移支付在我国有一定的实践，但总体上偏少。改革开放以后，为了促进落后地区的发展，我国推出了对口支援政策，主要是由经济发达

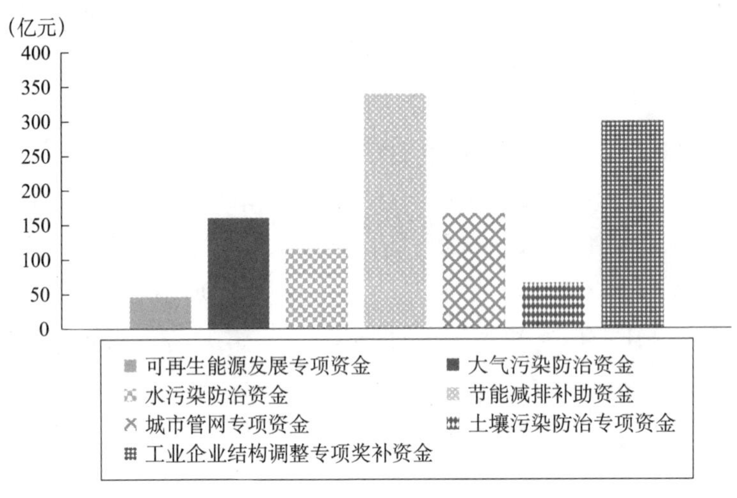


**图 6－5　节能环保专项转移支付**

资料来源：财政部网站历年全国财政决算。

地区向地理位置偏远、经济发展缓慢的地区进行人力、物力、财力的援助，以实现共同发展（李长健和赵田，2019）。对口支援具有一定的横向转移支付性质，可以视为我国横向转移支付的萌芽，但对口支援主要由行政性力量主导，缺少规范性的制度安排。横向转移支付相对成功的经验为 2012 年正式启动的新安江流域生态补偿转移支付，浙江省和安徽省在财政部和环保部的共同牵头下，就新安江生态补偿达成协议。2016 年，财政部配合环保部将跨流域生态补偿试点扩展到广西广东九洲江、江西广东东江等流域。在雾霾污染治理方面，京津冀在生态环境一体化治理过程中，就大气污染防治开展了横向转移支付实践。2015 年 7 月，北京市分别与廊坊市、保定市签订了 2015～2017 年大气污染防治合作协议，建立了大气污染防治合作机制，提供资金支持两市的燃煤污染治理。根据《北京市环境状况公报》公布的数据，2015 年北京市对口支援廊坊、保定 4.6 亿元，专项用于燃煤污染治理。2016 年，共投入 5.02 亿元资金支持保定、廊坊两市开展小型燃煤锅炉淘汰和大型燃煤锅炉治理（张小平，2017）。总体而言，我国当前的横向转移支付还没有形成完整的体系，也没有法律法规层面的制度安排，在实践中推进的过程也比较缓慢。

# 第四节　政府间财政转移支付影响雾霾污染的实证检验

## 一、研究设计

### （一）空间计量模型设定

本节同样基于空间计量模型估计政府间财政转移支付对雾霾污染的影响。通过（robust）LM、Wald 和 LR 检验，考察政府间财政转移支付对雾霾污染影响，适合采用空间杜宾模型（SDM），因此，本节构建的空间计量模型如下：

$$Y_{it} = \alpha + \rho W \times Y_{it} + \beta_1 tf_{it} + \beta_2 X_{it} + \lambda_1 (W \times tf_{it}) + \lambda_2 (W \times X_{it}) + u_i + \gamma_t + \varepsilon_{it} \quad (6-1)$$

其中，$Y_{it}$ 为雾霾污染水平，$tf_{it}$ 为地方财政补助收入占比，$X_{it}$ 为控制变量，$W$ 为空间权重矩阵，$u_i$ 和 $\gamma_t$ 分别为地区固定效应和年度固定效应，$\varepsilon_{it}$ 为随机误差性。

### （二）变量说明与描述性统计

1. 被解释变量

本节实证分析的被解释变量（$Y$）为省市雾霾污染程度，其替代变量为各省市的 PM2.5 浓度水平、二氧化硫排放量和烟（粉）尘排放量。同样，为了进一步考察财政收入划分对不同类型雾霾污染的影响，进一步把二氧化硫排放量区分为工业二氧化硫排放量和生活二氧化硫排放量，把烟（粉）尘区分为工业烟（粉）尘和生活烟（粉）尘，作为被解释变量纳入模型。

2. 核心解释变量

本节实证分析的核心解释变量为地方补贴收入占比（$tf$）。这一变量反映各省市从中央获得的转移支付数额所占的比重，具体计算方法为：

$$tf_{it} = \frac{transfer_{it}}{pop_{it}} \bigg/ \frac{transfer_t}{pop_t} \quad (6-2)$$

其中，$transfer_{it}$ 为第 $i$ 省（市）第 $t$ 期从中央获得的财政转移支付总额[①]，$pop_{it}$ 为第 $i$ 省（市）第 $t$ 期的总人口，$transfer_t$ 为第 $t$ 期中央对地方财政转移支付总额，$pop_t$ 为第 $t$ 期全国总人口。需要说明的是，利用全口径财政转移支付来衡量政府间转移支付对雾霾污染及其治理的影响并不是最优的选择，比较合适的做法是雾霾污染治理相关的各项转移支付数据分析政府间转移支付对雾霾污染的影响，但从现有的统计资料中没有办法获得上述数据。已有的文献对重点生态功能区转移支付进行了分析，但相关数据并不适用于本节的分析，一方面，重点生态功能区转移支付相对于大气污染治理相关的转移支付而言口径过小，不能全面反映政府间财政转移支付对雾霾污染和治理的影响；另一方面，重点生态功能区转移支付并没有覆盖所有省市。[②]

3. 控制变量

地方经济发展水平（*pgdp*）采用人均 GDP 度量地方经济发展水平，并采用 GDP 平减指数消除价格因素的影响。人口密度（*pdensity*）以该地区年末人口数除以该地区行政区划面积计算而得。产业结构（*industry*）用第二产业占 GDP 的比重度量。贸易开放度（*open*）用进出口总额占 GDP 的比重度量，对进出口总额按照当年人民币兑美元平均汇率折算成人民币。城镇化水平（*urban*）用地区年末城镇人口占总人口的比重度量，计算方法与第二章第四节相同。能源消费结构（*energy*）用地区煤炭消费量占能源消费总量的比重度量。技术创新水平（*tech*）用专利授权数量来衡量地区技术创新水平。

4. 数据说明与描述性统计

基于数据的可得性，本节的研究对象包括除西藏和港澳台以外的 30 个省市，样本期为 1998～2015 年[③]。二氧化硫排放量、烟（粉）尘排放量以及环保系统人员数量来自《中国环境年鉴》，政府间财政转移支付的相关数据均来自《中国财政年鉴》，能源消费结构数据来自《中国能源统计年

① 包括税收返还，没有剔除地方上解中央收入。

② 根据财政部印发的《中央对地方重点生态功能区转移支付办法》，重点生态功能区转移支付的重点补助对象为重点生态县域、长江经济带沿线省市、“三区三州”等深度贫困地区。

③ 西藏的数据缺失较多，故将西藏从样本中删去。由于 2015 年以后不再统计环保系统人员，因此，所有样本期截至 2015 年。

鉴》，其他数据来自《中国统计年鉴》。为了缓解异方差带来的影响，所有的变量均取对数。变量的描述性统计结果见表6－2。

表6－2　　描述性统计结果

| 变量 | 均值 | 标准差 | 最小值 | 最大值 |
| --- | --- | --- | --- | --- |
| PM2.5（lnpm25） | 3.181 | 0.632 | 0.811 | 4.415 |
| 二氧化硫排放量（lnso2） | 3.809 | 1.321 | －2.612 | 5.420 |
| 工业二氧化硫排放量 lniso2 | 3.801 | 0.939 | 0.641 | 5.171 |
| 生活二氧化硫排放量 lndso2 | 1.858 | 1.260 | －3.932 | 4.679 |
| 烟（粉）尘排放量（lndust） | 3.758 | 0.937 | 0.384 | 5.572 |
| 工业烟（粉）尘排放量（lnidust） | 3.591 | 0.996 | 0.270 | 5.365 |
| 生活烟（粉）尘排放量（lnddust） | 1.338 | 1.345 | －6.438 | 3.938 |
| 财政转移支付占比（lnfid） | 0.132 | 0.469 | －0.923 | 1.700 |
| 人口密度（lnpdensity） | 5.397 | 1.253 | 1.941 | 8.249 |
| 经济发展水平（lnpgdp） | 9.786 | 0.866 | 7.768 | 11.590 |
| 产业结构（lnindustry） | 3.637 | 0.256 | 2.535 | 4.082 |
| 城镇化水平（lnurban） | 3.817 | 0.317 | 3.086 | 4.495 |
| 贸易开放度（lnopen） | 2.858 | 1.016 | 1.152 | 5.148 |
| 技术创新水平（lntech） | 8.399 | 1.635 | 4.127 | 12.506 |
| 能源消费结构（lnenergy） | 4.173 | 0.359 | 2.497 | 5.104 |

## 二、政府间财政转移支付对雾霾污染影响的回归结果分析

为了考察政府间财政转移支付对雾霾污染的影响，本节以各省市所获得人均财政转移支付数额占全国人均转移支付数额（lntr）作为核心解释变量，在地理邻接权重矩阵（W1）和地理距离权重矩阵（W2）设定下对被解释变量（PM2.5、二氧化硫排放量和烟（粉）尘排放量）进行回归，并进一步考察不同解释变量对雾霾污染的直接效应、间接效应和总效应。

### （一）政府间财政转移支付对雾霾污染的影响及其空间效应

#### 1. 政府间财政转移支付对雾霾污染的影响

表6－3给出了政府间财政转移支付对雾霾污染影响的回归结果。如结果所示，在地理邻接权重矩阵（W1）和地理距离权重矩阵（W2）下，政府间转移支付会显著减少PM2.5浓度水平和烟（粉）尘排放，但会显著增

加二氧化硫的排放。从控制变量来看，地方的产业结构和能源结构会显著增加以 PM2.5、二氧化硫和烟（粉）尘表征的雾霾污染，这一回归结果与预期相吻合，因为在大多数地方，雾霾污染的主要来源是工业污染和燃煤。贸易开放度的系数估计值均显著为负，表明不存在境外向境内污染转移。技术创新水平对二氧化硫和烟（粉）尘的回归系数显著为正，表明技术进步会增加二氧化硫和烟（粉）尘的排放。人口密度、人均 GDP 和城镇化水平在不同空间矩阵设定下的系数正负不一致，且显著性水平差别也比较大，互相矛盾的结果可能是这些因素影响不同污染物的机制不一样。

**表 6-3　政府间财政转移支付影响雾霾污染的空间面板回归结果**

| 变量 | PM2.5 | | 二氧化硫 | | 烟（粉）尘 | |
|---|---|---|---|---|---|---|
| | W1 | W2 | W1 | W2 | W1 | W2 |
| 财政转移支付（lntr） | -0.194*** (-4.634) | -0.124*** (-2.698) | 0.453*** (3.306) | 0.213 (1.455) | -0.216*** (-2.687) | -0.243*** (-3.105) |
| 人口密度（lnpdensity） | 0.445*** (32.44) | 0.445*** (25.79) | 0.399*** (8.837) | 0.327*** (5.957) | -0.161*** (-6.101) | -0.197*** (-6.685) |
| 经济发展水平（lnpgdp） | 0.213*** (3.485) | 0.192*** (3.003) | -0.810*** (-4.077) | -1.111*** (-5.466) | -0.258** (-2.222) | -0.173 (-1.588) |
| 产业结构（lnindustry） | 0.354*** (5.887) | 0.316*** (4.593) | 1.052*** (5.332) | 1.199*** (5.477) | 0.742*** (6.385) | 0.541*** (4.602) |
| 城镇化水平（lnurban） | 0.0863 (0.817) | 0.0339 (0.310) | 0.606* (1.758) | 1.664*** (4.795) | -0.431** (-2.148) | -0.467** (-2.509) |
| 贸易开放度（lnopen） | -0.116*** (-5.080) | -0.130*** (-4.842) | -0.708*** (-9.442) | -0.748*** (-8.763) | -0.269*** (-6.081) | -0.251*** (-5.474) |
| 技术创新水平（lntech） | -0.0525*** (-2.898) | -0.0227 (-0.991) | 0.576*** (9.683) | 0.699*** (9.601) | 0.455*** (12.96) | 0.441*** (11.28) |
| 能源消费结构（energy） | 0.173*** (4.048) | 0.0886** (1.961) | 0.324** (2.255) | 0.635*** (4.423) | 0.690*** (8.353) | 0.784*** (10.18) |
| W×lntr | -0.387*** (-3.657) | 0.0528 (0.189) | 0.884** (2.563) | -0.847 (-0.953) | -0.133 (-0.652) | 0.166 (0.349) |
| W×lnpdensity | 0.204*** (4.538) | -0.0671 (-0.576) | -0.438*** (-3.373) | -1.855*** (-5.012) | -0.127* (-1.773) | -0.416** (-2.093) |
| W×lnpgdp | -0.680*** (-6.078) | 0.134 (0.542) | -2.672*** (-7.092) | -1.518* (-1.937) | -0.309 (-1.441) | 1.379*** (3.283) |
| W×lnindustry | 0.0956 (0.884) | -0.947*** (-2.812) | 1.804*** (4.663) | 1.547 (1.444) | 0.752*** (3.486) | 1.299** (2.262) |
| W×lnurban | 1.370*** (7.297) | 0.120 (0.200) | 1.770*** (2.799) | 5.574*** (2.921) | -1.126*** (-3.157) | -5.496*** (-5.369) |
| W×lnopen | -0.0319 (-0.493) | -0.167 (-1.085) | 0.565*** (2.701) | 1.655*** (3.370) | 0.569*** (4.742) | 0.965*** (3.669) |

续表

| 变量 | PM2.5 | | 二氧化硫 | | 烟（粉）尘 | |
|---|---|---|---|---|---|---|
| | W1 | W2 | W1 | W2 | W1 | W2 |
| W × lntech | -0.0749* <br>(-1.716) | 0.0509<br>(0.405) | 0.405***<br>(2.832) | 0.290<br>(0.726) | -0.244***<br>(-2.803) | -0.417*<br>(-1.942) |
| W × energy | 0.266***<br>(2.600) | 0.501*<br>(1.959) | -1.937***<br>(-5.725) | -2.215***<br>(-2.724) | 0.527**<br>(2.563) | 1.435***<br>(3.290) |

注：***、**、*分别表示在0.01、0.05、0.1的水平上显著。括号内数字为稳健性标准差。

2. 政府间财政转移支付对雾霾污染的空间影响

表6-4给出了政府间财政转移支付对PM2.5的影响的分解效应。在两种权重矩阵下，政府间财政转移支付对PM2.5的直接效应、间接效应和总效应显著为负，表明增加对省级政府的转移支付可以降低本地区、邻近地区和距离相近地区以及所有地区的浓度水平。在W1权重矩阵下，人口密度、经济发展水平、产业结构和能源结构的直接效应均显著为正，表明上述因素会显著增加本地区的PM2.5浓度水平。贸易开放度和技术创新水平的直接效应显著为负，表明进出口贸易和技术创新会显著降低本地区的PM2.5浓度水平。从间接效应来看，人口密度、城镇化水平和能源消费结构显著为正，经济发展水平显著为负，表明前三个因素会显著提高邻近地区的PM2.5浓度水平，而本地区经济发展会显著降低邻近地区的PM2.5浓度水平。从总效应来看，人口密度、产业结构、城镇化水平、能源消费水平均显著为正，表明上述因素会显著提高所有地区的PM2.5浓度水平。

**表6-4　政府间财政转移支付对PM2.5浓度水平的空间影响：直接、间接和总效应**

| 变量 | W1 | | | W2 | | |
|---|---|---|---|---|---|---|
| | 直接效应 | 间接效应 | 总效应 | 直接效应 | 间接效应 | 总效应 |
| 财政转移支付（lntr） | -0.166***<br>(-3.918) | -0.242***<br>(-3.021) | -0.408***<br>(-4.574) | -0.0524<br>(-1.465) | -0.327**<br>(-2.465) | -0.380***<br>(-2.855) |
| 人口密度（lnpdensity） | 0.443***<br>(32.43) | 0.0230<br>(0.794) | 0.466***<br>(16.00) | -0.267*<br>(-1.877) | 0.217<br>(0.434) | -0.0492<br>(-0.102) |
| 经济发展水平（lnpgdp） | 0.287***<br>(4.653) | -0.620***<br>(-6.872) | -0.332***<br>(-3.948) | 0.00672<br>(0.116) | -0.272*<br>(-1.841) | -0.265*<br>(-1.671) |
| 产业结构（lnindustry） | 0.355***<br>(5.773) | -0.0306<br>(-0.329) | 0.324***<br>(3.675) | -0.0288<br>(-0.528) | 0.725***<br>(3.289) | 0.696***<br>(3.140) |
| 城镇化水平（lnurban） | -0.0385<br>(-0.393) | 1.065***<br>(7.432) | 1.026***<br>(6.490) | -0.0734<br>(-0.835) | 0.972***<br>(2.621) | 0.898**<br>(2.297) |

续表

| 变量 | W1 | | | W2 | | |
|---|---|---|---|---|---|---|
| | 直接效应 | 间接效应 | 总效应 | 直接效应 | 间接效应 | 总效应 |
| 贸易开放度（lnopen） | -0.117***<br>(-5.259) | 0.0169<br>(0.340) | -0.101*<br>(-1.917) | -0.0248<br>(-1.149) | 0.213**<br>(2.370) | 0.188**<br>(2.056) |
| 技术创新水平（lntech） | -0.0475***<br>(-2.616) | -0.0445<br>(-1.351) | -0.0920**<br>(-2.422) | -0.0442**<br>(-2.314) | 0.113<br>(1.534) | 0.0687<br>(0.902) |
| 能源消费结构（energy） | 0.158***<br>(3.517) | 0.159**<br>(1.960) | 0.316***<br>(3.635) | -0.0818**<br>(-2.030) | 0.0738<br>(0.434) | -0.00795<br>(-0.0442) |

注：***、**、*分别表示在0.01、0.05、0.1的水平上显著。括号内数字为稳健性标准差。

表6-5给出了政府间财政转移对二氧化硫的空间效应回归结果。从直接效应来看，在W1权重矩阵下，政府间财政转移支付对二氧化硫排放的直接效应均显著为正，表明增加政府间财政转移支付会显著增加本地区二氧化硫排放水平；人口密度、产业结构、技术创新水平和能源消费结构均显著为正，表明上述因素会显著提高本地区的二氧化硫排放水平。经济发展水平和贸易开放度显著为负，表明这两个因素会显著减少二氧化硫排放。从间接效应来看，人口密度、经济发展水平和能源消费结构均显著为负，产业结构、城镇化水平和贸易开放度显著为正，表明上述分别会显著增加或减少邻近地区的二氧化硫排放。从总效应来看，产业结构、城镇化水平和技术创新水平显著为正，经济发展水平和能源消费结构的总效应显著为负，表明上述因素分别会显著增加和减少所有地区的二氧化硫排放。在W2权重矩阵下，大部分变量的直接效应、间接效应和总效应都不显著。

**表6-5　政府间财政转移支付对二氧化硫排放的空间影响：直接、间接和总效应**

| 变量 | W1 | | | W2 | | |
|---|---|---|---|---|---|---|
| | 直接效应 | 间接效应 | 总效应 | 直接效应 | 间接效应 | 总效应 |
| 财政转移支付（lntr） | 0.413***<br>(2.974) | 0.682**<br>(2.360) | 1.095***<br>(3.260) | 0.0851<br>(0.671) | -3.617***<br>(-5.074) | -3.532***<br>(-4.827) |
| 人口密度（lnpdensity） | 0.428***<br>(9.819) | -0.457***<br>(-4.258) | -0.0294<br>(-0.260) | -0.488<br>(-0.980) | -8.248***<br>(-3.444) | -8.736***<br>(-3.650) |
| 经济发展水平（lnpgdp） | -0.648***<br>(-3.279) | -2.119***<br>(-7.022) | -2.767***<br>(-9.096) | 0.215<br>(1.042) | -0.178<br>(-0.310) | 0.0371<br>(0.0594) |
| 产业结构（lnindustry） | 0.952***<br>(4.884) | 1.328***<br>(4.151) | 2.280***<br>(7.123) | -0.370*<br>(-1.953) | 1.766*<br>(1.904) | 1.396<br>(1.484) |
| 城镇化水平（lnurban） | 0.487<br>(1.534) | 1.341***<br>(2.664) | 1.829***<br>(3.134) | 0.348<br>(1.096) | 0.220<br>(0.139) | 0.568<br>(0.336) |

续表

| 变量 | W1 | | | W2 | | |
|---|---|---|---|---|---|---|
| | 直接效应 | 间接效应 | 总效应 | 直接效应 | 间接效应 | 总效应 |
| 贸易开放度<br>(lnopen) | -0.751***<br>(-10.28) | 0.656***<br>(3.794) | -0.0948<br>(-0.495) | -0.210***<br>(-2.745) | -0.219<br>(-0.547) | -0.429<br>(-1.038) |
| 技术创新水平<br>(lntech) | 0.562***<br>(9.426) | 0.219*<br>(1.780) | 0.781***<br>(5.328) | -0.130*<br>(-1.913) | 0.245<br>(0.773) | 0.115<br>(0.347) |
| 能源消费结构<br>(energy) | 0.444***<br>(3.074) | -1.724***<br>(-6.280) | -1.280***<br>(-4.189) | 0.269*<br>(1.841) | -0.0491<br>(-0.0628) | 0.220<br>(0.264) |

注：***、**、*分别表示在0.01、0.05、0.1的水平上显著。括号内数字为稳健性标准差。

表6-6列出了政府间财政转移支付对烟（粉）尘的空间效应的回归结果。政府间财政转移支付对烟（粉）尘排放的直接效应在W1和W2权重矩阵下均显著为负，间接效应和总效应在两种权重矩阵下均不显著。人口密度在W1权重矩阵下的直接效应、间接效应和总效应均显著为负，在W2权重矩阵下为正但只有直接效应显著，表明地理相邻空间结构下人口密度可以减少本地区、邻近地区和所有地区的烟粉尘排放。经济发展水平在两种权重矩阵下均为负，但仅有W2权重矩阵下的直接效应和总效应显著，表明经济发展水平在地理距离相近的空间结构下会减少本地区和所有地区的烟（粉）尘排放。产业结构的直接效应、间接效应和总效应在两种权重矩阵下均为正，但只在W1权重矩阵下显著，表明产业结构会显著增加本地区、邻近地区和所有地区的烟（粉）尘排放。城镇化水平的直接效应、间接效应和总效应在两种权重矩阵下均显著为负，表明城镇化水平会同时减少本地区、邻近地区和距离相近地区以及所有地区的烟（粉）尘排放。贸易开放度的直接效应、间接效应和总效应在两种权重矩阵下同样为负，其只有W1权重矩阵下的总效应不显著，表明贸易开放度可以显著减少本地区、邻近地区和距离相近地区以及所有地区的烟（粉）尘排放。在两种权重矩阵下，技术创新水平的直接效应和总效应显著为正，间接效应显著为负，表明技术创新水平会显著增加本地区和所有地区的烟（粉）尘排放，但会显著减少邻近地区和距离相近地区的烟（粉）尘排放。能源消费结构的直接效应、间接效应和总效应在两种权重矩阵下均为正，且只有W1权重矩阵下的间接效应不显著，表明能源消费结构会显著增加本地区、距离相近地区和所有地区的烟（粉）尘排放。

**表 6-6　政府间财政转移支付对烟（粉）尘排放的空间影响：直接、间接和总效应**

| 变量 | W1 | | | W2 | | |
|---|---|---|---|---|---|---|
| | 直接效应 | 间接效应 | 总效应 | 直接效应 | 间接效应 | 总效应 |
| 财政转移支付（lntr） | -0.212***<br>(-2.583) | -0.101<br>(-0.519) | -0.314<br>(-1.345) | 0.262***<br>(2.661) | -0.643<br>(-0.992) | -0.382<br>(-0.567) |
| 人口密度（lnpdensity） | -0.161***<br>(-6.367) | -0.112<br>(-1.623) | -0.273***<br>(-3.613) | 0.861**<br>(2.256) | -5.039**<br>(-2.035) | -4.178*<br>(-1.657) |
| 经济发展水平（lnpgdp） | -0.243**<br>(-2.153) | -0.295<br>(-1.495) | -0.538**<br>(-2.495) | 0.317**<br>(1.969) | -1.778***<br>(-2.721) | -1.461**<br>(-2.060) |
| 产业结构（lnindustry） | 0.729***<br>(6.484) | 0.707***<br>(3.435) | 1.436***<br>(6.369) | -0.373**<br>(-2.499) | 5.019***<br>(4.084) | 4.646***<br>(3.658) |
| 城镇化水平（lnurban） | -0.436**<br>(-2.344) | -1.100***<br>(-3.235) | -1.536***<br>(-3.745) | 0.197<br>(0.747) | 9.991***<br>(3.928) | 10.19***<br>(3.806) |
| 贸易开放度（lnopen） | -0.275***<br>(-6.426) | 0.575***<br>(4.873) | 0.300**<br>(2.229) | -0.107*<br>(-1.772) | -1.500***<br>(-3.025) | -1.607***<br>(-3.119) |
| 技术创新水平（lntech） | 0.458***<br>(12.94) | -0.258***<br>(-3.136) | 0.200**<br>(1.993) | -0.0355<br>(-0.667) | -0.0725<br>(-0.212) | -0.108<br>(-0.300) |
| 能源消费结构（energy） | 0.688***<br>(8.123) | 0.479**<br>(2.532) | 1.166***<br>(5.284) | 0.139<br>(1.189) | -1.427<br>(-1.618) | -1.288<br>(-1.374) |

注：***、**、*分别表示在0.01、0.05、0.1的水平上显著。括号内数字为稳健性标准差。

### （二）政府间财政转移支付对不同类型二氧化硫和烟（粉）尘排放的影响及其空间效应

为了进一步考察政府间财政转移支付对不同类型二氧化硫和烟（粉）尘排放的影响，本节同样以工业和生活二氧化硫及烟（粉）尘排放量作为被解释变量，以中央对省的财政转移支付作为解释变量进行回归分析。

1. 政府间转移支付对不同类型二氧化硫和烟（粉）尘排放的影响

政府间财政转移支付对工业和生活二氧化硫排放的回归结果见表6-7。结果显示，政府间财政转移支付对工业二氧化硫的影响不显著，对生活二氧化硫的影响显著为正，表明财政转移支付会显著增加生活二氧化硫的排放。从控制变量来看，城镇化水平对工业和生活二氧化硫的回归系数均显著为负，产业结构、技术创新水平和能源消费结构对两类二氧化硫的回归系数均显著为正，表明前一个因素会显著减少两类二氧化硫的排放，后三个因素会显著增加两类二氧化硫的排放。

表 6－7　　　　政府间财政转移支付影响不同类型二氧化硫排放的空间面板回归结果

| 变量 | 工业二氧化硫 | | 生活二氧化硫 | |
|---|---|---|---|---|
| | W1 | W2 | W1 | W2 |
| 财政转移支付<br>(lntr) | 0.0861<br>(1.112) | 0.0935<br>(1.200) | 0.791***<br>(5.727) | 0.852**<br>(2.185) |
| 人口密度<br>(lnpdensity) | －0.0228<br>(－0.901) | －0.0843***<br>(－2.880) | 0.0733<br>(1.655) | 0.00897<br>(0.0945) |
| 经济发展水平<br>(lnpgdp) | 0.0528<br>(0.473) | 0.0293<br>(0.270) | 0.116<br>(0.596) | －0.122<br>(－0.333) |
| 产业结构<br>(lnindustry) | 1.226***<br>(11.06) | 0.931***<br>(7.967) | 0.00270<br>(0.0139) | －0.206<br>(－0.413) |
| 城镇化水平<br>(lnurban) | －1.377***<br>(－7.094) | －1.453***<br>(－7.848) | －1.300***<br>(－3.865) | －1.589***<br>(－5.367) |
| 贸易开放度<br>(lnopen) | －0.0520<br>(－1.235) | 0.00155<br>(0.0340) | －0.387***<br>(－5.235) | －0.315<br>(－0.920) |
| 技术创新水平<br>(lntech) | 0.449***<br>(13.41) | 0.524***<br>(13.48) | 0.673***<br>(11.28) | 0.718***<br>(4.223) |
| 能源消费结构<br>(energy) | 0.897***<br>(11.34) | 1.020***<br>(13.31) | 1.487***<br>(10.72) | 1.411***<br>(3.039) |
| W × lntr | －0.291<br>(－1.506) | －1.655***<br>(－3.489) | －2.152***<br>(－6.332) | －5.573<br>(－1.507) |
| W × lnpdensity | 0.0288<br>(0.423) | －0.832***<br>(－4.219) | －0.294**<br>(－2.425) | －2.295***<br>(－4.111) |
| W × lnpgdp | －0.616***<br>(－3.012) | －0.476<br>(－1.141) | －1.350***<br>(－3.759) | －0.0873<br>(－0.0373) |
| W × lnindustry | 0.768***<br>(3.433) | －0.215<br>(－0.376) | 0.351<br>(1.016) | 0.484<br>(0.470) |
| W × lnurban | 0.676*<br>(1.943) | 1.464<br>(1.438) | 0.817<br>(1.362) | 0.156<br>(0.0398) |
| W × lnopen | 0.0431<br>(0.378) | 0.504*<br>(1.926) | 0.554***<br>(2.726) | －0.133<br>(－0.255) |
| W × lntech | －0.0788<br>(－0.936) | －0.0722<br>(－0.338) | －0.213<br>(－1.450) | －0.323<br>(－0.142) |
| W × energy | 0.194<br>(1.012) | 0.920**<br>(2.121) | 1.582***<br>(4.780) | 3.749<br>(0.889) |

注：***、**、* 分别表示在 0.01、0.05、0.1 的水平上显著。括号内数字为稳健性标准差。

表 6－8 列示了政府间财政转移支付对不同类型烟（粉）尘的回归结果。结果表明，政府间财政转移支付对工业烟（粉）尘的系数估计值均在 1% 水平显著为负，对生活烟（粉）尘的系数估计值均在 1% 水平显著为正，表明政府间转移支付会显著减少工业烟（粉）尘排放，但会显著增加生活烟（粉）尘排放。从控制变量来看，其回归系数符号与工业和生活二

氧化硫基本一致，除城镇化水平对生活烟（粉）尘的回归系数不显著外，其他均显著。

**表6-8 政府间财政转移支付影响不同类型烟（粉）的空间面板回归结果**

| 变量 | 工业烟（粉）尘 | | 生活烟（粉）尘 | |
|---|---|---|---|---|
| | W1 | W2 | W1 | W2 |
| 财政转移支付（lntr） | -0.316***<br>(-4.080) | -0.416***<br>(-5.417) | 0.706***<br>(4.744) | 0.659***<br>(4.545) |
| 人口密度（lnpdensity） | -0.164***<br>(-6.456) | -0.184***<br>(-6.391) | -0.222***<br>(-4.571) | -0.218***<br>(-4.005) |
| 经济发展水平（lnpgdp） | -0.439***<br>(-3.922) | -0.288***<br>(-2.693) | 0.235<br>(1.103) | 0.211<br>(1.055) |
| 产业结构（lnindustry） | 1.205***<br>(10.78) | 1.041***<br>(9.044) | 0.300<br>(1.413) | -0.103<br>(-0.480) |
| 城镇化水平（lnurban） | -0.336*<br>(-1.746) | -0.470**<br>(-2.573) | -0.788**<br>(-2.143) | -0.875**<br>(-2.500) |
| 贸易开放度（lnopen） | -0.256***<br>(-6.049) | -0.228***<br>(-5.078) | -0.332***<br>(-4.060) | -0.322***<br>(-3.612) |
| 技术创新水平（lntech） | 0.438***<br>(13.01) | 0.384***<br>(10.02) | 0.615***<br>(9.498) | 0.522***<br>(7.213) |
| 能源消费结构（energy） | 0.637***<br>(8.029) | 0.764***<br>(10.12) | 1.615***<br>(10.51) | 1.462***<br>(9.998) |
| W×lntr | -0.0444<br>(-0.225) | -0.586<br>(-1.253) | -1.628***<br>(-4.388) | -3.935***<br>(-4.236) |
| W×lnpdensity | -0.0886<br>(-1.277) | -0.209<br>(-1.076) | -0.576***<br>(-4.406) | -2.145***<br>(-5.891) |
| W×lnpgdp | -0.118<br>(-0.570) | 1.761***<br>(4.281) | -1.278***<br>(-3.260) | 1.866**<br>(2.375) |
| W×lnindustry | 0.627***<br>(2.894) | 0.584<br>(1.039) | -0.182<br>(-0.483) | -0.548<br>(-0.520) |
| W×lnurban | -0.868**<br>(-2.535) | -4.594***<br>(-4.579) | -0.713<br>(-1.091) | -4.925**<br>(-2.571) |
| W×lnopen | 0.292**<br>(2.525) | 0.686***<br>(2.660) | 0.882***<br>(3.975) | -0.183<br>(-0.378) |
| W×lntech | -0.174**<br>(-2.082) | -0.785***<br>(-3.737) | 0.0265<br>(0.170) | -0.458<br>(-1.062) |
| W×energy | 0.425**<br>(2.121) | 1.042**<br>(2.439) | 2.325***<br>(6.280) | 4.902***<br>(5.675) |

注：***、**、*分别表示在0.01、0.05、0.1的水平上显著。括号内数字为稳健性标准差。

2. 政府间财政转移支付对不同类型二氧化硫和烟（粉）尘排放的空间影响

表6-9给出了政府间财政转移支付对不同类型二氧化硫和烟（粉）

尘排放的分解效应。结果显示，在W1和W2权重矩阵下，生活二氧化硫和烟（粉）尘的直接效应均显著为正，表明政府间财政转移支付会显著增加本地区生活二氧化硫及烟（粉）尘排放；工业二氧化硫在W1权重矩阵下不显著，但在W2权重矩阵下显著为正，而工业烟（粉）尘在W1权重矩阵下显著为负，但在W2权重矩阵下显著为正。对于间接效应和总效应，生活二氧化硫和烟（粉）尘在两种权重矩阵下均显著为负，表明政府间转移支付会显著减少邻近地区、地理相近地区以及所有地区的生活二氧化硫和烟（粉）尘排放。工业二氧化硫和工业烟（粉）尘的间接效用和总效应在W1权重矩阵下不显著，但在W2权重矩阵下显著为负，表明政府间财政转移支付会显著减少地理相近地区和所有地区的工业二氧化硫和烟（粉）尘的排放。

**表6－9　政府间财政转移支付对不同类型污染物排放的空间影响：直接、间接和总效应**

| 变量 | W1 | | | W2 | | |
|---|---|---|---|---|---|---|
| | 直接效应 | 间接效应 | 总效应 | 直接效应 | 间接效应 | 总效应 |
| 工业二氧化硫 | 0.109<br>(1.410) | －0.251<br>(－1.617) | －0.142<br>(－0.802) | 0.467***<br>(6.742) | －3.189***<br>(－4.643) | －2.722***<br>(－3.812) |
| 生活二氧化硫 | 1.169***<br>(8.323) | －1.986***<br>(－8.200) | －0.816***<br>(－3.264) | 0.487***<br>(4.410) | －1.890***<br>(－5.062) | －1.403***<br>(－3.793) |
| 工业烟（粉）尘 | －0.313***<br>(－3.955) | －0.0107<br>(－0.0571) | －0.323<br>(－1.442) | 0.252***<br>(3.068) | －2.442***<br>(－3.236) | －2.190***<br>(－2.787) |
| 生活烟（粉）尘 | 0.987***<br>(6.413) | －1.539***<br>(－5.785) | －0.552**<br>(－1.991) | 0.739***<br>(4.321) | －2.416***<br>(－3.783) | －1.677***<br>(－2.615) |
| 控制变量 | Yes | Yes | Yes | Yes | Yes | Yes |

注：***、**、*分别表示在0.01、0.05、0.1的水平上显著。括号内数字为稳健性标准差。

# 第五节　政府间财政转移支付影响雾霾污染协同治理的实证检验

## 一、研究设计

### （一）模型设定

为了分析政府间转移支付对雾霾协同治理的影响，本节以第三章第五节测算的环境规制协同度作为雾霾协同治理的替代变量，分别考察政府间转移支付对雾霾协同治理的影响，具体模型如下：

$$C_{jt} = \phi + \theta_0(\overline{tr_{jt}} - \overline{tr_t}) + \sum_{k=1}^{n} \theta_k \frac{\sigma_{X_{jt}^k}}{\overline{X_{jt}}} + \mu_j + \eta_t + \varepsilon_{jt} \quad (6-3)$$

其中，$C$ 为环境规制协同度，$\overline{tr_{jt}}$ 和 $\overline{tr_t}$ 分别为某一年协同区内和所有省份的政府间财政转移支付的均值，$\sigma_{X_{jt}^k}$ 表示控制变量某一年在协同区内的标准差，$\overline{X_{jt}}$ 为控制变量某一年在协同区内的均值。$\phi$ 和 $\alpha$ 分别为常数项，$\mu_i$ 为个体效应，$\eta_t$ 为时间效应，$\varepsilon_{jt}$ 为随机扰动项，$j$ 表示协同区。

**（二）变量选择**

环境规制协同度（$C$）。环境规制强度的度量方法与第三章第五节相同，即分别采取以二氧化硫和烟（粉）尘表征的环境规制协同度作为被解释变量。

协同区财政转移支付（$dmtr$）。政府间财政转移支付的度量方法与前一节相同。为了考察财政转移支付对环境规制协同度影响，采用协同区内省份的财政转移支付均值减去所有省份的财政转移支付的均值来度量协同区财政转移支付情况。

控制变量（$X$）。为了保证分析结果的前后连续性和可比性，本节模型引入的控制变量类型与第三章第五节完全相同，采用协同区内控制变量的标准差除以控制变量的均值度量控制变量的差异度。

**（三）数据来源和描述性统计**

基于数据的可得性，本节研究的样本期为1998～2015年。二氧化硫排放量、烟（粉）尘排放量来自《中国环境年鉴》，财政转移支付的相关数据均来自《中国财政年鉴》，能源消费结构数据来自《中国能源统计年鉴》，其他数据来自《中国统计年鉴》。变量的描述性统计结果见表6－10。

**表6－10　描述性统计**

| 变量 | 变量说明 | 均值 | 标准差 | 最小值 | 最大值 |
| --- | --- | --- | --- | --- | --- |
| corpso2 | 二氧化硫为标的物的环境规制协同 | 20.165 | 13.331 | 7.736 | 94.546 |
| corpdust | 烟（粉）尘为标的物的环境规制协同 | 34.754 | 38.287 | 5.963 | 270.982 |
| dmtr | 区域财政收入下划程度 | －0.178 | 0.351 | －0.623 | 0.770 |
| dspdensity | 区域内人口密度差异程度 | 0.612 | 0.306 | 0.079 | 1.184 |

续表

| 变量 | 变量说明 | 均值 | 标准差 | 最小值 | 最大值 |
|---|---|---|---|---|---|
| dspgdp | 区域内人均 GDP 差异程度 | 0. 310 | 0. 109 | 0. 124 | 0. 596 |
| dsindustry | 区域内产业结构差异程度 | 0. 130 | 0. 103 | 0. 032 | 0. 369 |
| dsurban | 区域内城镇化水平差异程度 | 0. 181 | 0. 093 | 0. 037 | 0. 354 |
| dsopen | 区域内贸易开放差异程度 | 0. 691 | 0. 255 | 0. 239 | 1. 181 |
| dstech | 区域内技术创新水平差异程度 | 0. 836 | 0. 265 | 0. 231 | 1. 371 |
| dsenergy | 区域内能源消费结构差异程度 | 0. 296 | 0. 179 | 0. 072 | 0. 834 |

### （四）参数估计方法

本节同样使用豪斯曼检验来判定是否存在联立型内生性，检验结果见表6－11。结果显示，核心解释变量政府间财政转移支付与被解释变量之间存在显著的内生性。为了克服核心解释变量的内生性，以政府间财政转移支付滞后一期作为工具变量。控制变量中，能源消费结构差异度与被解释变量之间存在显著的联立型内生性，但其与核心解释变量之间没有显著的相关性，因此，其内生性不会导致核心解释变量参数估计出现偏误。

**表6－11　　变量联立型内生性检验**

| 变量 | dmtr | dspdensity | dspgdp | dsindustry |
|---|---|---|---|---|
| 卡方值 | 4. 59 | 0. 27 | 2. 15 | 1. 18 |
| p 值 | 0. 0322 | 0. 1025 | 0. 1430 | 0. 2768 |
| 结论 | 内生 | 非内生 | 非内生 | 非内生 |
| 变量 | dsurban | dsopen | dstech | dsenergy |
| 卡方值 | 0. 49 | 3. 35 | 0. 98 | 10. 76 |
| p 值 | 0. 4818 | 0. 0672 | 0. 3217 | 0. 0010 |
| 结论 | 非内生 | 内生 | 非内生 | 内生 |

## 二、政府间财政转移支付影响雾霾区域协同治理的回归结果分析

表6－12中的模型（1）至模型（4）分别给出了政府间财政转移支付对二氧化硫和烟（粉）尘表征的环境规制协同度的影响。结果表明，政府间财政转移支付对二氧化硫和烟（粉）尘表征的环境规制协同度的影响均显著为负，说明中央对地方财政转移支付越大，越不利于促进雾霾污染区域协同治理。

从控制变量看，人均GDP、产业结构和能源消费结构差异度的估计系数均显著为正，表明协同区内经济发展差异、产业结构差异和能源消费结构差异会促进区域合作。城镇化水平差异度的回归系数显著为负，表明协同区城镇化差距越大，越不利于促进区域协作。技术创新水平对以二氧化硫表征的环境规制协同度的影响显著为负，表明协同区内技术创新水平差异越大，越不利于协同区二氧化硫的协同治理。

**表6-12　政府间财政转移支付对以二氧化硫为标的物的雾霾区域协同影响分析**

| 变量 | (1) | (2) | (3) | (4) |
|---|---|---|---|---|
| 财政转移支付<br>(dstransfer) | -29.48***<br>(-4.481) | -3.722*<br>(-0.677) | -74.85***<br>(-5.022) | -11.66*<br>(-0.652) |
| 人口密度差异度<br>(dspdensity) | | 7.362<br>(0.332) | | -22.14<br>(-0.277) |
| 人均GDP差异度<br>(dspgdp) | | 36.83*<br>(2.003) | | 148.3*<br>(1.898) |
| 产业结构差异度<br>(dsindustry) | | 14.23*<br>(1.974) | | 41.95**<br>(2.886) |
| 城镇化水平差异度<br>(dsurban) | | -134.7***<br>(-4.850) | | -394.3***<br>(-4.492) |
| 贸易开放差异程度<br>(dsopen) | | 5.492<br>(0.494) | | -9.023<br>(-0.320) |
| 技术创新水平差异度(dstech) | | -16.89***<br>(-3.555) | | 16.32<br>(1.179) |
| 能源消费结构差异度(dsenergy) | | 50.05***<br>(2.973) | | 141.9**<br>(2.596) |
| 常数项 | 14.91***<br>(9.260) | 26.13<br>(1.514) | 23.22***<br>(5.415) | 28.43<br>(0.503) |
| 样本量 | 126 | 126 | 126 | 126 |
| $R^2$ | 0.4076 | 0.7323 | 0.3741 | 0.6906 |

注：***、**、*分别表示在0.01、0.05、0.1的水平上显著。括号内数字为稳健性标准差，所有模型均为固定效应估计值。

## 第六节　雾霾治理财政转移支付的国际经验

从发达国家的情况来看，各国在出台针对大气污染治理的财税政策的同时，也通过政府间财政转移支付来保障地方财力与事权和支出责任的匹配。虽然各国并不存在统一的财政转移支付模式，但大部分国家在联邦

（中央）和地方政府之间建立了较为科学、规范、合理、符合国情的转移支付制度。从各国实践中总结出具有共性的经验，对完善和优化我国财政转移支付制度、实现雾霾污染有效治理具有重要的借鉴意义。

## 一、美国雾霾治理财政转移支付

美国的财政转移支付方式采取纵向模式，主要有无条件拨款、专项拨款和分类拨款三种形式。无条件拨款属于无条件转移支付，无条件拨款在美国所占比重较小，只有 2% 左右。无条件拨款的公式有两个：一个是参议院公式，有利于农业和贫困州；另一个是众议院公式，有利于人口较多和富裕州，大部分州采取了参议院公式。这种补助是按一定标准和国会规定的公式计算分配的，所有的州和地方政府都有资格获得，并可按自己的意图支配使用。一般地，各州都将大部分款项用于教育事业；地方政府则将款项用于公共卫生、公共交通、公共安全、环境保护、娱乐设施建设、图书馆、穷人和老人服务等。专项拨款是联邦对州和地方政府转移支付最主要的类型。专项拨款的目的是实现联邦政府的预定目标，州或地方政府必须按照联邦政府规定的标准和用途安排使用，对于下级政府来说约束较多。联邦政府对州的财政转移支付主要体现在社会服务领域，包括失业保险、保健、教育和交通等。专项拨款的规模大约占到财政转移支付的 90% 以上。分类拨款是联邦政府根据法定公式对特定领域进行的整块拨款，分类拨款介于无条件拨款和专项拨款之间，不要求资金配套，但对资金使用范围作出原则性的界定，获得资金的政府有一定的自主性，可以自行确定项目、制订计划、分配资源，但完成项目必须达到联邦政府规定的标准。20 世纪 80 年代以来，分类拨款在美国财政转移支付中占的比重不断提高，目前共有 9 种，主要包括社区发展、社会服务、健康、就业与培训以及低收入家庭能源补助。州政府对地方政府在教育、地方公路等方面也实行分类补助。

总体上看，美国财政转移支付中，专项拨款占的比重较大，一般性转移支付占的比重较小，这是美国转移支付制度与其他国家不同的地方。美国一般性转移支付缺失的原因在于，美国宪法未将社会均衡或均等列为联邦与州的共同目标，从宪法意义上讲，财政均衡并不是美国联邦政府的目标，另外，由于美国是一个崇尚自由主义、鼓励充分竞争的国家，美国政府相信市场的力量，甚至鼓励不同的地方政府开展竞争，提高公共服务质量和水平，促进整个社会福利的提高。

在大气污染治理的过程中，美国主要通过一般性转移支付和专项拨款的形式对地方进行资助。根据美国环保局的财政预决算报告，2013～2015年，美国联邦政府对州政府和地方政府的大气污染防治财政资金支持分别是2.24亿美元、2.28亿美元和2.43亿美元（中国财政科学研究院课题组，2017）。与大气污染相关的专项补助主要包括大气全球变化研究计划、清洁能源技术、减少温室气体等，并且逐年加大支出力度。

## 二、德国雾霾治理财政转移支付

德国财政转移支付制度从20世纪50年代开始实施，并不断根据新的情况进行调整，逐渐形成了均等化转移支付与专项拨款相结合、纵横交错且较为完善的制度体系，其转移支付力度之大、均等化程度之高、体系之完整、效果之明显，在世界各主要国家里较为显著。德国的财政转移支付主要包括税收分享、横向转移支付和联邦补充拨款三种形式，通过三种转移支付，贫困地区的财力水平达到全国平均水平的99%，保障了基本公共服务均等化目标的实现。

共享税是联邦和州财政收入的主要来源，联邦的共享税收入占税收总额的75%以上，州政府的共享税收入占税收的85%左右。德国在税收划分中把所得税、法人税和增值税划为共享税，法律规定了所得税和法人税由联邦和州各占一半，但没有明确规定增值税的划分比例。共享税是联邦政府调节各州纵向财政平衡的主要手段，其中，增值税又是调整联邦与各州之间财力关系的主要税种，具有均等化效果。联邦政府对于属于地方收入范围的增值税收入，将其中至少75%的部分按各州的居民人口进行均衡性分配，剩下的不超过25%部分在各州间进行均衡性非对称分配，主要是针对那些财政能力弱的州，这里，首先需要测算某州的税收能力和标准税收需求，并进行平衡比较，只有贫困的州才有资格参加分配，分配的目标是使那些贫困州的财政能力达到全国平均水平的92%。这一制度安排具有明显的“劫富济贫”的色彩。

德国的横向转移支付是富裕地区对贫困地区的直接财政补助，是德国与其他国家在财政转移支付体制中的最大不同处。德国根据各州的税收收入与标准税收需求的差额区分了贡献州和补贴州。凡是税收收入大于标准税收需求的州为贡献者，凡是税收收入小于标准税收需求的州为补贴州，贡献者向补贴州资金转移的方法是超率累进法。

为了规范联邦对州政府活动的干预，1969 年，德国通过修改《基本法》，引入了联邦对州的专项拨款制度。专项拨款主要集中在四个领域：一是联邦与州的共同事权，如大学修建、经济结构和农业结构调整、海岸线保护等；二是教育发展规划与科研创新；三是跨州的公共交通设施建设；四是地方的大型基础设施建设。

此外，为了调节地方政府之间的财政收支水平，州政府对所辖地方政府也需要给予财政援助，包括一般性财政拨款和指定用途的拨款。一般性财政拨款不限定具体用途，地方可自由支配使用，约占州对地方财政拨款的 70%。指定用途拨款，是根据目标任务所提供的专项拨款，它必须按州政府指定的方向使用。主要用于学校、幼儿园、医院、道路、公共交通、停车场、文化娱乐及体育设施、水资源及废水、废气、废渣处理，以及用于养老金和社会救济等。

## 三、英国雾霾治理财政转移支付

一直以来，英国实行的是高度集权的政治体制，在财政体制上也具有相当浓厚的中央集权色彩，英国有两种不同的政府间财政关系：一是中央政府与英格兰地区所属地方政府的直接财政关系，不同于苏格兰、威尔士和北爱尔兰，英格兰地区没有地区议会，因此该地区的地方政府直接对中央政府负责，而不通过地区政府。中央政府的转移支付也直接测算到各个地方政府。二是中央政府与苏格兰、威尔士和北爱尔兰三个地区所属地方政府的间接财政关系，这三个地区政府成为中央政府和地方政府之间联系的纽带。中央政府只管辖地区政府一级，不直接管辖这些地区的地方政府。中央对地方的转移支付也只测算到地区政府，然后再由地区政府自行下拨给各个地方政府。

中央政府的转移支付是英国地方政府的主要资金来源之一。英国的中央政府拨款分为两类：第一类是一般拨款，采用公式法计算，同时并不规定用途，也被称为公式拨款；第二类是专项拨款，也叫作针对性拨款，体现拨款者意图，如资本账户支出。从两种拨款的结构来看，传统上，一般拨款是中央拨款的主体，但是自从1997年工党执政以来，作为改革的重要举措，专项拨款迅速增长，有时甚至以减少一般拨款的绝对额为代价，这使得专项拨款超过一般拨款，成为当前中央拨款的主体。从总体来看，专项拨款比例越高，表示中央的政策意图越强，对于地方自治的信任和依赖程度也就越低。

英国环境保护方面的权责主要集中于中央政府，在单一制的政体以及与其相匹配的预算管理制度下，中央政府在环境治理和保护的公共物品供给上承担了主要责任，并安排与之匹配的财政支出。在大气污染治理方面，财政转移支付作用较为有限。

## 四、日本雾霾治理财政转移支付

日本是实施财力均等化转移支付的典型国家，这一点可能与这个国家极其注重平等有关系。日本地区间财力均等化转移支付制度是20世纪50年代初，根据夏普使节团的劝告设立的。夏普使节团劝告的主要内容是：在政府间财政关系上要尽可能清晰地划分政府之间的支出责任和税收，并且市町村一级政府应当在公共服务提供上发挥主要作用。为此，除奖励性辅助金和公用事业费辅助金之外，取消专项拨款的国库支出金。同时，设立地方财政平衡交付金制度（即后来的地方交付税制度），地方团体提供公共服务所需经费，除特殊财源之外，全部由地方税和地方财政平衡交付金来满足。夏普劝告中明确划分中央和地方职责，通过一般性转移支付减小中央政府干预的理念，与国家和地方团体共同承担公共服务（由此产生的中央和地方之间经费划分的必要性）的日本传统做法截然不同。其后，地方财政平衡交付金制度虽然得以保留，但是废除绝大多数专项拨款的建议并未得到实施，中央和地方之间在提供公共服务上共同参与共同负担经费（即经费划分）的传统被完全恢复。

日本的财政转移支付主要包括地方交付税、国库支付金和地方让与税。地方交付税属于一般性财政转移支付的范畴，其目的是通过对地方交付税的适当分配，调整地方政府间的财力差距，以实现财力横向分布的均衡性。地方交付税把中央税的所得税、法人税、酒税、消费税以及香烟税的一定比例（其法定比率分别为所得税32%、法人税34%、消费税29.5%、酒税32%以及烟税25%），作为地方交付税的总额，分配给地方政府自主支配，中央政府不附加任何条件。地方交付税分为普通地方交付税和特殊地方交付税，以普通地方交付税为主。普通交付税是根据地方基本财政需求和基本财政收入的差额计算的，基本财政需求是指地方政府为达到一定的公共服务规模所需开支，是各种单项公共服务之和。当基本财政需求超过地方财政收入时，中央给予补助；当地方财政收入超过基本财政需求时，不给予地方补助，但可以保留超额部分。这种补助比例较高，大致在96%左右。由于在确定普通地方交付税的过程中存在特殊需求以及不可预见的因素，地方在取得补助后仍可能存在较大的收支缺口，中央就采取特别地方交付税的形式给予补助。这种补助比例很小，大致在4%左右。

国库支出金属于专项财政转移支付的范畴，是国家落实宏观调控政策的重要手段。设立国库支出金的目的：一是委托地方建设全国范围内收益较大的项目；二是弥补不同地方的横向财政失衡，给予落后地区财政补贴。主要有三种类型：一是国库负担金。拨付范围包括中央和地方受益的项目，一般具体由地方政府承办，中央负责相关的项目费用。二是国库委托金。属于中央事权，但具体项目发生在地方，由地方政府承办，中央承担全部费用。三是国库补贴金。地方承办的项目符合中央的政策意图，中央鼓励地方并给予奖励拨付的资金。国库支出金由中央政府直接分配给都道府县和市町村，分配给都道府县的份额较大。

一些原属于地方税的税源，因税制改革的原因而作为中央税加以课征，该部分收入按照一定的标准返还给地方政府，作为税收返还，即为地方让与税。地方让与税有均衡财政收入的作用。目前，主要包括消费让与税、地方道路让与税、石油天然气让与税、航空燃料转移税、汽车吨位让与税和特殊吨位让与税六种形式，它占地方财政收入的比例为2.5%左右。

日本对环境保护十分重视，财政投入力度也很大。日本在大气污染治理上的支出由中央和地方政府共同承担，总体上中央负担1/3，地方承担2/3。日本主要是通过国库支出金和税收返还对地方政府环境污染治理进行资助。

## 五、典型国际雾霾治理财政转移支付经验总结

### （一）以均等化为主要目标

从各国经验看，虽然转移支付制度有着多重目标，但各国在设计具体

的转移支付制度时，都以均等化作为主要目标。大部分国家构建了以一般性转移支付为主体的财政转移支付制度，将其定位于平衡地方财力差距和公共服务能力。德国通过构建纵向和横向相结合的财政转移支付制度，确保任何州的财政收入能力不会明显低于全国平均水平。加拿大联邦宪法第36条规定，联邦政府需通过均等化转移支付，使各省政府在征收合理可比水平的税收情况下，有足够的收入提供可比水平的公共服务。法国和日本等单一制国家在均等化财政转移支付制度建设方面取得了明显的成效。即便是以专项转移支付为主的美国，也开始逐步加大具有均等化性质的分类拨款的比重。

**（二）财政转移支付制度规范、透明**

各国的转移支付虽然在对象选择、项目数量和规模结构方面差异很大，但是具体实施过程中都有章可循、有法可依。转移支付不仅在实施过程中实现了程序化，而且在数额确定上实现了公式化。各国都结合本国国情，设计出一整套比较科学、规范、实用的转移支付计算方法。在这些计算方法或计算公式中，都选择了一系列能够反映各地财政地位和收支状况的客观因素（如人口、面积、相对富裕程度、成本差异等）作为分配转移支付资金的依据，这样有利于减少转移支付中的随意性和盲目性，增加转移支付的透明度。需要指出的是，在公式化、规范化的前提下，各国转移支付的形式、结构和数额并非一成不变，而是需要根据不断变化的经济形势作出相应调整，以剔除公式中不合时宜的因素，从而使转移支付资金的分配更切实际、更为公平，为优化支出结构创造条件。

**（三）财政转移支付制度法治化程度高**

为了保证财政转移支付制度的有效实施、发挥好调整中央和地方政府利益冲突的作用，需要将财政转移支付制度法治化，通过法律确定财政转移支付双方当事人的地位和分配方式，各国的转移支付制度都有明确的法律依据。如日本的《地方预算法》、德国的《基本法》，其中对转移支付的目的、范围都有明确规定；在有些国家，转移支付公式的有关重要系数需由立法机构讨论确定；据以计算均等化拨款的税收能力及其他一些相关技术参数也用法律形式加以明确，从而使转移支付更加规范、透明，以减少人为因素干扰。

# 第七节　促进雾霾协同治理的财政转移支付政策建议

## 一、取消税收返还

1994年分税制改革中，税收返还减少了改革的阻力，但也严重影响了我国财政转移支付的均衡效果，近年来，虽然中央对地方税收返还在我国财政转移支付中所占的比重有所降低，从2007每年22.12%减少到2017年12.33%，但税收返还在整个转移支付仍占据比较重要的地位（如图6-6所示）。2015年，国务院发布的《关于完善出口退税负担机制有关问题的通知》调整了消费税税收返还政策，决定从2015年1月1日起，中央对地方消费税不再实行增量返还，改为以2014年消费税返还数为基数，实行定额返还。我们建议短期内继续调整增值税增量返还政策，减缓两税返还的逆均等化效应。从长期来看，应结合事权和税收划分改革，取消所有中央对地方税收返还。在税收返还改革过程中，为了兼顾地方利益，所取消的中央对地方税收返还数额应并入一般性转移支付，用于扩大一般性转移支付的规模。

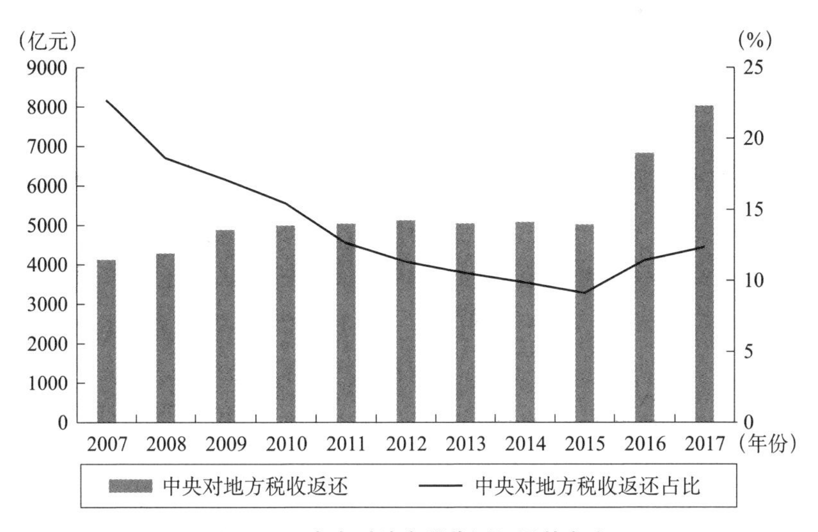


**图6-6　中央对地方税收返还及其占比**

资料来源：财政部网站历年全国财政决算。

## 二、完善一般性转移支付制度

一是继续扩大均衡性转移支付规模。2014 年，国务院发布的《关于完善和改革中央对地方转移支付制度的意见》（以下简称《意见》）提出，要建立一般性转移支付稳定增长机制，增加一般性转移支付规模和比例，逐步将一般性转移支付占比提高到 60% 以上。改变均衡性转移支付与所得税增量挂钩的方式，确保均衡性转移支付增幅高于转移支付的总体增幅。当前，地方财政压力巨大，纵向财力缺口较大，地方政府特别是县乡两级政府，财政“返贫”现象将较为突出。从长期来看，我国区域经济发展水平将仍然保持较大差距，全国基本公共服务均等化将有很长的路要走，所以横向财力不均衡仍是我国转移支付要长期面对的问题。我们认为，应确保一般性转移支付的增幅高于转移支付的增幅。短期内，应适当增加县级基本财力保障机制奖补资金，长期则应大幅增加均衡性转移支付的比例，逐步将均衡性转移支付占一般性转移支付和占中央对地方税收返还和转移支付的比例分别提高到 80% 和 40% 。

二是清理整合一般性转移支付。《意见》提出，要清理整合一般性转移支付。逐步将一般性转移支付中属于中央委托事权或中央地方共同事权的项目转列专项转移支付，属于地方事权的项目归并到均衡性转移支付，建立以均衡性转移支付为主体、以老少边穷地区转移支付为补充并辅以少量体制结算补助的一般性转移支付体系。我国现行的一般性转移支付中，有一些转移支付并不属于一般性转移支付的范畴，如义务教育转移支付、基本养老金和低保转移支付、新型农村合作医疗转移支付等项目，实际上是专项转移支付的范畴。另外，专项转移支付中，有一些属于一般性转移支付，应纳入一般性转移支付的范围，如一般公共服务、公共安全、城乡社区事务等。我们建议，在事权和支出责任划分改革的基础上，根据 2014 年国务院《关于完善和改革中央对地方转移支付制度的意见》和 2015 年国务院《关于印发推进财政资金统筹使用方案的通知》有关精神，将基本养老金和低保转移支付、新型农村合作医疗转移支付调整出一般性转移支付，纳入专项转移支付的范畴，将义务教育转移支付一部分统筹到专项转移支付，一部分整合到均衡性转移支付。将成品油税费改革转移支付、固定数额补助、体制结算补助和专项转移支付中的一般公共服务支出整合到均衡性转移支付。将均衡性转移支付中的重点生态功能区转移支付和县级基本财力保障奖补资金单列，将基层公检法司转移支付、农村税费改革转移支付整合到重点生态功能区转移支付和县级基本财力保障奖补资金，最终形成以均衡性转移支付、县级基本财力保障奖补资金、重点生态功能区转移支付和革命老区、民族和边境地区转移支付及资源枯竭城市转移支付为主要内容的一般性转移支付体系。

三是改革均衡性转移支付分配方法。《意见》提出，要加强一般性转移支付管理。一般性转移支付按照国务院规定的基本标准和计算方法编制。科学设置均衡性转移支付测算因素、权重，充分考虑老少边穷地区底子薄、发展慢的特殊情况，真实反映各地的支出成本差异，适度增加生态脆弱地区均衡性转移支付系数。我国自 1994 年建立均衡化转移支付（最初为过渡期转移支付）以来，不断完善均衡性转移支付分配方法，确立了相对科学合理的均衡性转移支付资金分配公式，均等化效果逐步显现。目前，我国均衡性转移支付资金分配选取影响财政收支的客观因素，考虑人口规模、人口密度、海拔、温度、少数民族等成本差异，结合各地实际财政收支情况，按照各地标准财政收入和标准财政支出差额及转移支付系数计算确定，并考虑增幅控制调整和奖励情况。我国均衡性转移支付资金分配公式仍主要以投入性指标为主，可问责性较差，“粘蝇纸”效应比较明显。为了促进地区间基本公共服务的均等化，引导地方将一般性转移支付资金投入到环境保护领域，建议对现行的均衡性转移支付分配方法进行修正，对地方环境治理水平进行绩效考核，并将绩效考核结果纳入转移支付系数的计算。

## 三、完善专项转移支付制度

一是继续压缩专项转移支付规模。《意见》明确提出，我国转移支付制度改革的方向是形成以均衡地区间基本财力、由地方政府统筹安排使用的一般性转移支付为主体，一般性转移支付和专项转移支付相结合的转移支付制度。《意见》提出，将一般性转移支付和专项转移支付的比例维持在 6:4 左右。2017 年，我国专项转移支付占中央对地方税收返还和转移支付的比重为 37.19%，如果将原属于一般性转移支付范畴的基本养老金和低保等转移支付和城乡居民医疗保险等转移支付调整到专项转移支付，同时将原属于专项转移支付范畴的一般公共服务支出调整到一般性转移支付，则转移支付占中央对地方税收返还和转移支付的比重超过40%。我国专项转移支付有进一步压缩的空间，但考虑到我国当前中央与地方事权和支出责任划分尚不清晰，专项转移支付也具有一定的均等化功能，且专项转移支付在我国地方经济和社会发展中发挥了较大的作用，专项转移支付也不宜过度压缩。我们认为，将专项转移支付占中央对地方税收返还和转移支付的比重逐步压缩到30%左右比较合适。在压缩专项转移支付规模的基础上，关键是要加强对专项转移支付的预算管理，不断提高资金的使用效率，充分发挥专项转移支付“四两拨千斤”的作用。

二是清理整合专项转移支付。《意见》提出，专项转移支付项目的清理整合要充分考虑公共服务提供的有效性、受益范围的外部性、信息获取的及时性和便利性，以及地方自主性、积极性等因素。取消专项转移支付中政策到期、政策调整、绩效低下等已无必要继续实施的项目。清理整合专项转移支付的基本思路是“清、取、合、控、退、转”。一“清”，对所有专项转移支付进行逐项清理，梳理的脉络包括项目名称、批准设立依据、项目起止年限、项目绩效目标、资金分配方法、政策变化情况、资金使用效果等。二“取”，对专项转移支付中的到期、一次性、按新形势不需要设立以及政策效果不明显的项目，予以取消。三“合”，对使用方向一致、内容重复交叉的项目，予以调整、合并。四“控”，提高进入门槛，严格控制新增项目，特别是明显属于地方事权范围的专项。五“退”，竞争性领域专项全面退出，减少直接针对市场主体的转移支付项目，杜绝“行政性”分配方式。六“转”，将属于地方事权、直接面向基层、由地方管理更为方便有效的事项下放地方管理，将这部分专项转移支付取消或下划地方；结合事权和支出责任划分，将一部分属于中央事权和支出责任范围内的专项转移支付转列中央本级支出。

具体而言，我们建议，结合推进财政资金统筹使用改革，在对已有的专项转移支付项目进行清理的基础上，对确实需要保留专项转移支付项目，按照科技、教育、文化体育、社保、环保等大类进行整合，每一大类由一个相关的主管部门牵头，与财政部共同制定该类专项转移支付的资金分配、管理和绩效考核办法。

## 四、增加中央对地方环境保护投资专项转移支付

表6－13给出了全国和各省份环境污染治理投资占GDP的比重。从全国来看，2004～2017年，国家对环境污染治理的投资总额在不断增加，但占GDP的比重大部分年份在1.5%上下波动，2014年以后则开始下降，2017年下降到1.15%，远低于2014年的1.4%。从各省份的数据来看，少数省份环境污染治理投资占GDP的比重在增加，但大部分省份环境污染治理投资占GDP比重波动幅度较大，有不少省份环境污染治理投资占GDP比重下降，且下降幅度较大。环境污染治理投资是提升环境质量的重要推手，区域环境质量的改善离不开持续稳定的环境污染治理投资。为了应对日趋严峻的污染、维护生态安全，建议中央增加对地方环境污染治理投资方面的转移支付，强化地方增加环境污染治理投资的激励。

**表6－13　　全国和各省份环境污染治理投资占GDP比重**　　单位:%

| 区域 | 2004年 | 2005年 | 2006年 | 2007年 | 2008年 | 2009年 | 2010年 | 2011年 | 2012年 | 2013年 | 2014年 | 2015年 | 2016年 | 2017年 |
|---|---|---|---|---|---|---|---|---|---|---|---|---|---|---|
| 全国 | 1.40 | 1.30 | 1.22 | 1.36 | 1.49 | 1.33 | 1.66 | 1.50 | 1.59 | 1.67 | 1.51 | 1.28 | 1.24 | 1.15 |
| 北京 | 1.53 | 1.23 | 2.10 | 1.98 | 1.46 | 1.72 | 1.64 | 1.31 | 1.92 | 2.22 | 2.93 | 1.79 | 2.63 | 2.38 |
| 天津 | 1.46 | 1.93 | 0.93 | 1.18 | 1.07 | 1.38 | 1.19 | 1.55 | 1.22 | 1.33 | 1.77 | 0.76 | 0.30 | 0.38 |
| 河北 | 1.04 | 1.20 | 1.13 | 1.24 | 1.29 | 1.44 | 1.82 | 2.54 | 1.83 | 1.73 | 1.55 | 1.33 | 1.25 | 1.68 |
| 山西 | 1.48 | 1.16 | 1.33 | 1.69 | 2.03 | 2.14 | 2.25 | 2.21 | 2.71 | 2.68 | 2.30 | 2.02 | 4.03 | 1.86 |
| 内蒙古 | 1.63 | 1.75 | 2.19 | 1.49 | 1.74 | 1.59 | 2.05 | 2.76 | 2.80 | 3.01 | 3.16 | 3.01 | 2.52 | 2.61 |
| 辽宁 | 1.73 | 1.61 | 1.58 | 1.14 | 1.22 | 1.35 | 1.12 | 1.69 | 2.75 | 1.28 | 0.95 | 1.02 | 0.79 | 0.92 |
| 吉林 | 1.20 | 0.94 | 0.99 | 0.96 | 0.93 | 0.91 | 1.43 | 0.96 | 0.87 | 0.81 | 0.71 | 0.79 | 0.57 | 0.60 |
| 黑龙江 | 1.15 | 0.85 | 0.88 | 0.83 | 1.19 | 1.26 | 1.27 | 1.21 | 1.59 | 2.08 | 1.21 | 1.04 | 1.13 | 0.81 |
| 上海 | 0.94 | 0.96 | 0.91 | 1.01 | 1.12 | 1.06 | 0.78 | 0.75 | 0.66 | 0.87 | 1.06 | 0.88 | 0.73 | 0.53 |
| 江苏 | 1.33 | 1.61 | 1.31 | 1.24 | 1.31 | 1.07 | 1.13 | 1.17 | 1.22 | 1.49 | 1.35 | 1.36 | 0.99 | 0.83 |
| 浙江 | 1.41 | 1.19 | 0.89 | 0.94 | 2.42 | 0.86 | 1.20 | 0.74 | 1.08 | 1.04 | 1.18 | 1.03 | 1.38 | 0.87 |
| 安徽 | 0.86 | 0.92 | 0.84 | 1.12 | 1.57 | 1.38 | 1.46 | 1.75 | 1.92 | 2.66 | 2.06 | 2.00 | 2.04 | 1.84 |
| 福建 | 0.87 | 1.23 | 0.79 | 0.84 | 0.77 | 0.71 | 0.88 | 1.13 | 1.13 | 1.30 | 0.80 | 0.88 | 0.66 | 0.69 |
| 江西 | 0.85 | 0.91 | 0.80 | 0.83 | 0.60 | 0.92 | 1.66 | 2.06 | 2.44 | 1.67 | 1.47 | 1.41 | 1.69 | 1.52 |
| 山东 | 1.24 | 1.29 | 1.17 | 1.24 | 1.39 | 1.36 | 1.24 | 1.35 | 1.48 | 1.55 | 1.39 | 1.10 | 1.15 | 1.31 |
| 河南 | 0.69 | 0.78 | 0.76 | 0.76 | 0.60 | 0.62 | 0.57 | 0.61 | 0.71 | 0.90 | 0.84 | 0.80 | 0.89 | 1.43 |

续表

| 区域 | 2004年 | 2005年 | 2006年 | 2007年 | 2008年 | 2009年 | 2010年 | 2011年 | 2012年 | 2013年 | 2014年 | 2015年 | 2016年 | 2017年 |
|---|---|---|---|---|---|---|---|---|---|---|---|---|---|---|
| 湖北 | 0.71 | 0.95 | 0.89 | 0.70 | 0.80 | 1.16 | 0.92 | 1.32 | 1.28 | 1.02 | 1.16 | 0.84 | 1.42 | 1.19 |
| 湖南 | 0.52 | 0.58 | 0.71 | 0.70 | 0.82 | 1.12 | 0.66 | 0.65 | 0.86 | 0.95 | 0.79 | 1.86 | 0.64 | 0.63 |
| 广东 | 0.70 | 0.77 | 0.61 | 0.49 | 0.46 | 0.61 | 3.08 | 0.62 | 0.46 | 0.57 | 0.45 | 0.40 | 0.45 | 0.41 |
| 广西 | 0.96 | 1.01 | 0.85 | 1.10 | 1.30 | 1.70 | 1.71 | 1.38 | 1.46 | 1.52 | 1.28 | 1.55 | 1.11 | 0.90 |
| 海南 | 0.94 | 0.70 | 0.79 | 1.22 | 0.87 | 1.19 | 1.14 | 1.11 | 1.57 | 0.85 | 0.60 | 0.60 | 0.75 | 1.21 |
| 重庆 | 1.81 | 1.64 | 1.72 | 1.55 | 1.32 | 1.68 | 2.22 | 2.59 | 1.64 | 1.37 | 1.18 | 0.88 | 0.81 | 1.14 |
| 四川 | 1.14 | 1.06 | 0.82 | 0.97 | 0.81 | 0.73 | 0.52 | 0.67 | 0.75 | 0.89 | 1.01 | 0.72 | 0.88 | 0.83 |
| 贵州 | 0.97 | 0.71 | 0.86 | 0.82 | 0.70 | 0.54 | 0.65 | 1.14 | 1.01 | 1.37 | 1.84 | 1.31 | 1.01 | 1.60 |
| 云南 | 0.76 | 0.82 | 0.72 | 0.63 | 0.77 | 1.29 | 1.47 | 1.34 | 1.28 | 1.68 | 1.19 | 1.03 | 0.99 | 0.86 |
| 西藏 | 0.24 | 0.19 | 0.59 | 0.15 | 0.05 | 0.61 | 0.06 | 4.66 | 0.57 | 3.50 | 1.56 | 0.81 | 1.22 | 2.07 |
| 陕西 | 1.24 | 0.99 | 0.91 | 1.17 | 1.10 | 1.46 | 1.77 | 1.23 | 1.25 | 1.38 | 1.61 | 1.33 | 1.64 | 1.44 |
| 甘肃 | 1.06 | 1.05 | 1.22 | 1.41 | 0.98 | 1.31 | 1.55 | 1.19 | 2.15 | 2.81 | 2.10 | 1.80 | 1.63 | 1.16 |
| 青海 | 1.35 | 0.97 | 0.94 | 1.35 | 1.88 | 1.13 | 1.26 | 1.57 | 1.27 | 1.75 | 1.30 | 1.44 | 2.19 | 1.55 |
| 宁夏 | 3.93 | 2.00 | 3.00 | 3.76 | 2.81 | 2.12 | 2.04 | 2.73 | 2.38 | 2.82 | 2.86 | 2.98 | 3.19 | 2.44 |
| 新疆 | 1.72 | 1.28 | 0.77 | 1.00 | 1.13 | 1.83 | 1.44 | 2.01 | 3.40 | 3.81 | 4.24 | 3.10 | 3.24 | 3.53 |

资料来源：根据《中国统计年鉴》相关数据计算。

## 五、建立中央和省级环境保护基金

雾霾污染治理的外溢性导致地方治理收益和成本不对称。财政分权和政治晋升将所有地区置于经济增长和税收竞争之中，各个地区不仅不愿意保护环境而且不能够获得相应的补偿。因此，有必要通过横向转移支付的方式开展生态补偿，强化地方治理雾霾的内生动力，从根本上扭转保护生态环境无效率的短视观点，使得那些不适合进行经济大开发的生态脆弱地区着重保护生态环境，积极地执行国家的主体功能区划战略。但目前，单纯依靠地方自行协商开展区域合作并构建相应的横向转移支付制度比较困难，必须依靠中央强力推动。我国在流域生态保护横向转移支付方面积累了宝贵的经验，建议在总结相关经验的基础上，将横向转移支付制度上升到法律法规的层面。同时，借鉴美国的做法，设立中央和省级环境保护基金，并以此为抓手，推动区域环境协同治理。具体做法为，每年从中央对每个省份一般性转移支付中预扣一定比例资金投入到环境保护基金，在全国范围内划定大气污染传输通道区域，对区域的空气质量设定考核标准和主要污染物排放标准，对达标的地区返还预扣一般性转移支付资金，对不达标地区则不返还预扣的一般性转移支付资金，并在下一年度增加预扣比例，对空气质量改善明显或主要污染物减排超额完成任务的地区，在全额返还预扣的一般性转移支付资金的基础上，给予一定奖励，并适度下调下一年度预扣比例。省级政府可以比照中央环境保护基金设立省级环境保护基金。

# 第七章
# 结论与展望

## 第一节　基本结论

（1）由于雾霾污染治理的空间外溢性，在属地治理的环境管理体制下，地方政府在雾霾污染治理上倾向于选择“搭便车”的策略行为，中国式财政分权和地方政府之间的“引资”竞争会导致地方政府在雾霾污染治理上开展“逐底竞争”。

（2）实证研究表明，雾霾污染区域协同治理可以显著减少地区 PM2.5 浓度水平和工业二氧化硫的排放，但对工业烟（粉）尘排放的影响不显著。一个可能的解释是，地方政府在参与区域协同治理时，会优先选择减排难度低、见效快的污染物进行减排。

（3）政府间环境财政事权划分会影响政府管制行为和环境公共品的提供，并进而影响雾霾污染水平，这一影响机制反映的是环境财政事权划分对雾霾污染的直接效应；在现行的行政管理和财政管理体制下，政府间环境财政事权划分也会引发地方政府间竞争，从而影响地方政府对污染治理这一类公共品的提供，这表明环境财政事权可以藉由地方政府间竞争间接影响雾霾污染。

（4）实证研究表明，环境财政事权下划会显著降低地区 PM2.5 的浓度水平，但是不会显著降低地区二氧化硫和烟（粉）尘排放。不同类型的环境财政事权划分产生了不同的影响。环境行政管理事权下划显著降低了 PM2.5 浓度水平，但对二氧化硫和烟（粉）尘排放水平的影响不显著。环境监察和监测事权下划可以显著降低 PM2.5 浓度水平，但会显著增加二氧化硫和烟（粉）尘排放。

（5）环境财政事权下划对工业和生活二氧化硫或烟（粉）尘有不同的影响。环境财政事权下划会显著增加工业二氧化硫或烟（粉）尘的排放，但会显著减少生活二氧化硫或烟（粉）尘的排放。产生这一差异的可能解释是，由于地方政府对其辖区的污染行为具有信息优势，在中央强力环境问责和追责压力下，环境分权下的地方政府倾向于在工业和生活二氧化硫或烟（粉）尘排放之间开展策略性减排。

（6）环境监察和监测事权下划具有显著的空间效应，会增加邻近地区和所有地区的雾霾污染。

（7）环境财政事权下划、环境行政事权、监察事权下划对环境规制协同度的影响显著为负，说明上述事权下划程度越高，越不利于促进雾霾污染区域协同治理。而环境监察事权下划对环境规制协同度的影响显著为正。

（8）环境保护政府支出的规模和结构可以影响支出效率，从而影响雾霾污染治理效果；环境保护支出责任与事权的匹配情况会影响地方雾霾污染治理的积极性，从而影响雾霾污染治理效果；地方支出竞争导致地方在财政支出上会更多倾向于能够直接促进地区经济增长的支出项目，减少环境保护方面的支出，从而影响雾霾污染治理效果。

（9）环境支出责任下移会显著增加二氧化硫和烟（粉）尘排放。从空间效应来看，环境支出责任下移会显著增加邻近地区和所有地区烟（粉）尘排放水平。环境支出责任与环境财政事权不匹配会显著增加二氧化硫和烟（粉）尘的排放水平。对于工业和生活二氧化硫或烟（粉）尘，环境支出责任下移和环境支出责任与财政事权不匹配的影响相同，都会显著增加这两类污染的排放。

（10）环境支出责任下移对环境规制协同度的影响显著为负，而环境支出责任与环境财政事权的匹配度对环境规制协同度的影响显著为正。

（11）政府间纵向的财力划分会影响不同层级政府的财政收支平衡和财政自主度，并进而形成地方政府财政压力。面临财政压力的地方政府在雾霾污染治理上会采取“减支”“增收”的策略性行为，并对雾霾污染治理产生影响。

（12）财政收入分权会显著减少 PM2.5 浓度水平以及二氧化硫和烟

（粉）尘排放。财政收入划分对工业和生活二氧化硫或烟（粉）尘排放的回归系数均显著为负。

（13）财政自主度对 PM2.5 浓度水平、二氧化硫和烟（粉）尘排放的影响显著为负，表明提高一个地区的财政自主度可以显著减少 PM2.5 浓度水平和二氧化硫与烟（粉）尘排放。

（14）财政收入与环境财政事权匹配偏离度对 PM2.5 浓度水平、二氧化硫和烟（粉）尘排放的影响显著为负，表明提高一个地区的财政收入与环境财政事权匹配度可以显著减少 PM2.5 浓度水平和二氧化硫与烟（粉）尘排放。

（15）财政收入划分对环境规制协同度的影响均显著为负，说明财政收入下划程度越高，越不利于促进雾霾污染区域协同治理；财政自主度差异度对环境规制协同度的影响不显著；财政收入与环境财政事权匹配度差异度对环境规制协同度的影响显著为负。

（16）政府间转移支付会显著减少 PM2.5 浓度水平和烟（粉）尘排放，但会显著增加二氧化硫的排放。

（17）政府间转移支付会显著增加生活二氧化硫和烟（粉）尘排放，但会显著减少工业二氧化硫的排放。

（18）政府间财政转移支付对环境规制协同度的影响均显著为负，说明中央对地方财政转移支付越大，越不利于促进雾霾污染区域协同治理。

## 第二节　研究的局限性

（1）基于数据的可得性，本书对政府间环境财政事权、支出责任和财政收入划分以及政府间转移支付影响雾霾污染的实证研究仅限于中央和省一级政府，没有对省以下政府间财政关系对雾霾污染的影响展开实证分析。

（2）本书借鉴已有的研究成果，采用中央和省级环保机构人员数量度量中央和省级之间的环境保护事权划分情况，采用这一指标具有一定的合理性，但也不能全面反映我国环境保护事权划分情况。另外，由于中央和地方环保机构人员数量只统计到 2015 年，因此，本书的实证分析的数据都截至2015年，没有涵盖我国环境管理体制改革的最新内容。

（3）同样也是因为统计数据的限制，本书的研究没有办法获得准确的、与雾霾污染相关事项完全对应的财政事权项目、支出、收入和转移支付数据，而只能用环境财政事权、节能环保支出等大口径的统计数据替代。

（4）本书虽然区分了工业和生活来源污染，并分别进行了实证分析，但受制于环境方面专业知识，并没有对工业和生活污染的来源和形成机理进行深入的剖析。

## 第三节　需要进一步研究的问题

（1）减排目标及其策略对政府间事权划分的影响。政府对主要污染物排放都有具体的减排目标，对地区空气质量也有明确的考核目标。为了实现这些目标，政府可以使用不同的政策工具。由于地区之间在经济发展、产业结构、能源消费结构等方面存在广泛的异质性，不同政策工具的选择对不同地方会带来不同的成本效应。环境保护财政事权划分会影响地方政策工具的选择空间，并经由政策工具的选择产生不同的支出影响。深入剖析这一影响机制有助于我们更好地理解环境保护财政事权与支出责任划分。

（2）由于无法找到能够全面、合理度量环境财政事权划分的定量指标，对环境财政事权划分的实证研究更多只能借助于准自然实验的方式对某一项具体的政策进行评估。从2016年开始，我国已经在部分省市试点开展环保机构垂直管理管理改革，并将在全国范围内逐步推开，相关的统计数据在未来2～3年将可获得，对这一准自然实验的研究将有助于评估环境保护事权上收的效果。

（3）雾霾污染治理支出实际上包括两个大的部分：一个是与雾霾污染管制和治理相关的人员经费、公用经费和投资性支出，这一部分可以称之为显性支出；另一个是由于雾霾污染管制对经济的影响，并由此导致地方财政收入的减少，这一部分可以称之为隐性支出。支出责任划分的难点在后者，这需要定量评估环境政策给地方财政收入带来的影响。对这一问题的研究需要引入可计算一般均衡（CGE）的分析框架。

（4）近年来，中央推出了一系列税制改革，这些税制改革对地方政府的财政状况产生了较大的影响，并进而影响地方的环境保护行为。在未来2~3年数据可获得后，可以采用双重差分法实证评估这些税制改革对雾霾污染的影响。

# 参考文献


［1］白俊红，聂亮．环境分权是否真的加剧了雾霾污染？［J］．中国人口·资源与环境，2017（12）：59－69.

［2］白彦锋．国内反对房地产税的文献综述及理论分析［J］．财政监督，2017（19）：28－36.

［3］蔡昉，都阳，王美艳．经济发展方式转变与节能减排内在动力［J］．经济研究，2008（6）：4－11.

［4］蔡岚．空气污染整体治理：英国实践及借鉴［J］．华中师范大学学报（人文社会科学版），2017（2）：21－28.

［5］曹春方，马连福，沈小秀．财政压力、晋升压力、官员任期与地方国企过度投资［J］．经济学（季刊），2014（4）：1415－1436.

［6］柴发合，李艳萍，乔琦，王淑兰．我国大气污染联防联控环境监管模式的战略转型［J］．环境保护，2013（5）：22－24.

［7］陈秉衡，洪传洁，朱惠刚．上海城区大气 $NO_x$ 污染对健康影响的定量评价［J］．上海环境科学，2002（3）：129－131.

［8］陈共．关于财政学基本理论的几点意见［J］．财政研究，1999（4）：2－6.

［9］陈庆海，杨陈，林婉．关于房地产税与土地出让金关系的辨析与抉择［J］．税务研究，2018（5）：63－67.

［10］陈思霞，许文立，张领祎．财政压力与地方经济增长——来自中国所得税分享改革的政策实验［J］．财贸经济，2017（4）：37－53.

［11］陈诗一．中国的绿色工业革命：基于环境全要素生产率视角的解释（1980—2008）［J］．经济研究，2010（11）：21－34.

［12］陈诗一，陈登科．能源结构、雾霾治理与可持续增长［J］．环境经济研究，2016（1）：59－75.

［13］陈诗一，陈登科．雾霾污染、政府治理与经济高质量发展［J］.

经济研究，2018（2）：20－34.

［14］陈硕，高琳. 央地关系：财政分权度量及作用机制再评估［J］. 管理世界，2012（6）：43－59.

［15］陈志勇，姚林. 我国开征物业税的若干思考［J］. 税务研究，2007（3）：56－57.

［16］陈志勇，陈莉莉. “土地财政”：缘由与出路［J］. 财政研究，2010（1）：29－34.

［17］程承坪，陈志. 省级政府环境保护财政支出效率及其影响因素分析［J］. 统计与决策，2017（13）：130－132.

［18］程中华，刘军，李廉水. 产业结构调整与技术进步对雾霾减排的影响效应研究［J］. 中国软科学，2019（1）：146－154.

［19］崔晶，孙伟. 区域大气污染协同治理视角下的府际事权划分问题研究［J］. 中国行政管理，2014（9）：11－15.

［20］崔亚飞，刘小川. 中国省级税收竞争与环境污染［J］. 财经研究，2010（4）：127－132.

［21］邓晓兰，黄显林，杨秀. 完善生态补偿转移支付制度的政策建议［J］. 经济研究参考，2014（6）：16－17.

［22］东童童，李欣，刘乃全. 空间视角下工业集聚对雾霾污染的影响——理论与经验研究［J］. 经济管理，2015（9）：29－41.

［23］杜雯翠，夏永妹. 京津冀区域雾霾协同治理措施奏效了吗？——基于双重差分模型的分析［J］. 当代经济管理，2018（9）：53－59.

［24］冯梦青，于海峰. 财政分权、外商直接投资与大气环境污染［J］. 广东财经大学学报，2018（3）：44－51.

［25］冯勤超. 政府交叉事权及财政激励机制研究［D］. 东南大学，2006.

［26］付明卫，叶静怡，孟俣希，雷震. 国产化率保护对自主创新的影响——来自中国风电制造业的证据［J］. 经济研究，2015（2）：118－131.

［27］傅勇. 财政分权、政府治理与非经济性公共物品供给［J］. 经济研究，2010（8）：4－15.

［28］高静，黄繁华. 进口贸易与中国制造业全要素生产率——基于进口研发溢出的视角［J］. 世界经济研究，2013（11）：34－41.

［29］高军，徐希平，陈育德等．北京市东、西城区空气污染与居民死亡情况的分析［J］．中华预防医学杂志，1993（399）：340－343.

［30］高然，龚六堂．土地财政、房地产需求冲击与经济波动［J］．金融研究，2017（4）：32－45.

［31］龚锋，雷欣．中国式财政分权的数量测度［J］．统计研究，2010（10）：47－55.

［32］顾国新，刘雄伟．正确划分政府事权、促进经济发展［J］．经济工作通讯，1989（2）：20.

［33］郭群，刘利群，王楠等．空气污染与肺癌入院关系的灰色关联分析［J］．环境与健康杂志，2016（11）：1011－1014.

［34］郭施宏，齐晔．京津冀区域大气污染协同治理模式构建——基于府际关系理论视角［J］．中国特色社会主义研究，2016（3）：81－85.

［35］郭志仪，郑周胜．财政分权、晋升激励与环境污染：基于1997—2010年省级面板数据分析［J］．西南民族大学学报：人文社会科学版，2013（3）：103－107.

［36］韩国高，张超．财政分权和晋升激励对城市环境污染的影响——兼论绿色考核对我国环境治理的重要性［J］．城市问题，2018（2）：25－35.

［37］后小仙，陈琪，郑田丹．财政分权与环境质量关系的再检验——基于政府偏好权变的视角［J］．财贸研究，2018（6）：87－98.

［38］胡东滨，蔡洪鹏．财政分权、经济增长与环境污染：基于省级面板数据的实证分析［J］．生态经济，2018（2）：84－88.

［39］胡怡建，杨海燕．我国房地产税改革面临的制度抉择［J］．税务研究，2017（6）：40－45.

［40］胡志高，李光勤，曹建华．环境规制视角下的区域大气污染联合治理——分区方案设计、协同状态评价及影响因素分析［J］．中国工业经济，2019（5）：24－42.

［41］黄亮雄，王贤彬，刘淑琳，韩永辉．中国产业结构调整的区域互动——横向省际竞争和纵向地方跟进［J］．中国工业经济，2015（8）：82－97.

［42］贾康．财政的扁平化改革和政府间事权划分——改革的反思与

路径探讨［J］. 财政与发展，2008（8）：8－16.

［43］贾康. 房地产税的五大正面效应［J］. 中国经济周刊，2015（37）：76－77.

［44］贾康. 推进政府层级扁平化、加快编制中央、省、市县三级事权一览表［J］. 领导决策信息，2018（6）：20－21.

［45］贾晓俊，向振博，岳希明. 美国政府间税收划分的实践与借鉴［J］. 税务研究，2015（9）：106－109.

［46］蒋永甫，弓蕾. 地方政府间横向财政转移支付：区域生态补偿的维度［J］. 学习论坛，2015（3）：38－43.

［47］金荣学，张迪. 我国省级政府环境治理支出效率研究［J］. 经济管理，2012（11）：152－159.

［48］阚海东，陈秉衡，汪宏. 上海市城区大气颗粒物污染对居民健康危害的经济学评价［J］. 中国卫生经济，2004（2）：8－11.

［49］康达华. 央省政府间环境治理事权划分的内在机制和效果影响——基于效率原则和政治风险双重视角［D］. 暨南大学，2016.

［50］康京涛. 论区域大气污染联防联控的法律机制［J］. 宁夏社会科学，2016（2）：67－74.

［51］寇铁军，范丛昕. 中国节能环保财政支出效率提升的建议［J］. 经济研究参考，2019（6）：121－122.

［52］雷玉桃，郑梦琳，孙菁靖. 新型城镇化、产业结构调整与雾霾治理——基于112个环保重点城市的双重视角［J］. 工业技术经济，2019（12）：22－33.

［53］冷艳丽，冼国明，杜思正. 外商直接投资与雾霾污染——基于中国省际面板数据的实证分析［J］. 国际贸易问题，2015（12）：74－84.

［54］李长健，赵田. 水生态补偿横向转移支付的境内外实践与中国发展路径研究［J］. 生态经济，2019（8）：176－180.

［55］李国平，杨雷，刘生胜. 国家重点生态功能区县域生态环境质量空间溢出效应研究［J］. 中国地质大学学报（社会科学版），2016（1）：10－19.

［56］李国祥，张伟. 环境分权、环境规制与工业污染治理效率［J］. 当代经济科学，2019（3）：26－38.

[57] 李俊生，乔宝云，刘乐峥. 明晰政府间事权划分、构建现代化政府治理体系 [J]. 中央财经大学学报，2014 (3)：3 - 10.

[58] 李力，唐登莉，孔英等. FDI 对城市雾霾污染影响的空间计量研究——以珠三角地区为例 [J]. 管理评论，2016 (6)：11 - 24.

[59] 李猛. 财政分权与环境污染——对环境库兹涅茨假说的修正 [J]. 经济评论，2009 (5)：54 - 59.

[60] 李宁，丁四保. 我国建立和完善区际生态补偿机制的制度建设初探 [J]. 中国人口·资源与环境，2009 (1)：146 - 149.

[61] 李宁，丁四保，王荣，成赵伟. 我国实践区际生态补偿机制的困境与措施研究 [J]. 人文地理，2010 (1)：77 - 80.

[62] 李强. 河长制视域下环境分权的减排效应研究 [J]. 产业经济研究，2018 (3)：53 - 63.

[63] 李森. 政府间事权划分问题浅析 [J]. 山东经济，1998 (6)：55 - 58.

[64] 李涛，刘思玥，刘会. 财政行为空间互动是否加剧了雾霾污染？——基于财政—环境联邦主义的考察 [J]. 现代财经（天津财经大学学报），2018 (6)：3 - 19.

[65] 李涛，刘思玥. 分权体制下辖区竞争、策略性财政政策对雾霾污染治理的影响 [J]. 中国人口·资源与环境，2018 (6)：120 - 129.

[66] 李香菊，刘浩. 区域差异视角下财政分权与地方环境污染治理的困境研究——基于污染物外溢性属性分析 [J]. 财贸经济，2016 (2)：41 - 54.

[67] 李香菊，赵娜. 税收竞争如何影响环境污染——基于污染物外溢性属性的分析 [J]. 财贸经济，2017 (11)：131 - 146.

[68] 李小平，卢现祥. 国际贸易、污染产业转移和中国工业 CO2 排放 [J]. 经济研究，2010 (1)：15 - 26.

[69] 李一花，李齐云. 县级财政分权指标构建与“省直管县”财政改革影响测度 [J]. 经济社会体制比较，2014 (6)：148 - 159.

[70] 李子豪，毛军. 地方政府税收竞争、产业结构调整与中国区域绿色发展 [J]. 财贸经济，2018 (12)：142 - 157.

[71] 梁伟，杨明，张延伟. 城镇化率的提升必然加剧雾霾污染

吗——兼论城镇化与雾霾污染的空间溢出效应［J］．地理研究，2017（10）：1947－1958.

［72］刘桂环，文一惠．新时代中国生态环境补偿政策：改革与创新［J］．环境保护，2018（24）：15－19.

［73］刘海英，李勉．财政分权下的环境污染效应研究［J］．贵州省党校学报，2017（5）：23－31.

［74］刘华军，彭莹．雾霾污染区域协同治理的“逐底竞争”检验［J］．资源科学，2019（1）：185－195.

［75］刘建民，陈霞，吴金光．财政分权、地方政府竞争与环境污染——基于272个城市数据的异质性与动态效应分析［J］．财政研究，2015（9）：36－43.

［76］刘建设．地方政府环境保护支出减排效应研究［J］．会计之友，2018（18）：33－39.

［77］刘军民．财政转移支付生态补偿的基本方法与比较［J］．环境经济，2011（10）：46－48.

［78］刘炯．生态转移支付对地方政府环境治理的激励效应——基于东部六省46个地级市的经验证据［J］．财经研究，2015（2）：54－65.

［79］刘美娟，董光辉，潘国伟等．鞍山市大气污染对儿童呼吸系统健康的影响［J］．环境与健康杂志，2006（3）：198－201.

［80］刘培峰．事权、财权和地方政府市政建设债券的发行——城市化进程中一种可行的融资渠道［J］．学海，2002（6）：86－88.

［81］刘琦．财政分权、政府激励与环境治理［J］．经济经纬，2013（2）：127－132.

［82］刘文玉．中国地方政府税收竞争对环境污染的影响研究——基于全国及区域视角［J］．江西师范大学学报（哲学社会科学版），2018（4）：81－89.

［83］刘耀彬，冷青松．城市化、人口集聚与雾霾变化——基于门槛回归和空间分区的视角［J］．生态经济，2020（3）：92－98.

［84］楼继伟．中国政府间财政关系再思考［M］．北京：中国财经出版社，2013：144－151.

［85］陆凤芝，杨浩昌．环境分权、地方政府竞争与中国生态环境污

染［J］. 产业经济研究，2019（4）：113－126.

［86］卢洪友，祁毓. 日本的环境治理与政府责任问题研究［J］. 现代日本经济，2013（3）：68－79.

［87］卢洪友，王蓉，余锦亮. “营改增”改革、地方政府行为与区域环境质量——基于财政压力的视角［J］. 财经问题研究，2019（11）：74－81.

［88］卢建新，于路路，陈少衔. 工业用地出让、引资质量底线竞争与环境污染——基于252个地级市面板数据的经验分析［J］. 中国人口·资源与环境，2017（3）.

［89］卢华，孙华臣. 雾霾污染的空间特征及其与经济增长的关联效应［J］. 福建论坛（人文社会科学版），2015（9）：44－51.

［90］陆远权，张德钢. 环境分权、市场分割与碳排放［J］. 中国人口·资源与环境，2016（6）：107－115.

［91］逯元堂，吴舜泽，陈鹏，高军. 环境保护事权与支出责任划分研究［J］. 中国人口·资源与环境，2014（S3）：91－96.

［92］吕冰洋. 改革事权和支出责任划分［N］. 中国社会科学报，2014－05－28.

［93］吕炜，刘晨晖. 财政支出、土地财政与房地产投机泡沫——基于省际面板数据的测算与实证［J］. 财贸经济，2012（12）：21－30.

［94］马海涛. 政府间事权与财力、财权划分的研究［J］. 理论视野，2009（10）：31－35.

［95］马海涛，韦烨剑，郝晓婧，宋翔. 从马克思地租理论看我国土地出让金——兼论房地产税背景下土地出让金的存废之争［J］. 税务研究，2019（9）：72－79.

［96］马丽梅，张晓. 区域大气污染空间效应及产业结构影响［J］. 中国人口·资源与环境，2014（7）：157－164.

［97］马丽梅，刘生龙，张晓. 能源结构、交通模式与雾霾污染——基于空间计量模型的研究［J］. 财贸经济，2016（1）：147－160.

［98］马骁，宋媛. 反思中国横向财政转移支付制度的构建——基于公共选择和制度变迁的理论与实践分析［J］. 中央财经大学学报，2014（5）：18－22.

[99] 孟庆国，魏娜. 结构限制、利益约束与政府间横向协同——京津冀跨界大气污染府际横向协同的个案追踪 [J]. 河北学刊，2018 (6)：164 – 171.

[100] 孟凡蓉，陈子韬，王焕. 经济增长、科技创新与大气污染——以烟粉尘排放为例 [J]. 华东经济管理，2017 (9)：112 – 117.

[101] 孟紫强，卢彬，潘竞界等. 沙尘天气与呼吸系统疾病日入院人数关系 [J]. 中国公共卫生，2007 (3)：284 – 286.

[102] 缪小林，赵一心. 生态功能区转移支付对生态环境改善的影响：资金补偿还是制度激励？[J]. 财政研究，2019 (5)：17 – 32.

[103] 穆泉，张世秋. 2013 年 1 月中国大面积雾霾事件直接社会经济损失评估 [J]. 中国环境科学，2013 (11)：2087 – 2094.

[104] 倪红日. 应该更新"事权与财权统一"的理念 [J]. 涉外税务，2006 (5)：5 – 8.

[105] 潘华，周小凤. 长江流域横向生态补偿准市场化路径研究——基于国土治理与产权视角 [J]. 生态经济，2018 (9)：179 – 184.

[106] 潘孝珍. 财政分权与环境污染：基于省级面板数据的分析 [J]. 地方财政研究，2019 (7)：29 – 33.

[107] 彭飞，董颖. 取消农业税、财政压力与雾霾污染 [J]. 产业经济研究，2019 (2)：114 – 126.

[108] 彭星. 环境分权有利于中国工业绿色转型吗？——产业结构升级视角下的动态空间效应检验 [J]. 产业经济研究，2016 (2)：21 – 31.

[109] 皮建才，赵润之. 京津冀协同发展中的环境治理：单边治理与共同治理的比较 [J]. 经济评论，2017 (5)：40 – 50.

[110] 平易，崔伟. 环保财政支出竞争对环境污染的空间效应——基于支出规模的视角 [J]. 经济论坛，2019 (4)：19 – 26.

[111] 蒲龙. 税收竞争与环境污染——来自地市级政府的视角 [J]. 现代管理科学，2017 (3)：87 – 89.

[112] 祁毓，卢洪友，徐彦坤. 中国环境分权体制改革研究：制度变迁、数量测算与效应评估 [J]. 中国工业经济，2014 (1)：31 – 43.

[113] 祁毓，李祥云，宋平凡. 环境保护事权与支出责任划分研究——来自 A 省环保事权改革调研的经验证据 [J]. 地方财政研究，2017

(12)：33－42.

［114］乔宝云，范剑勇，冯兴元．中国的财政分权与小学义务教育［J］．中国社会科学，2015（6）：37－46.

［115］上官绪明，葛斌华．地方政府税收竞争、环境治理与雾霾污染［J］．当代财经，2019（5）：27－36.

［116］邵帅，齐中英．资源输出型地区的技术创新与经济增长——对“资源诅咒”现象的解释［J］．管理科学学报，2009（6）：23－33.

［117］邵帅，李欣，曹建华，杨莉莉．中国雾霾污染治理的经济政策选择——基于空间溢出效应的视角［J］．经济研究，2016（9）：73－88.

［118］沈坤荣，赵倩．土地功能异化与我国经济增长的可持续性［J］．经济学家，2019（5）：94－103.

［119］盛巧燕，周勤．环境分权、政府层级与治理绩效［J］．南京社会科学，2017（4）：20－26.

［120］石大千，丁海，卫平，刘建江．智慧城市建设能否降低环境污染［J］．中国工业经济，2018（6）：117－135.

［121］石庆玲，陈诗一，郭峰．环保部约谈与环境治理：以空气污染为例［J］．统计研究，2017（10）：88－97.

［122］宋卫刚．政府间事权划分的概念辨析及理论分析［J］．经济研究参考，2003（27）：44－48.

［123］苏明，刘军民．科学合理划分政府间环境事权与财权［J］．环境经济，2010（7）：16－25.

［124］苏明，陈少强．我国环境事权划分现状及改革建议［J］．经济研究参考，2016（42）：5－14.

［125］孙静，马海涛，王红梅．财政分权、政策协同与大气污染治理效率——基于京津冀及周边地区城市群面板数据分析［J］．中国软科学，2019（8）：154－165.

［126］孙开，孙琳．流域生态补偿机制的标准设计与转移支付安排——基于资金供给视角的分析［J］．财贸经济，2015（12）：118－128.

［127］孙攀，吴玉鸣，鲍曙明，仲颖佳．经济增长与雾霾污染治理：空间环境库兹涅茨曲线检验［J］．南方经济，2019（12）：100－117.

［128］锁利铭，阚艳秋．大气污染政府间协同治理组织的结构要素与

网络特征［J］．北京行政学院学报，2019（4）：9－19.

［129］谭建立，杨晓宇．关于事权概念的几点理论认识［J］．山东经济，2008（6）：80－83.

［130］谭志雄，张阳阳．财政分权与环境污染关系实证研究［J］．中国人口·资源与环境，2015（4）：110－117.

［131］唐登莉，李力，洪雪飞．能源消费对中国雾霾污染的空间溢出效应——基于静态与动态空间面板数据模型的实证研究［J］．系统工程理论与实践，2017（7）：1697－1708.

［132］唐在富．我国政府事权划分的历史演进与改革建议［J］．中国农业会计，2010（5）：8－11.

［133］田嘉莉，赵昭．国家重点生态功能区转移支付政策的环境效应——基于政府行为视角［J］．中南民族大学学报（人文社会科学版），2020（2）：121－125.

［134］田时中，张浩天，李雨晴．税收竞争对中国环境污染的影响的实证检验［J］．经济地理，2019（7）：194－204.

［135］田时中，汪瑾池，周晓星．产业集聚、横向税收竞争与工业污染排放［J］．经济问题探索，2020（3）：155－168.

［136］田淑英，董玮，许文立．环保财政支出、政府环境偏好与政策效应——基于省际工业污染数据的实证分析［J］．经济问题探索，2016（7）：14－21.

［137］童锦治，李星．论地方政府“土地财政”对居民消费的影响——基于全国地级市面板数据的估计［J］．财经理论与实践，2013（4）：78－83.

［138］王超奕．打赢蓝天保卫战”与大气污染的区域联防联治机制创新［J］．改革，2018（1）：61－64.

［139］王国清，吕伟．事权、财权、财力的界定及相互关系［J］．财经科学，2000（4）：22－25.

［140］王华春，平易，崔伟．地方政府环境保护支出竞争的空间效应研究［J］．广东财经大学学报，2019（4）：49－59.

［141］王军锋，侯超波．中国流域生态补偿机制实施框架与补偿模式研究——基于补偿资金来源的视角［J］．中国人口·资源与环境，2013

(2)：23－29.

［142］王红梅，邢华，魏仁科. 大气污染区域治理中的地方利益关系及其协调：以京津冀为例［J］. 华东师范大学学报（哲学社会科学版），2016（5）：133－139.

［143］王猛. 府际关系、纵向分权与环境管理向度［J］. 改革，2015（8）：103－112.

［144］王浦劬等. 中央与地方事权划分的国别研究及启示［M］. 北京：人民出版社，2016：355.

［145］王诗文. 德国鲁尔区大气污染治理的法律规制对中国京津冀区域化治理的借鉴［R］. 中国法学会环境资源法学研究会会议论文集，2017.

［146］王曙光，王丹莉. 财政体制变迁40年与现代化国家治理模式构建——从正确处理中央与地方关系的角度［J］. 长白学刊，2018（5）：15－22.

［147］王文婷，黄家强. 府际大气环境财政权责：配置进路与机制建构［J］. 北京行政学院学报，2018（5）：48－57.

［148］魏娜，孟庆国. 大气污染跨域协同治理的机制考察与制度逻辑——基于京津冀的协同实践［J］. 中国软科学，2018（10）：79－92.

［149］吴俊培. 关于物业税［J］. 涉外税务，2004（4）：5－8.

［150］吴俊培，丁玮蓉，龚旻. 财政分权对中国环境质量影响的实证分析［J］. 财政研究，2015（11）：56－63.

［151］吴勋，白蕾. 财政分权、地方政府行为与雾霾污染——基于73个城市PM2.5浓度的实证研究［J］. 经济问题，2019（3）：23－31.

［152］吴勋，王杰. 财政分权、环境保护支出与雾霾污染［J］. 资源科学，2018（4）：851－861.

［153］吴洋. 我国政府收支分类科目及支出决算中环保支出的变化评析［J］. 现代经济信息，2014（20）：306－307.

［154］肖挺，刘华. 产业结构调整与节能减排问题的实证研究［J］. 经济学家，2014（9）：58－68.

［155］谢旭人. 健全中央和地方财力与事权相匹配的体制、促进科学发展和社会和谐［J］. 财政研究，2009（2）：2－4.

［156］席鹏辉，梁若冰，谢贞发．税收分成调整、财政压力与工业污染［J］．世界经济，2017（10）：170－192.

［157］谢元博，陈娟，李巍．雾霾重污染期间北京居民对高浓度PM2.5持续暴露的健康风险及其损害价值评估［J］．环境科学，2014（1）：1－8.

［158］谢贞发，严瑾，李培．中国式“压力型”财政激励的财源增长效应——基于取消农业税改革的实证研究［J］．管理世界，2017（12）：46－60.

［159］许广月，宋德勇．中国碳排放环境库兹涅茨曲线的实证研究——基于省域面板数据［J］．中国工业经济，2010（5）：37－47.

［160］许和连，邓玉萍．经济增长、FDI与环境污染——基于空间异质性模型研究［J］．财经科学，2012（9）：57－64.

［161］许毅、陈宝森．财政学［M］．北京：中国财经出版社，1984.

［162］徐嘉忆，朱源，赵芮，李明君．构建多元参与的环境治理体系——美国经验与中国借鉴［R］．北京：世界资源研究所，2016.

［163］徐顺青，逯元堂，陈鹏，高军．环境保护财政支出现状及发展趋势研究［J］．生态经济，2018（2）：71－76.

［164］徐圆，赵莲莲．国际贸易、经济增长与环境质量之间的系统关联——基于开放宏观的视角对中国的经验分析［J］．经济学家，2014（8）：24－32.

［165］徐肇翊，刘允清，俞大乾等．沈阳市大气污染对死亡率的影响［J］．中国公共卫生学报，1996（1）：61－64.

［166］薛钢，潘孝珍．财政分权对中国环境污染影响程度的实证分析［J］．中国人口·资源与环境，2012（1）：77－83.

［167］薛婧，张梅青，邢玉平．财政压力与环境污染——交通基础设施区域非均衡视角［J］．软科学，2019（3）：9－12.

［168］严雅雪，齐绍洲．外商直接投资对中国城市雾霾（PM2.5）污染的时空效应检验［J］．中国人口·资源与环境，2017（4）：68－77.

［169］杨海生，陈少凌，周永章．地方政府竞争与环境政策——来自中国省份数据的证据［J］．南方经济，2008（6）：15－30.

［170］杨俊，邵汉华，胡军．中国环境效率评价及其影响因素实证研

究［J］. 中国人口·资源与环境，2010（2）：49－55.

［171］杨瑞龙，章泉，周业安. 财政分权、公众偏好和环境污染——来自中国省级面板数据的证据［R］. 中国人民大学经济学院经济所宏观经济报告，2007.

［172］于长革. 政府间环境事权划分改革的基本思路及方案探讨［J］. 财政科学，2019（7）：48－54.

［173］于冠一，修春亮. 辽宁省城市化进程对雾霾污染的影响和溢出效应［J］. 经济地理，2018（4）：100－108.

［174］於方，过孝民，张衍燊. 2004年中国大气污染造成的健康经济损失评估［J］. 环境与健康杂志，2007（12）：999－1003.

［175］臧传琴，陈蒙. 财政环境保护支出效应分析——基于2007—2015年中国30个省份的面板数据［J］. 财经科学，2018（6）：68－79.

［176］张根能，董伟婷，张珩月. 地方政府税收竞争对环境污染影响的比较研究——基于全国及区域视角［J］. 生态经济，2017（1）：28－32.

［177］张宏艳，戴鑫鑫. 我国主体功能区生态补偿的横向转移支付制度探析［J］. 生态经济（学术版），2011（2）：154－157.

［178］张晋武. 中国政府间收支权责配置原则的再认识［J］. 财贸经济，2010（6）：46－51.

［179］张克中，王娟，崔小勇. 财政分权与环境污染：碳排放的视角［J］. 中国工业济，2011（10）：65－75.

［180］张磊，韩雷，叶金珍. 外商直接投资与雾霾污染：一个跨国经验研究［J］. 经济评论，2018（6）：69－85.

［181］张平淡. 地方政府环保真作为吗？——基于财政分权背景的实证检验［J］. 经济管理，2018（8）：23－37.

［182］张青，胡凯. 中国土地财政的起因与改革［J］. 财贸经济，2009（9）：77－81.

［183］张文彬，李国平. 国家重点生态功能区转移支付动态激励效应分析［J］. 中国人口·资源与环境，2015（10）：125－131.

［184］张小平. 京津冀生态环境一体化治理中的横向转移支付——实证与反思［C］. 中国法学会环境资源法学研究会会议论文集，2017.

［185］张欣怡. 财政分权下地方政府行为与环境污染问题研究——基于我国省级面板数据的分析［J］. 经济问题探索，2015（3）：32－41.

［186］张亚军. 京津冀大气污染联防联控的法律问题及对策［J］. 河北法学，2017（7）：99－106.

［187］张晏，龚六堂. 分税制改革、财政分权与中国经济增长［J］. 经济学（季刊），2015（4）：75－108.

［188］张宇，蒋殿春. FDI、政府监管与中国水污染——基于产业结构与技术进步分解指标的实证检验［J］. 经济学（季刊），2014（2）：491－514.

［189］周坚卫，罗辉. 从"事与权"双视角界定政府间事权建立财力与事权相匹配的转移支付制度［J］. 财政研究，2011（4）：11－14.

［190］周黎安. 中国地方官员的晋升锦标赛模式研究［J］. 经济研究，2007（7）：36－50.

［191］周黎安. "官场＋市场"与中国增长故事［J］. 社会，2018（2）：1－45.

［192］周业安，冯兴元，赵坚毅. 地方政府竞争与市场秩序的重构［J］. 中国社会科学，2004（1）：56－65.

［193］周晓艳，汪德华. 土地财政的制度背景及财政管理［J］. 财政研究，2012（10）：61－65.

［194］周一星，田帅. 以"五普"数据为基础对我国分省城市化水平数据修补［J］. 统计研究，2006（1）：62－65.

［195］赵卫，刘海江，肖颖等. 国家重点生态功能区转移支付与生态环境保护的协同性分析［J］. 生态学报，2019（24）：271－280.

［196］赵志华，吴建南. 大气污染协同治理能促进污染物减排吗？——基于城市的三重差分研究［J］. 管理评论，2020（1）：286－297.

［197］祝丽云，李彤，马丽岩，刘志林. 产业结构调整对雾霾污染的影响——基于中国京津冀城市群的实证研究［J］. 2018（10）：141－148.

［198］庄贵阳，郑艳，周伟铎. 京津冀雾霾的协同治理与机制创新［M］. 北京：中国社会科学出版社，2018：31.

［199］Adler J. H. Jurisdictional Mismatch in Environmental Federalism

[J]. New York University Environmental Law Journal, 2005, 14: 130 - 135.

[200] Alm L. R. Regional Influences and Environmental Policymaking: A Study of Acid Rain [J]. Policy Studies Journal, 1993, 21: 638 - 650.

[201] Alm J., Banzhaf S. Designing Economic Instrument for the Environment in a Decentralized Fiscal System [C]. Tulane Economics Working Paper 1104, Tulane University, 2011.

[202] Aslan A., Destek M. A., Okumus, I. Bootstrap Rolling Window Estimation Approach to Analysis of the Environment Kuznets Curve Hypothesis: Evidence from the USA [J]. Environmental Science and Pollution Research, 2018, 25: 2402 - 2408.

[203] Auci S., Travato G. The Environmental Kuznets Curve within European Countries and Sectors: Greenhouse Emission [C]. Production function and technology, 2011.

[204] Banzhaf H. S., Chupp B. A. Fiscal Federalism and Interjurisdictional Externalities: New Results and an Application to US Air Pollution [J]. Journal of Public Economics, 2012, 96 (5 - 6): 449 - 464.

[205] Barthold T. A. Issues in the Design of Environmental Excise Taxes [J]. Journal of Economic Perspectives, 1994, 8 (1): 133 - 151.

[206] Baumol, W. On Taxation and the Control of Externalities [J]. American Economic Review, 1972, 62 (3): 307 - 322.

[207] Bird R. M., Smart M. Intergovernmental Fiscal Transfers: International Lessons for Developing Countries [J]. World Development, 2002, 30 (6): 899 - 912.

[208] Bovenberg A., De Mooij R. Environmental Levies and Distortionary Taxation [J]. American Economic Review, 1994, 84 (4): 1085 - 1089.

[209] Bovenberg A. L., Goulder L. H. Optimal Environmental Taxation in the Presence of Other Taxes: General - Equilibrium Analyses [J]. American Economic Review, 1996, 86 (4): 985 - 1000.

[210] Bovenberg A. L., Goulder L. H. Environmental Taxation and Regulation [C]. Editor (s): Alan J. Auerbach, Martin Feldstein, Handbook of Public Economics, Elsevier, 2002: 1471 - 1545.

[211] Cai H., Treisman D., Does Competition for Capital Discipline Governments? Decentralization, Globalization, and Public Policy [J]. American Economic Review, 2005, 95 (3): 817–830.

[212] Chanel O., Perez L., Künzli N. et al. The Hidden Economic Burden of Air Pollution – related Morbidity: Evidence from the Aphekom Project [J]. European Journal of Health Economics, 2016, 17: 1101–1115.

[213] Chang H., et al. Relationships between Environmental Governance and Water Quality in a Growing Metropolitan Area of the Pacific Northwest, USA [J]. Hydrology and Earth System Sciences, 2014, 18 (4): 1383–1395.

[214] Cole M. A., Fredriksson P. G. Institutionalized Pollution Havens [J]. Ecological Economics, 2009, 68 (4): 1239–1256.

[215] Cumberland J. H. Interregional Pollution Spillovers and Consistency of Environmental Policy [C]. in: H. Siebert, et al., eds., Regional Environmental Policy: The Economic Issues [M]. New York University Press, New York, 1979: 255–281.

[216] Cumberland J. H. Efficiency and Equity in Interregional Environmental Management [J]. Review of Regional Studies, 1981, 2: 1–9.

[217] Da Silva S. J. L., Freitas M. A. V. Amazon and the Expansion of Hydropower in Brazil: Vulnerability, Impacts, and Possibilities for Adaptation to Global Climate Change [J]. Renewable and Sustainable Energy Reviews, 2011, 15: 3165–3177.

[218] Dijkstra B. R., Fredriksson P. Regulatory Environmental Federalism [J]. Annual Review of Resource Economics, 2010, 2: 319–339.

[219] Dockery D. W., Pope C. A., et al. An Association between Air Pollution and Mortality in Six U. S. Cities [J]. The New England of Journal of Medicine, 1993, 329 (24): 1753–1759.

[220] Dur R., Staal K. Local Public Good Provision, Municipal Consolidation, and National Transfers [J]. Regional Science and Urban Economics, 2008, 38 (2): 160–173.

[221] Elhorst J. P. Applied Spatial Econometrics: Raising the Bar [J]. Spatial Economic Analysis, 2010, 5 (1): 9–28.

[222] Elhorst J. P. Dynamic Spatial Panels: Models, Methods and Inferences [J]. Journal of Geographical System, 2012, 14 (1): 5-18.

[223] Elliott, E., Ackerman, B., Millian, J. Toward a Theory of Statutory Evolution: The Federalization of Environmental Law [J]. Journal of Law, Economics & Organization, 1985, 1 (2): 313-340.

[224] Engel K. H. State Environmental Standard - Setting: Is There a "Race" and Is It to "the Bottom" [J]. Hastings Law Journal, 1997, 48: 271-398.

[225] Falleth E. I., Hovik S. Local Government and Nature Conservation in Norway: Decentralisation as a Strategy in Environmental Policy [J]. Local Environment, 2009, 14 (3): 221-231.

[226] Fiorillo F. Sacchi A., The Political Economy of the Standard Level of Services: The Role of Income Distribution [C]. CESifo Working Paper Series No. 3696, 2012.

[227] Fredriksson P. G., Gaston N. Environmental Governance in Federal Systems: The Effects of Capital Competition and Lobby Groups [J]. Economic Inquiry, 2000, 38: 501-514.

[228] Goklany I. M. Cleaning the Air: The Real Story of the War on Air Pollution [R]. Washington, DC: CATO Institute, 1999.

[229] Gordon R. H. An Optimal Taxation Approach to Fiscal Federalism [J]. Quarterly Journal of Economics, 1983, 98 (4): 567-586.

[230] Gray W. B., Shadbegian R. J. "Optimal" Pollution Abatement - Whose Benefits Matter, and How Much? [J]. Journal of Environmental Economics and Management, 2004, 47 (3): 510-534.

[231] Grooms K. K. Enforcing the Clean Water Act: The Effect of State - level Corruption on Compliance [J]. Journal of Environmental Economics and Management, 2015, 73: 50-78.

[232] Grossman G., Krueger A. Environmental Impacts of a North American Free Trade Agreement [C]. National Bureau of Economic Research, 1991, Working Paper, Vol. 3914.

[233] Hall N. D. Political Externalities, Federalism, and a Proposal for

an Interstate Environmental Impact Assessment Policy [J]. Harvard Environmental Law Review, 2008, 32: 50 -94.

[234] Helland E., Whitford A. B. Pollution Incidence and Political Jurisdiction: Evidence from the TRI [J]. Journal of Environmental Economics and Management, 2003, 46 (3): 403 -424.

[235] Jin H., Qian Y., Weingast B. R. Regional Decentralization and Fiscal Incentives: Federalism, Chinese Style [J]. Journal of Public Economics, 2005, 89 (9 -10): 1719 -1742.

[236] Kumar S., Managi S. Compensation for Environmental Services and Intergovernmental Fiscal Transfers: The Case of India [J]. Ecological Economics, 2009, 68 (2): 3052 -3059.

[237] Kunce M., Shogren J. F. Destructive Interjurisdictional Competition: Firm, Capital and Labor Mobility in a Model of Direct Emission Control [J]. Ecological Economics, 2007, 60 (3): 543 -549.

[238] Lai Y. B. The Superiority of Environmental Federalism in the Presence of Lobbying and Prior Tax Distortions [J]. Journal of Public Economic Theory, 2013, 15: 341 -361.

[239] LeSage J. P., Pace R. K. Introduction to Spatial Econometrics [M]. Boca Raton: 2009, Taylor & Francis.

[240] Levinson A. Valuing Public Goods Using Happiness Data: The Case of Air Quality [J]. Journal of Public Economics, 2012, 96 (9 -10): 869 -880.

[241] List J. A., Gerking, S. Regulatory Federalism and Environmental Protection in the United States [J]. Journal of Regional Science, 2000, 40: 453 -471.

[242] List J. A., Mason C. F. Optimal Institutional Arrangements for Transboundary Pollutants in a Second - Best World: Evidence from a Differential Game with Asymmetric Players [J]. Journal of Environmental Economics and Management, 2001, (42) 3: 277 -296.

[243] Magnani E. The Environmental Kuznets Curve, Environmental Protection Policy and Income Distribution [J]. Ecological Economics, 2000, 32 (3): 431 -443.

[244] McAusland C., Millimet D. L. Do National Borders Matter? Intranational Trade, International Trade, and the Environment [J]. Journal of Environmental Economics and Management, 2013, 65 (3): 411 -437.

[245] Millimet D. L., List J. A., StengosT. The Environmental Kuznets Curve: Real Progress or Misspecified Models? [J]. Review of Economics and Statistics, 2003, 85 (4): 1038 -1047.

[246] Millimet D. Environmental Federalism: A Survey of the Empirical Literature [J]. Case Western Reserve Law Review, 2013, 64: 1669 - 1757.

[247] Oates W. E. Fiscal Federalism [M]. Harcourt Brace Jovanovich, 1972, New York.

[248] Oates W. E., Schwab R. M. Economic Competition among Jurisdictions: Efficiency Enhancing or Distortion Inducing? [J]. Journal of Public Economics, 1988, 35 (3): 333 -354.

[249] Oates W. E., Schwab R. M. Economic Competition among Jurisdictions: Efficiency Enhancing or Distortion Inducing? In Oates, W. E., editor, The Economics of Environmental Regulation [M]. Edward Elgar, Brooksfield, 1996.

[250] Oates W. E. A Reconsideration of Environmental Federalism [M]. In Recent Advances in Environmental Economics, edited by J. List and A. de Zeeuw. Cheltenham, UK: Edward Elgar, 2002: 1 -32.

[251] Oates W. E., Portney P. R. The Political Economy of Environmental Policy [M]. Editor (s): Karl-Göran Mäler, Jeffrey R. Vincent, Handbook of Environmental Economics, Elsevier, Volume1, 2003: 325 -354.

[252] Ogawa H., Wildasin D. E. Think Locally, Act Locally: Spillovers, Spillbacks, and Efficient Decentralized Policymaking [J]. American Economic Review, 2009, 99 (4): 1206 -1217.

[253] Ostro B., Broadwin R., Green S., Feng W. Y., Lipsett M. Fine Particulate Air Pollution and Mortality in Nine California Counties: Results from CALFINE [J]. Environmental Health Perspectives, 2006, 114 (1): 29 -33.

[254] Oyono R. P. Profiling Local - Level Outcomes of Environmental Decentralizations: The Case of Cameroon's Forests in the Congo Basin [J]. The

Journal of Environment & Development, 2005, 14 (3): 317 - 337.

[255] Pala D., Mitra S. K. The Environmental Kuznets Curve for Carbon Dioxide in India and China: Growth and Pollution at Crossroad [J]. Journal of Policy Modeling, 2017, 39 (2): 371 - 385.

[256] Peltzman S., Tideman T. Local Versus National Pollution Control: Note [J]. American Economic Review, 1972, 62 (5): 959 - 963.

[257] Perrings C., Gadgil M. Conserving Biodiversity: Reconciling Local and Global Public Benefits [C]. In: Kaul, I., Conceicao, P., Le Goulven, K., Mendoza, R. U. (Eds.), Providing Global Public Goods. Managing Globalization. United Nations Development Programme. Oxford University Press, New York, 2003: 532 - 555.

[258] Pope Ⅲ C. A., Burnett R. T., Thun M. J., et al. Lung Cancer, Cardiopulmonary Mortality, and Long - term Exposure to Fine Particulate Air Pollution [J]. JAMA, 2002, 287 (9): 1132 - 1141.

[259] Rabe M., Jochem R., Weinaug H. Multi - Perspective Modelling of Sustainability Aspects within the Industrial Environment and their Implication on the Simulation Technique [C]. In: Seliger G., Khraisheh M., Jawahir I. (eds) Advances in Sustainable Manufacturing. Springer, Berlin, Heidelberg, 2011.

[260] Rauscher M. International Trade, Foreign Investment, and the Environment [C]. Editor (s): Karl-Göran Mäler, Jeffrey R. Vincent, Handbook of Environmental Economics, Elsevier, 2005: 1403 - 1456.

[261] Ridker R., Henning J. The Determinants of Residential Property Values with Special Reference to Air Pollution [J]. The Review of Economics and Statistics, 1967, 49 (2): 246 - 257.

[262] Ring I. Integrating Local Ecological Services into Intergovernmental Fiscal Transfers: The Case of the Ecological ICMS in Brazil [J]. Land Use Policy, 2008, 25 (4): 485 - 497.

[263] Rose - Ackerman S. Public Law Versus Private Law in Environmental Regulation: European Union Proposals in the Light of United States Experience [J]. Review of European Community & International Environmental Law, 1995, 4: 312 - 320.

[264] Saveyn B. Does Commuting Change the Ranking of Environmental Instruments? [C]. Katholieke Universiteit Leuven Working Paper, 2006, 2007 (1).

[265] Schleicher N., Norra S., Chen Y., et al. Efficiency of Mitigation Measures to Reduce Particulate Air Pollution – A Case Study During the Olympic Summer Games 2008 in Beijing, China [J]. Science of The Total Environment, 2012: 427 – 428, 146 – 158.

[266] Shah, A. Corruption and Decentralized Public Governance [C]. World Bank Policy Research Working Paper, 2006, 3824.

[267] Shobe W. M., Burtraw D. Rethinking Environmental Federalism in a Warming World [J]. Climate Change Economics, 2012, 3 (4).

[268] Sigman H. Letting States Do the Dirty Work: State Responsibility for Federal Environmental Regulation [J]. National Tax Journal, 2003, 56: 107 – 122.

[269] Sigman H. Transboundary Spillovers and Decentralization of Environmental Policies [J]. Journal of Environmental Economics and Management, 2005, 50 (1): 82 – 101.

[270] Sigman H. Decentralization and Environmental Quality: An International Analysis of Water Pollution Levels and Variation [J]. Land Economics, 2014, 90 (1): 114 – 130.

[271] Silva E. C. D., Caplan A. J. Transboundary Pollution Control in Federal Systems [J]. Journal of Environmental Economics and Management, 1997, 34 (2): 173 – 186.

[272] Sjöberg E., Xu J. An Empirical Study of US Environmental Federalism: RCRA Enforcement From 1998 to 2011 [J]. Ecological Economics, 2018, 147: 253 – 263.

[273] Solarin S. A., et al. Investigating the Pollution Haven Hypothesis in Ghana: An Empirical Investigation [J]. Energy, 2017, 124: 706 – 719.

[274] Tamazian A., Rao B. B. Do Economic, Financial and Institutional Developments Matter for Environmental Degradation? Evidence from Transitional Economies [J]. Energy Economics, 2010, 32 (1): 137 – 145.

[275] Tiebout C. M. A Pure Theory of Local Expenditures [J]. Journal of Political Economy, 1956, 64 (5): 416 – 424.

[276] Ulph A. Harmonization and Optimal Environmental Policy in a Federal System with Asymmetric Information [J]. Journal of Environmental Economics and Management, 2000, 39 (2): 224 -241.

[277] Wang Y., Zhang Y., Schauer J. J., et al. Relative Impact of Emissions Controls and Meteorology on Air Pollution Mitigation Associated with the Asia-Pacific Economic Cooperation (APEC) Conference in Beijing, China [J]. Science of The Total Environment, 2016, 571: 1467 -1476.

[278] Weingast B. R. Second Generation Fiscal Federalism: The Implications of Fiscal Incentives [J]. Journal of Urban Economics, 2009, 65 (3): 279 -293.

[279] Wellisch, D. Can Household Mobility Solve Basic Environmental Problems? [J]. International Tax and Public Finance, 1995, 2: 245 -260.

[280] Wilson J. Theories of Tax Competition [J]. National Tax Journal, 1999, 52 (2): 269 -304.